普通高等教育教材

炸药爆炸理论

Explosive Explosion Theory

韩志伟　王伯良　李建　李亚宁　等编

化学工业出版社

·北京·

内容简介

本书从爆炸现象入手，分析了炸药爆炸的特征，探讨了爆炸化学基础理论，总结了炸药设计原则，综述了炸药的发展历程，建立了炸药爆炸的宏观认识。在此基础上，结合气体动力学基础理论和炸药爆轰基础模型，由浅入深剖析了冲击波与爆轰波形成的机理，探讨了冲击波与爆轰波之间的关联、冲击波与爆轰波数学方程的解等内容，从机理层面强化了对炸药爆炸现象的认识。接着对炸药爆轰参数的计算与测量方法进行了系统阐述，进一步阐述炸药爆炸机理。最后通过对炸药爆炸作用、炸药安全性、炸药爆炸效应等相关内容的剖析，从能量有效利用、应用安全性等角度进一步阐明了炸药应用知识。

本书主要面向安全工程、消防工程、弹药工程、特种能源与烟火技术等相关专业的本科生和研究生，解决爆炸理论相关课程教材缺失的问题。主要用于高年级本科生和特定专业研究生专业基础课的教学，也可作为其他与爆炸应用技术相关的专业如矿山、爆破、煤炭、石化等专业的参考书，推荐相关专业研究生和科技人员使用。

图书在版编目（CIP）数据

炸药爆炸理论 / 韩志伟等编. — 北京 ：化学工业出版社，2025. 12. —（普通高等教育教材）. — ISBN 978-7-122-49319-4

Ⅰ. TQ560.1

中国国家版本馆 CIP 数据核字第 2025TH6565 号

责任编辑：高　震　　　文字编辑：丁海蓉
责任校对：李雨晴　　　装帧设计：韩　飞

出版发行：化学工业出版社
（北京市东城区青年湖南街 13 号　邮政编码 100011）
印　　装：北京科印技术咨询服务有限公司数码印刷分部
710mm×1000mm　1/16　印张 19　字数 339 千字
2026 年 3 月北京第 1 版第 1 次印刷

购书咨询：010-64518888　　　售后服务：010-64518899
网　　址：http：//www. cip. com. cn
凡购买本书，如有缺损质量问题，本社销售中心负责调换。

定　　价：48.00 元　

前言

炸药在诞生以来不断发挥作用，推动人类社会前进。作为广义炸药门类之一的火药是我国的四大发明之一，对于世界文明的发展起到积极的推动作用。根据史料记载，我国早在公元前 2 世纪的西汉时期就有人发明了火药，并且在 10 世纪的唐朝便将火药应用于实战，该应用记录比西方可考的文献记载早了 300 余年。尽管人类社会已经进入以智能化、数字化为特征的 21 世纪，炸药这种古老的能源仍然发挥着不可替代的作用，在矿山开采、航道疏浚、筑路架桥、国防装备等领域开创了工作模式，极大地提升了工作效率，并且在可以预见的将来，炸药仍将伴随人类文明不断发挥作用。

炸药爆炸是化学爆炸的典型形式，是一种极为迅速的能量释放过程，在此过程中，体系内的能量在极短的时间内以机械做功、光和热等形式释放到周围介质中，对介质产生影响。在面向一般化学化工、火炸药生产、危险化学品管理等领域的安全科学与工程类人才培养进程中，需要学生具备爆炸危险物品分类、鉴别及管理，爆炸源爆炸危险程度及危害程度判定，爆炸的预防与控制，爆炸事故原因分析及后果预测等多种能力，相应地需要系统掌握爆炸物性质、爆炸波传播、爆炸毁伤等方面的基础理论知识，这些知识过去都分散在炸药理论、爆炸力学、终点毁伤效应等不同的教材或专业书籍里。针对上述现状，本教材将与安全科学与工程类专业相关的基础知识贯穿在一起，按由浅入深、由理论原理到实际应用的原则编排章节。教材内容从基本概念和现象逐步深入到基础理论，再将基础理论延伸至爆炸现象评估方法和应用技术，融合了理论与实践，既可以作为高等学校的教材，也可以作为工程技术人员的参考资料，具有典型的“新工科”特色。

本教材是在编者教学讲义的基础上，经多年的教学实践改编而成。本教材贯穿了安全工程相关的基础知识，突出了对爆炸现象背后原理的解析，强化了安全应用要求。在内容安排方面，第 1 章主要介绍基本概念及爆炸物的基本性质，包括炸药爆炸的特征、爆炸化学基础、炸药的基础概念设计原则、炸药的发展等；第 2、3 章介绍爆炸产生的冲击波和爆轰波，包括其性质、形成原理、作用规律等；第 4、5 章介绍爆炸物的危险性及危害性，包括爆轰参数理论计算方法、经验方法及试验表征测试方法；第 6 章介绍爆炸效应与防护要求，包括空中爆炸及密实介质中爆炸产生的冲击波、破片、聚能、炸坑等效应，以及这些效应对人、机、物的伤害、破坏准则及安全防护设计要求等。为便于读者阅读，本书配有符号说明（见附录）。同时，作为大学本科专业课教材，为了响应教育改革要求，在每章末配有思政小故事或拓展知识。本书第 1、2 章由王伯良编写，第 3 章由李建编写，第 4、5 章由韩志伟编写，第 6 章由李亚宁编写。全书由韩志伟统稿。

本书受到“长三角区域安全工程专业教育部虚拟教研室开放课题（CSJAQ-XN-2302）”支持，在此一并致谢。

由于编写时间较仓促，不足和疏漏之处在所难免，恳请读者朋友批评指正。

编者

2025 年 8 月

目录

第 6 章　爆炸效应与防护　/　253

第 1 章

爆炸概述

1.1 爆炸现象

爆炸是某种形式的能量在有限空间和极短时间内快速释放的过程。在爆炸过程中，爆炸瞬间产生的高温、高压及大量的气体使得爆炸物质及周围介质发生机械运动。爆炸现象广泛存在于人类的实践活动中，如工程爆破中药包在岩石中爆炸，炸药爆炸产物在岩石介质中产生强烈的压缩作用，通过冲击波入射、反射和爆炸气体膨胀等作用，破坏坚硬的岩石；井下煤矿中瓦斯泄漏，与井下空气形成预混物并达到一定浓度时，在静电火花或炽热颗粒的作用下就会引发瓦斯爆炸，而瓦斯爆炸又可能卷扬煤粉从而发生二次粉尘爆炸。此外，自然界中的雷电、天体碰撞，也都有爆炸过程。

爆炸现象根据产生的原因，可以分成化学爆炸、物理爆炸和核爆炸。

化学爆炸是物质发生快速化学变化引起的爆炸。发生化学爆炸时，反应物瞬间分解或化合成新的物质，同时发生能量转换。化学反应将物质的化学能迅速释放出来，转变成热能、机械能等形式，使爆炸产物达到高温、高压的状态，产物迅速向外膨胀，在空气中形成冲击波，并对外做功。炸药的爆炸、石油液化气体与空气混合所引起的爆炸属于化学爆炸。

物理爆炸是物质发生物理变化引起的爆炸。如过热的蒸汽锅炉导致的爆炸是典型的物理爆炸。在这种爆炸中，过热的水产生大量蒸汽使锅炉内压力不断升高，当压力超过锅炉能够承受的极限时，锅炉破裂，形成爆炸。高速陨石撞击地面，将巨大的动能转化为热能，压缩周围的空气从而发生物理爆炸。其他的如雷电、火山爆发或北方冬季水管的冻爆都属于物理爆炸。

核爆炸是原子裂变反应或者核聚变反应引起的爆炸。原子弹、氢弹的爆炸属于核爆炸。原子弹的爆炸是通过铀-235或钚-239的裂变实现的。核裂变时，铀-235或钚-239的原子核在中子的作用下分裂为较轻的原子核，放出大量的核能。氢弹的爆炸是通过氘、氚或锂的聚变实现的。核聚变时，氘、氚或锂的原子核在极高的温度和压力条件下结合为较重的原子核，也放出大量的核能。1g铀-235全部进行核裂变时放出的能量相当于2×10^7kg梯恩梯（TNT，三硝基甲苯）爆炸的能量，1g氚全部进行核聚变时放出的能量相当于1.1×10^8kg梯恩梯爆炸的能量。核爆炸时原子核反应区的温度可达10^7K，压力可达10^{10}Pa，在这样高的温度和压力的作用下，其能量以冲击波、光辐射和电离辐射等形式表现出来，对周边环境产生极其严重的破坏。因此，核爆炸是更加剧烈的爆炸现象。

综上所述，爆炸是一种极其迅速的基于物理或化学变化的能量释放过程，在此过程中，系统的潜能转变为机械能、热能等，并对外做功。因而爆炸现象表现出两个阶段：在第一个阶段中，物质的能量以一定的方式转变为强烈的机械压缩能；在第二个阶段中，压缩能急剧地向外膨胀，在膨胀过程中对外做功，引起被作用介质的变形、移动和破坏。

爆炸的主要特征是爆炸点周围介质中压力的急剧上升，这个突然上升的压力是产生破坏作用的直接原因。爆炸的对外特征是由于介质振动而产生的声响、抛掷、强光、电离辐射等效应。

爆炸可用于修路、开山、掘进、拆除、清淤、通航、排险、逃生、合成等各种科研和生产活动中，可以极大地提高生产力，造福国计民生。与此同时，不可忽视的是，随着生产效率的提高和人口逐渐向城市集中，现代科研活动、工业生产场所中爆炸物品呈现出明显的集中趋势，所造成的人员伤亡与财产损失也呈现出逐步扩大的特点。深入理解爆炸现象，对于培养安全工程专业人才，避免爆炸事故的发生具有重要的意义。

本书后续内容中若不做特别说明，所述爆炸皆为化学爆炸。

1.2 炸药爆炸的特征

炸药爆炸是一个放出大量热量的过程。虽然与普通燃料相比，它不是一个能量很高的能源，单位质量炸药燃烧释放的热量比普通燃料低（表1-1），但炸药不需外加助燃剂参与即可发生爆炸放热反应，且反应极快，并产生大量气体。而普通燃料的燃烧离不开空气等助燃剂的参与，这是炸药与普通燃料最大的区别。

表 1-1 几种燃料和炸药的燃烧热

名称	燃烧热/（MJ/kg）	名称	燃烧热/（MJ/kg）
烟煤	29.4	TNT	15.0
无烟煤	33.6	RDX（环三亚甲基三硝胺）	9.5
焦炭	30.0	HMX（环四亚甲基四硝胺）	9.5
干木材	12.6	TATB（三氨基三硝基苯）	11.9
酒精	30.2	CL-20（六硝基六氮杂异伍兹烷）	6.2
煤气	42.0	FOX-12（*N*-脒基脲二硝酰胺盐）	7.1
汽油	46.2	DNTF[3,4-二（硝基呋咱基）氧化呋咱]	9.6
柴油	42.8	NTO（3-硝基-1,2,4-三唑-5-酮）	12.4
煤油	46.2	LLM-105（1-氧-2,6-二氨基-3,5-二硝基吡嗪）	10.7

此外，单位体积炸药爆炸释放的能量比普通燃料高约两个数量级（表 1-2），可见炸药是一种高能量密度的物质。

表 1-2 几种燃料和炸药的爆炸能量

名称	单位质量爆热/（MJ/kg）	单位体积爆热/（MJ/L）
汽油/O_2 混合物	2.950	0.020
H_2/O_2 混合物	13.433	0.007
黑火药（1.2g/cm^3）	2.782	3.384
TNT（1.6g/cm^3）	4.180	6.688
NG（三硝酸甘油酯）（1.6g/cm^3）	6.280	10.084
NC（纤维素硝酸酯）（1.3g/cm^3）	4.289	5.574

化学爆炸有三个特征，即反应的放热性、过程的快速性和反应过程中生成大量气体产物。这三个特征也是炸药爆炸时所必须具备的要素，缺少任意一个都不能产生爆炸现象。

1.2.1 爆炸反应的放热性

炸药爆炸放热是炸药爆炸反应自持性的必要条件，也是它对外做功的能量源泉。在爆炸过程中，已爆炸部分释放的能量激发未爆炸部分炸药的爆炸，使爆炸过程自行传播。若没有反应放热，则缺少激发下一层炸药反应的能源，爆炸过程便不能自动传播。依靠外界能量来维持其分解的物质，一般不具有爆炸的性质。例如，草酸盐受热分解：

$$ZnC_2O_4 \longrightarrow 2CO_2 + Zn - 20.5kJ/mol$$

$$PbC_2O_4 \longrightarrow 2CO_2 + Pb - 69.9kJ/mol$$

$$HgC_2O_4 \longrightarrow 2CO_2 + Hg + 72.4kJ/mol$$

草酸锌和草酸铅的分解反应是吸热反应，只有在外界不断提供热量的条件下才能进行，所以没有爆炸的性质；而草酸汞分解时具有明显的爆炸性，类似的还有草酸银等重金属的草酸盐。

化学反应的放热与分子内键能有关，此外还与反应条件有关，如硝酸铵在低温加热和雷管引爆两种条件下的反应完全不同。

① 低温加热：

$$NH_4NO_3 \longrightarrow NH_3 + HNO_3 - 170.7kJ/mol\text{(不发生爆炸)}$$

② 雷管引爆：

$$NH_4NO_3 \longrightarrow N_2 + 2H_2O + 0.5O_2 + 126.4kJ/mol\text{(爆炸)}$$

上述例子表明，一个反应的爆炸性与反应过程的放热有很大关系。只有放热反应才可能具有爆炸性，而靠外界提供能量来维持其分解的物质是不可能发生爆炸的。爆炸反应过程所放出的热称为爆热，它是爆炸破坏作用的根源，是炸药爆炸做功能力的标志。因此爆热是炸药的一个极为重要的参数，主要用于评价炸药的应用性能。

1.2.2 爆炸反应的快速性

爆炸反应与一般化学反应的一个显著区别为：它具有很快的速度。炸药爆炸反应一般都是以 $3\times10^3 \sim 9\times10^3$ m/s 的速度进行，虽然总放热量不及燃料燃烧，但在同样时间内的放热量却比一般燃料燃烧时放出的热量高出千万倍。例如 1kg 装药密度为 $1.90g/cm^3$ 的奥克托今，在几微秒内即可完成爆轰；而 1kg 煤在空气中完全燃烧所需要的时间可能达几分钟至几十分钟。

1kg 普通炸药爆炸时，释放的热量为 $3.3\times10^6 \sim 6.4\times10^6$J，仅相当于 1kW 的电机一个小时消耗的能量（$3.6\times10^6$J），但是炸药爆炸的瞬间功率可达到 $4\times10^{13} \sim 6\times10^{13}$kW，TNT 的爆炸功率约为一个三峡水电站的总装机发电功率。因此，炸药爆炸反应的快速性体现在其极高的功率上，可以说它是一种高功率材料。

1.2.3 爆炸反应的产气性

爆炸会产生气体。表 1-3 为标准状态下几种炸药爆炸的气体生成量。

表 1-3 标准状态下几种炸药爆炸的气体生成量

炸药名称	1kg 炸药爆炸放出的气体量/L	1L 炸药爆炸放出的气体量/L
TNT	740	1180
CE(三硝基苯甲硝胺)	760	1290

续表

炸药名称	1kg 炸药爆炸放出的气体量/L	1L 炸药爆炸放出的气体量/L
PETN(季戊四醇四硝酸酯)	790	1320
RDX	908	1630
HMX	908	1720

由表 1-3 可以看出，1kg 炸药爆炸生成的气体换算到标准状态（1.0133×10^5 Pa，298K）下其体积为 700～1000L，该体积为炸药爆炸前所占体积的 1200～1700 倍。

爆炸产物在最初时刻处在强烈压缩的状态中，其附近的压力急剧升高。爆炸瞬间，炸药定容地转化为气体产物，其密度要比正常条件下气体的密度大几百倍到上千倍。也就是说，正常情况下这么多的气体被强烈压缩在炸药爆炸前所占据的体积内，从而造成高达 20～30GPa 的压力。同时，由于反应的放热性，处于高温、高压下的气体产物必然急剧地膨胀，把炸药的内能变成气体运动的动能，对周围介质做功。在这个过程中，气体产物既是造成高压的原因，又是对外界介质做功的工质。

爆炸过程生成气体产物的重要性，还可以通过一系列不生成气体产物的反应看出。例如金属硫化物的生成反应：

$$Fe+S \longrightarrow FeS+96kJ/mol$$

或铝热剂反应：

$$2Al+Fe_2O_3 \longrightarrow Al_2O_3+2Fe+853.12kJ/mol$$

上面两个反应，尽管反应非常迅速，且放出很多热量，但由于没有气体产物生成，缺少把热量转变为机械能的媒介，无法对外做功，因此无法形成爆炸。事实上，铝热剂中常含有少量空气，空气受热可能快速膨胀，形成微弱的爆炸，但这种爆炸其实是由气体受热急速膨胀（物理变化）引起的，并非由铝热剂本身造成。

综上所述，对于爆炸来说，反应放热性、反应快速性、生成大量气体这三个特征是相辅相成、缺一不可的，放出的热量为后续的传播及变化提供了能量，产生的大量气体又形成了做功的介质，而反应的快速性使得这一变化在较小的空间内产生极大的功率，从而对其周围介质造成破坏。

1.3 炸药爆炸化学基础

1.3.1 炸药化学反应变化的形式

随着化学反应方式及反应进行的环境条件的不同，炸药的化学变化过程能够以不同的形式进行，而且在性质上也具有极大的差别。

按照反应的速度及传播的性质，炸药的化学变化过程具有如下三种形式，即热分解、燃烧和爆炸（爆轰）。

炸药在常温、常压下，在不受其他任何外界的作用时，常常以缓慢的速度进行分解反应。这种分解反应是在整个物质内展开的。反应的速度主要取决于环境的温度。温度越高，反应速度越快，总的来说服从阿伦尼乌斯定律（Arrhenius equation）。如常见炸药 TNT 在常温下分解速率极小，甚至不易察觉，然而当环境温度升高到数百摄氏度时，它甚至可以立即发生爆炸。

热分解与爆炸（爆轰）的主要区别如下：

① 热分解是在整个炸药中展开的，没有集中的反应区域；而爆炸是在炸药局部发生的，并以波的形式在炸药中传播。

② 热分解在不受外界任何特殊条件作用时，一直不断地自动进行；而爆炸在外界特殊条件作用下才能发生。

③ 热分解与环境温度的关系很大，其规律大致符合阿伦尼乌斯定律，化学反应速率常数与温度成指数关系，即随着温度的升高，热分解速度将按指数规律迅速增加；而爆轰与环境温度无关。

燃烧和爆炸（爆轰）是性质不同的两种化学变化过程，它们在基本特性上有如下区别：

① 从传播过程的机理上看，燃烧时反应区的能量是通过热传导、热辐射及燃烧气体产物的扩散作用传入未反应的原始炸药中的；而爆轰的传播则是借助于冲击波对炸药的强烈冲击压缩作用进行的。

② 从波的传播速度上看，燃烧的传播速度通常为数毫米每秒到数米每秒，最大的也只有数百米每秒（如黑火药的最大燃烧传播速度约为 400m/s），即比原始炸药内的声速要低得多；相反，爆轰过程的传播速度总是大于原始炸药的声速，速度一般高达数千米每秒，如 TATB 的爆轰速度可达 7651m/s（密度 $\rho=1.882g/cm^3$），CL-20 的爆轰速度可达 9600m/s（密度 $\rho=2.04g/cm^3$）。

③ 燃烧过程中燃烧反应区内产物质点的运动方向与燃烧波阵面方向相反，因此燃烧波阵面内的压力较低；而在爆轰过程中，爆轰反应区内产物质点的运动方向与爆轰波传播方向相同，爆轰区的压力高达数十万个大气压（1 个大气压＝1atm＝101325Pa）。

④ 从炸药本身的条件来看，随着装药密度的增加，炸药颗粒间的孔隙度减小，燃烧速度下降；而对于爆轰来说，随着装药密度的增加，单位体积物质发生化学反应时放出的能量增加，对下一层炸药的冲压加强，因而爆轰速度增大。

⑤ 燃烧过程的传播容易受外界条件的影响，特别是受环境压力条件的影响，如在大气中的燃烧进行得很慢，但若将炸药放在密闭或半密闭容器中，燃烧速度会急剧加快，此时燃烧所形成的气体产物能够做抛射功，火炮发射弹丸正是对炸药燃烧的这一特性的利用；而爆轰过程由于传播速度极快，几乎不受外界条件的影响，对于一定的炸药来说，爆轰速度在一定条件下是一个固定的常数。

燃烧、爆炸与热分解的主要区别就在于，燃烧和爆炸不是在全体物质内发生的，而是在物质的某一局部，而且二者都是以化学反应波的形式在炸药中按一定的速度一层一层地自动进行传播的。化学反应波的波阵面比较窄，化学反应就是在此很窄的波阵面内进行并完成的。

与燃烧相比，爆炸在传播的形态上有很大的本质区别。爆炸的特点是在爆炸点的压力急剧地发生突变时，传播速度很快而且可变，通常达数千米每秒，但是这种速度与外界条件的关系不大，即使是在敞开容器中也能形成高速爆炸反应。一般来说爆炸过程是很不稳定的，不是过渡到更大爆速的爆轰，就是衰减到很小爆速的爆燃或熄灭。因此，可以说爆炸是爆炸反应过程中的一种过渡状态。由此可以得出，爆炸物以最大且稳定的爆速进行传爆的过程称为爆轰。爆炸与爆轰并无本质上的区别，只不过是传播速度不同而已。爆轰的传播速度是恒定的，爆炸的传播速度是可变的，故也可以认为爆炸就是爆轰的一种形式，即不稳定的爆轰。

需要强调指出，炸药化学变化过程的三种形式在性质上虽各不相同，但它们之间却有着紧密的内在联系。炸药的缓慢化学分解在一定的条件下可以转变为炸药的燃烧；而炸药的燃烧在一定条件下又能转变为炸药的爆轰，称为燃烧转爆轰（deflagration to detonation transition，DDT）。在冲击波管内充入氢气和氧气的预混气体，在电火花的引燃下首先发生燃烧，随着反应速度不断加快，前沿冲击波和反应波阵面不断地相互激励，如果管径足够大、管路足够长，便可以实现爆轰。对于凝聚相炸药，如果摊得很薄，用火点燃，一般都是稳定燃烧，但是如果大量堆积，那么炸药内部的热量和压力就容易积累和递增，便容易发生燃烧转爆轰。所以，在炸药的销毁过程中，一定要把炸药均匀地铺成薄层，防止发生爆炸。

1.3.2 炸药的氧平衡

传统的单质炸药如 TNT、RDX 和 HMX 等，通常包含的元素有 C、H、N、O 四种。此外，有的炸药还可能包含 B、F、Cl、S、Si、Na、Mg、Al 等。根据在炸药爆炸反应中所起到的作用，通常可以将这些元素分为三类：可燃元素如 C、H、Al、B、Mg 等；助燃元素如 O、F、Cl 等；其他元素如 N 等。

炸药爆炸所发生的化学反应过程，其实就是炸药中所包含的可燃元素和助燃元素在瞬间发生高速的化学反应的过程，反应生成大量热和气体，并产生稳定的爆炸产物。形成的爆炸产物主要有 CO_2、H_2O、CO、N_2 以及 O_2、H_2、C、CO、CH_4 等，如果炸药中含有 Si、S、B、Mg、Na、Al 等元素，则相应生成 SiO_2、SO_2、B_2O_3、MgO、Na_2O、Al_2O_3，而 F、Cl 等元素则生成对应的产物。这些产物的种类、数量以及反应放热量的多少，与炸药分子中包含可燃元素和助燃元素的数量有着密切的关系。例如反应：

$$C+O_2 \longrightarrow CO_2+395.4\times10^5\,kJ/mol$$

$$H_2+\frac{1}{2}O_2 \longrightarrow H_2O+241.8\times10^5\,kJ/mol$$

如果炸药中有足够的助燃元素，使反应能够按照上述两个方程式进行，即炸药中的碳元素全部氧化转变成二氧化碳，氢元素全部氧化成水，则称为炸药的最大放热反应。但是炸药爆炸往往达不到这样的条件，因此引入炸药的氧平衡的概念。

炸药的氧平衡是指每克炸药（或药剂）本身所含的氧，用来完全氧化炸药中所含可燃元素（如 C 被氧化成 CO_2，H 被氧化成 H_2O，Al 被氧化成 Al_2O_3 等）以外所余或不足的氧的质量，用 O. B. (oxygen balance) 表示。

对于 $C_aH_bN_cO_d$ 型炸药，其氧平衡的计算公式可写为：

$$O.B.=\frac{\left[d-\left(2a+\frac{b}{2}\right)\right]M_o}{M} \tag{1-1}$$

式中 M——炸药的分子量；

M_o——氧的原子量，16。

氧平衡的单位一般用 g/g 或质量分数表示，如硝酸铵的氧平衡为 0.2g/g 或 20%。

若 $d-\left(2a+\frac{b}{2}\right)=0$，此时炸药所含的氧刚好可以完全氧化炸药中的碳和氢，这种情况称为零氧平衡，此类炸药被称为零氧平衡炸药。

若 $d-\left(2a+\frac{b}{2}\right)>0$，此时炸药所含的氧可以完全氧化炸药中的碳和氢，并且还有剩余，这种情况称为正氧平衡，此类炸药被称为正氧平衡炸药。

若 $d-\left(2a+\frac{b}{2}\right)<0$，此时炸药所含的氧不足以完全氧化炸药中的碳和

氢，这种情况称为负氧平衡，此类炸药被称为负氧平衡炸药。

对于混合炸药（多种组分）的氧平衡计算，如化学式类似于 $C_aH_bN_cO_dF_eAl_f$ 的炸药，其中除了C、H、N、O元素外，还有F、Al等元素，其氧平衡计算式可写为：

$$\text{O. B.} = \sum_{i=1}^{n}(\text{O. B.})_i \omega_i \tag{1-2}$$

式中　ω_i——混合炸药第 i 组分的质量分数。

另一种描述可燃物与氧元素相对含量的参数是氧系数，用 A（oxygen coefficient）表示。

对于 $C_aH_bN_cO_d$ 型炸药，其氧系数的计算公式可写为：

$$A = \frac{d}{2a + \frac{b}{2}} \tag{1-3}$$

容易看出，对于零氧平衡，$A=1$；正氧平衡，$A>1$；负氧平衡，$A<1$。以下举例说明氧平衡的计算。

【例 1-1】 计算TNT（$C_7H_5N_3O_6$）的氧平衡。

解： $C_7H_5N_3O_6$ 中 $a=7$，$b=5$，$c=3$，$d=6$，$M=227$

$$\text{O. B.} = \frac{\left[6 - \left(2\times 7 + \frac{5}{2}\right)\right]\times 16}{227} = -0.74(\text{g/g})$$

【例 1-2】 计算硝化甘油（$C_3H_5N_3O_9$）的氧平衡。

解： $C_3H_5N_3O_9$ 中 $a=3$，$b=5$，$c=3$，$d=9$，$M=227$

$$\text{O. B.} = \frac{\left[9 - \left(2\times 3 + \frac{5}{2}\right)\right]\times 16}{227} = 0.035(\text{g/g})$$

【例 1-3】 计算硝酸铵（NH_4NO_3）的氧平衡。

解： NH_4NO_3 中 $a=0$，$b=4$，$c=2$，$d=3$，$M=80$

$$\text{O. B.} = \frac{\left[3 - \left(2\times 0 + \frac{4}{2}\right)\right]\times 16}{80} = 0.2(\text{g/g})$$

【例 1-4】 计算混合炸药（RDX∶Al=90∶10）的氧平衡。

解： 首先计算RDX的氧平衡。

RDX分子式为 $C_3H_6N_6O_6$，$a=3$，$b=6$，$c=6$，$d=6$，$M=222$

$$O.B.(RDX)=\frac{\left[6-\left(2\times3+\frac{6}{2}\right)\right]\times16}{222}=-0.216(g/g)$$

然后计算单质铝的氧平衡：

$$O.B.(Al)=\frac{\left(0-\frac{3}{2}\right)\times16}{27}=-0.889(g/g)$$

因此，这种混合炸药的氧平衡的计算式为：

$$O.B.=-0.216\times0.90-0.889\times0.1=-0.28(g/g)$$

从提高能量的角度考虑，炸药最理想的氧平衡为零氧平衡，因为这种情况下可燃元素可以完全氧化并放出最大量的热，并且没有氧剩余。单质炸药和其他炸药添加剂的氧平衡是由它的分子组成决定的，不能人为改变。但是，研究人员可以将几种不同氧平衡的物质按比例混合在一起，制成混合炸药，调整总的氧平衡，以便充分发挥炸药的能量，同时避免有毒气体的产生。确定这个比例或比例范围的基本原则就是总的氧平衡接近零，具体的计算则因混合炸药的组分不同而异。表 1-4 中列举了一些常见的炸药和混合炸药组分的氧平衡。

表 1-4 常见的炸药和混合炸药组分的氧平衡

名称	分子式	氧平衡 O. B. /(g/g)
CL-20	$C_6H_6N_{12}O_{12}$	−0.110
DNTF	$C_6N_8O_8$	−0.013
NTO	$C_2H_2N_4O_3$	−0.246
LLM-105	$C_4H_4N_6O_5$	−0.370
TATB	$C_6H_6N_6O_6$	−0.035
TKX-50(5,5′-联四唑-1,1′-二氧二羟胺盐)	$C_2H_8O_4N_{10}$	−0.271
FOX-7(1,1-二氨基-2,2-二硝基乙烯)	$C_2H_4N_4O_4$	−0.216
RDX	$C_3H_6N_6O_6$	−0.216
HMX	$C_4H_8N_8O_8$	−0.216
TNT	$C_7H_5N_3O_6$	−0.740
PETN	$C_5H_8N_4O_{12}$	−0.101
CE	$C_7H_5N_5O_8$	−0.474
NG	$C_3H_5N_3O_6$	+0.035
NC	$C_{22.5}H_{28.8}N_{8.7}O_{36.1}$	−0.369
NQ(硝基胍)	$CH_4N_4O_2$	−0.308
AN(硝酸铵)	NH_4NO_3	+0.200
TNP(二硝基苯酚)	$C_6H_3N_3O_7$	−0.454

续表

名称	分子式	氧平衡 O. B. / (g/g)
雷汞	$C_2N_3O_6Hg$	−0.112
叠氮化铅	PbN_6	−0.055
斯蒂芬酸铅	$C_6H_3N_3O_9Pb$	−0.222
二硝基重氮酚	$C_6H_2N_4O_5$	−0.609
硝化乙二醇	$C_2H_4N_2O_6$	0.000
二硝基萘	$C_{10}H_6N_2O_4$	−1.395
二硝基甲苯	$C_7H_6N_2O_4$	−1.144
硝酸肼	$N_2H_5NO_3$	+0.084
硝酸钠	$NaNO_3$	+0.470
硝酸钾	KNO_3	+0.396
硝酸钙	$Ca(NO_3)_2$	+0.488
高氯酸铵	NH_4ClO_4	+0.340
氯酸钾	$KClO_3$	+0.392
高氯酸钾	$KClO_4$	+0.462
氯化铵	NH_4Cl	−0.449
铝粉	Al	−0.889
石蜡	$C_{18}H_{38}$	−3.460
矿物油	$C_{12}H_{26}$	−3.460

1.3.3 爆炸反应方程式

如果要对炸药的爆容、爆热和爆温等参数进行计算，首先需确定炸药的爆炸反应方程式。但是由于爆炸反应的快速性和复杂性，想要确定爆炸反应方程式非常困难。因为爆轰产物在生成时向周围膨胀，其物化性质也在不断地变化，所以在爆炸过程中的任何一个瞬间，其产物的组成都不是一成不变的。

爆炸的主要产物为：CO_2、H_2O、N_2、CO、C、O_2 以及少量的 NO、CH_4、NH_3 等。在爆炸过程中，这些产物可能会发生二次反应。

① 对于正氧平衡炸药，可能存在如下二次反应：

a. 二氧化碳的再次分解：$2CO_2 \rightleftharpoons 2CO + O_2 - 566kJ$

b. 水的再次分解：$2H_2O \rightleftharpoons 2H_2 + O_2 - 483.6kJ$

c. 氮的氧化：$N_2 + O_2 \rightleftharpoons 2NO - 180.8kJ$

② 对于负氧平衡炸药，可能存在如下二次反应：

a. 水煤气反应：$CO + H_2O \rightleftharpoons CO_2 + H_2 + 41kJ$

b. 炉煤气反应：$2CO \rightleftharpoons CO_2 + C + 172.5kJ$

按照化学反应进行的准则：温度升高，反应向吸热方向移动，而温度降低，反应向放热方向移动；压力升高，反应向体积缩小方向移动，而压力降低，反应向体积增加方向移动。所以，正氧平衡炸药在爆炸时，随着爆炸温度的升高，氮氧化物含量将增加；而负氧平衡炸药爆炸时，温度升高，水煤气反应和炉煤气反应逆向进行，不利于放热，但是，如果加大炸药的密度，使得炸药爆炸时的压力升高，利于两个反应的正向进行，从而增大放热量。

气态爆轰产物迅速冷却时，高温气体平衡状态的变化较为缓慢，实际的平衡状态需要较长的时间才能稳定。如铝粉含量较高的温压炸药在爆炸时，首先是主要成分为奥克托今等猛炸药的爆炸，在此过程中会有少量的铝粉参与反应，然后是铝和爆轰产物的反应，这两个过程会把铝粉抛撒在一定体积的空气中，由于温压炸药严重的负氧特性，最后大部分铝粉会和空气中的氧气反应。

爆炸反应程度还和炸药本身的约束条件相关，约束条件间接地影响了爆轰产物的扩散。爆轰产物在高温、高压下持续的时间越长，其反应就越完全。约束条件包括增大药包直径、增加装药外壳的强度等，均可使反应更完全。

1.3.3.1 爆炸反应方程式的理论确定法

依据化学平衡原理和质量守恒定律，作以下假设：

① 炸药爆炸时，在温度很高、化学反应速率极快的条件下，爆炸产物能快速地建立起化学平衡。

② 把炸药的爆炸视为在原有体积内完成，即把爆炸过程看作一个绝热、等容的过程。

③ 将高温、高压的爆炸产物视作理想气体。

对于 $C_aH_bN_cO_d$ 类炸药，产物组成是十分复杂的。因此，只考虑常见的十种爆炸产物，可得出爆炸反应方程式的一般书写形式：

$$C_aH_bN_cO_d = xCO_2 + yCO + zC + uH_2O + wN_2 + hH_2 + iO_2 + jNO + kNH_3 + lHCN$$

由质量守恒定律可知：

$$\begin{cases} x+y+z+l=a \\ 2u+2h+3k+l=b \\ 2w+j+k+l=c \\ 2x+y+u+2i+j=d \end{cases} \tag{1-4}$$

其中 a、b、c、d 为已知数，共有 10 个未知数，即 x、y、z、u、w、h、i、j、k、l，还需要再建立 6 个方程才能解出。由假设①可知爆炸产物间能够建立化学平衡，因此 10 种产物之间存在以下平衡反应：

$$CO_2 + C \rightleftharpoons 2CO$$

$$CO_2+H_2 \rightleftharpoons CO+H_2O$$

$$CO_2 \rightleftharpoons CO+0.5O_2$$

$$0.5N_2+0.5O_2 \rightleftharpoons NO$$

$$C+0.5N_2+0.5H_2 \rightleftharpoons HCN$$

$$2NH_3 \rightleftharpoons N_2+3H_2$$

由化学平衡知识可知，上述6个反应以分压表示的平衡常数方程可以分别表示为：

$$K_{p_1}=\frac{p_{CO}^2}{p_{CO_2}}=\frac{(py/n)^2}{px/n}=\frac{py^2}{nx} \tag{1-5}$$

$$K_{p_2}=\frac{p_{CO}p_{H_2O}}{p_{CO_2}p_{H_2}}=\frac{(py/n)(pu/n)}{(px/n)(ph/n)}=\frac{yu}{xh} \tag{1-6}$$

$$K_{p_3}=\frac{p_{CO}p_{O_2}^{\frac{1}{2}}}{p_{CO_2}}=\frac{(py/n)(pi/n)^{\frac{1}{2}}}{px/n}=\left(\frac{p}{n}\right)^{\frac{1}{2}}\frac{yi^{\frac{1}{2}}}{x} \tag{1-7}$$

$$K_{p_4}=\frac{p_{NO}}{p_{O_2}^{\frac{1}{2}}p_{N_2}^{\frac{1}{2}}}=\frac{pj/n}{(pi/n)^{\frac{1}{2}}(pw/n)^{\frac{1}{2}}}=\frac{j}{(iw)^{\frac{1}{2}}} \tag{1-8}$$

$$K_{p_5}=\frac{p_{HCN}}{p_{N_2}^{\frac{1}{2}}p_{H_2}^{\frac{1}{2}}}=\frac{pl/n}{(pw/n)^{\frac{1}{2}}(ph/n)^{\frac{1}{2}}}=\frac{l}{(wh)^{\frac{1}{2}}} \tag{1-9}$$

$$K_{p_6}=\frac{p_{N_2}p_{H_2}^3}{p_{NH_3}^2}=\frac{(pw/n)(ph/n)^3}{(pk/n)^2}=\frac{wh^3}{k^2}\left(\frac{p}{n}\right)^2 \tag{1-10}$$

其中，$n=x+y+u+w+h+i+j+k+l$。

由假设可知，爆炸产物符合理想气体状态方程，则有：

$$p=\frac{nRT}{V}$$

或

$$\frac{p}{n}=\frac{RT}{V} \tag{1-11}$$

由假设②可知，把爆炸过程看作一个绝热、等容过程，故：

$$V=\left(\frac{M}{\rho_0}-\frac{12z}{\rho_C}\right)\times 10^{-6}\,(m^3/mol) \tag{1-12}$$

式中 M——炸药的分子量；

12——碳原子的原子量；

ρ_0——炸药的装药密度，g/cm^3；

ρ_C——游离碳的密度，g/cm^3。

在式(1-4)～式(1-12)中，共有14个未知数，而只列了13个方程，同时 K_p 是温度的函数，计算时需要迭代求解，计算步骤如下：

① 先假设一个爆温（爆炸产物的温度）T_1，由表1-5查出平衡常数 $K_{p,C}$、K_{p,H_2O}、K_{p,CO_2}、$K_{p,NO}$、$K_{p,HCN}$、K_{p,NH_3}。

② 联立式(1-4)～式(1-12)，求出产物组成 x、y、z、u、w、h、i、j、k、l，从而确定爆炸方程式。

③ 由爆炸反应方程式可计算出炸药的爆热、爆温和爆容。如果计算的爆温和假设的爆温相近，则假设的温度值有效；否则，取两个温度值的算术平均值作为新的假设爆温再次进行计算，直到计算值和假设值相近为止。

表1-5 $\lg K_p$～T 关系

温度/K	(1)	(2)	(3)	(4)	(5)	(6)	(7)	(8)	(9)
300	−20.8	−15.090	−118.63	−24.68	−4.95	−44.74	−23.93	−46.29	−39.79
400	−15.21	−11.156	−87.47	−15.60	−3.17	−32.41	−19.13	−33.91	−29.24
600	−9.55	−7.219	−56.21	−6.296	−1.44	−20.07	−14.34	−21.47	−18.63
800	−6.73	−5.250	−40.52	−1.507	−0.61	−13.90	−11.93	−15.22	−13.29
1000	−5.04	−4.068	−31.84	1.425	−0.39	−10.199	−10.48	−11.444	−10.06
1200	−3.92	−3.279	−24.619	3.395	0.154	−7.742	−9.498	−8.922	−7896
1400	−3.12	−2.717	−20.262	4.870	0.352	−5.992	−8.790	−7.116	−6.344
1600	−2.53	−2.294	−16.869	5.873	0.490	−4.684	−8.254	−5.758	−5.175
1800	−2.07	−1.966	−14.225	6.70①	0.591	−3.672	−7.829	−4.700	−4.263
2000	−1.70	−1.703	−12.106	7.35①	0.668	−2.863	−7.486	−3.852	−3.531
2200	—	−1.488	−10.370	7.89①	0.725	−2.206	−7.201	−3.158	−2.931
2400	—	−1.309	−8.922	8.32①	0.767	1.662	−6.961	−2.578	−2.429
2600	—	−1.157	−7.694	—	0.800	−1.203	−6.759	−2.087	−2.003
2800	—	−1.028	−6.640	—	0.831	−0.807	−6.577	−1.670	−1.638
3000	—	−0.915	−5.726	—	0.853	−0.469	−6.418	−1.302	−1.322
3200	—	−0.817	−4.925	—	0.871	−0.175	−6.273	−0.983	−1.046
3500	—	−0.692	−3.893	—	0.894	0.201	−6.094	−0.577	−0.693
4000	—	−0.526	−2.514	—	0.920	0.699	−5.841	−0.035	−0.211
4500	—	−0.345	−1.437	—	0.928	1.081	—	0.392	0.153
5000	—	−0.298	−0.570	—	0.937	1.387	—	0.799	0.450

注：(1) 指 $H_2+N_2+2C \rightleftharpoons 2HCN$；(2) 指 $O_2+N_2 \rightleftharpoons 2NO$；(3) 指 $N_2 \rightleftharpoons 2N$；(4) 指 $CH_4+H_2O \rightleftharpoons CO+3H_2$；(5) 指 $CO_2+H_2 \rightleftharpoons CO+H_2O$；(6) 指 $2CO_2 \rightleftharpoons 2CO+O_2$；(7) 指 $2CO \rightleftharpoons 2C+O_2$；(8) 指 $2H_2O \rightleftharpoons 2\cdot OH+H_2$；(9) 指 $2H_2O \rightleftharpoons 2H_2+O_2$。

① 为外推值。

1.3.3.2 爆炸反应方程式的经验确定法

爆炸反应方程式的经验确定法只考虑炸药的元素组成，不考虑爆炸瞬间形成的高温、高压对反应动力学过程的影响，是一种近似计算方法。常用经验方法有：吕-查德里（Le-Chatelier）法、布伦克里-威尔逊（Brinkley-Wilson）法及最大放热法。

（1）吕-查德里法

吕-查德里法也简称 L-C 法，该法基于最大爆炸产物体积的原则，当爆炸产生的气体体积相同时，偏重放热多的反应。炸药按照氧平衡分为三类：

① 第一类炸药：正氧平衡和零氧平衡炸药（$d \geqslant 2a+\frac{b}{2}$）。

H 全部氧化成 H_2O，C 全部氧化成 CO_2。爆炸反应方程式可写为：

$$C_aH_bN_cO_d \longrightarrow aCO_2+\frac{b}{2}H_2O+\frac{1}{2}\left(d-2a-\frac{b}{2}\right)O_2+\frac{c}{2}N_2+Q_V\text{（定容爆热，下同）}$$

例如，硝化甘油（NG，$C_3H_5N_3O_9$）的爆炸反应可写为：

$$C_3H_5N_3O_9 \longrightarrow 3CO_2+2.5H_2O+0.25O_2+1.5N_2+Q_V$$

② 第二类炸药：轻度负氧，炸药中的氧不足以完全氧化可燃元素，但足以使产物完全气化，无固体碳生成（$2a+\frac{b}{2}>d \geqslant a+\frac{b}{2}$）。

首先考虑对生成气体有利的反应：$C \longrightarrow CO$。剩余的氧平均分配用于将 H、C 等可燃元素氧化为稳定氧化物，如：$H \longrightarrow H_2O$、$C \longrightarrow CO_2$。此类炸药的爆炸反应方程式可写为：

$$C_aH_bN_cO_d \longrightarrow aCO+\frac{b}{2}H_2+\left(\frac{d-a}{2}\right)O_2+\frac{c}{2}N_2+Q_V \longrightarrow$$

$$\left(\frac{3a}{2}-\frac{d}{2}\right)CO+\left(\frac{d}{2}-\frac{a}{2}\right)H_2O+\left(\frac{d}{2}-\frac{a}{2}\right)CO_2+\left(\frac{b}{2}-\frac{d}{2}+\frac{a}{2}\right)H_2+\frac{c}{2}N_2+Q_V$$

例如，黑索金（RDX，$C_3H_6N_6O_6$）的爆炸反应方程式可写为：

$$C_3H_6N_6O_6 \longrightarrow 1.5CO+1.5H_2O+1.5CO_2+1.5H_2+3N_2+Q_V$$

③ 第三类炸药：严重负氧的炸药（$d<a+\frac{b}{2}$）。

这种情况下先假设 3/4 的 H 转变成 H_2O，剩余的氧平均分配用于 C 的氧化，使之生成 CO_2 和 CO。显然产物中 CO 物质的量应是 CO_2 的两倍，并有固体 C 生成。

$$C_aH_bN_cO_d \longrightarrow \frac{3b}{8}H_2O+\frac{b}{8}H_2+\left(\frac{d-\frac{3b}{8}}{2}\right)CO+\left(\frac{d-\frac{3b}{8}}{4}\right)CO_2$$

$$+\left(\frac{4a-3d+\frac{9b}{8}}{4}\right)C+\frac{c}{2}N_2+Q_V$$

例如，梯恩梯（TNT，$C_7H_5N_3O_6$）的爆炸反应方程式可写为：

$$C_7H_5N_3O_6 \longrightarrow 1.875H_2O+2.06CO+1.03CO_2+3.91C+0.62H_2+1.5N_2+Q_V$$

（2）布伦克里-威尔逊法

布伦克里-威尔逊法简称 B-W 方法，先将 H 全部氧化成 H_2O，剩余的氧再将 C 氧化成 CO，若氧元素有剩余，则进一步将 CO 氧化成 CO_2。N 则以 N_2 存在。

① 第一类炸药：$d \geqslant 2a+\frac{b}{2}$。方法同 L-C 法，爆炸反应方程式可写为：

$$C_aH_bN_cO_d \longrightarrow aCO_2+\frac{b}{2}H_2O+\frac{1}{2}\left(d-2a-\frac{b}{2}\right)O_2+\frac{c}{2}N_2+Q_V$$

② 第二类炸药：$2a+\frac{b}{2}>d \geqslant a+\frac{b}{2}$。爆炸反应方程式可写为：

$$C_aH_bN_cO_d \longrightarrow \frac{b}{2}H_2O+\left(d-a-\frac{b}{2}\right)CO_2+\left(2a-d+\frac{b}{2}\right)CO+\frac{c}{2}N_2+Q_V$$

例如，黑索金的爆炸反应方程式可写为：

$$C_3H_6N_6O_6 \longrightarrow 3H_2O+3CO+3N_2+Q_V$$

③ 第三类炸药：$d<a+\frac{b}{2}$。爆炸反应方程式可写为：

$$C_aH_bN_cO_d \longrightarrow \frac{b}{2}H_2O+\left(d-\frac{b}{2}\right)CO+\left(a-d+\frac{b}{2}\right)C+\frac{c}{2}N_2+Q_V$$

例如，梯恩梯（TNT，$C_7H_5N_3O_6$）的爆炸反应方程式可写为：

$$C_7H_5N_3O_6 \longrightarrow 2.5H_2O+3.5CO+3.5C+1.5N_2+Q_V$$

（3）最大放热量法

此方法以最大放热量为前提来确定炸药爆轰产物成分，通常适用于密度 $\rho_0 \geqslant 1.4g/cm^3$ 的炸药。装药密度越接近晶体密度，用此方法所得结果越准确。

在上述条件下，对于 $C_aH_bN_cO_d$ 类炸药，其爆轰产物组分与如下两个反应的平衡密切相关。

$$2CO \rightleftharpoons CO_2+C$$

$$H_2+CO \rightleftharpoons H_2O+C$$

在凝聚相炸药爆轰时，由于爆轰压力极高，因此反应向右移动的趋势很大。如黑索金爆炸最终产物中，炭黑含量可达 3%～8%，甚至更多。同时，分子中的 H 实际上可完全氧化为 H_2O，而 C 的情况则与装药的初始密度和晶体密度的比值有关，存在两种形式，即 H_2O-CO-CO_2 型和 H_2O-CO_2 型，前一种的爆炸反应方程式可按 B-W 法写出，而 H_2O-CO_2 型即是以最大放热量为前提所形成的类型，爆炸反应方程式可按下式写出：

$$C_aH_bN_cO_d \longrightarrow \frac{b}{2}H_2O+\left(\frac{d}{2}-\frac{b}{4}\right)CO_2+\left(a+\frac{b}{4}-\frac{d}{2}\right)C+\frac{c}{2}N_2+Q_V$$

例如，黑索金的爆炸方程式可写为：

$$C_3H_6N_6O_6 \longrightarrow 3H_2O+1.5CO_2+1.5C+3N_2+Q_V$$

1.3.3.3 混合炸药的爆炸反应方程式

混合炸药的元素组成除包含 C、H、N、O 外，还可能包括 Mg、Al、K、Na、Cl 等元素。确定爆炸反应方程式时，一般先将金属元素完全氧化成金属氧化物，其余的 C、H、N、O 元素再按 B-W 法处理。对于含 Cl 元素的混合炸药，则应先考虑生成金属氯化物或氯化氢。若同时含有上述两类元素，则应先生成金属氧化物和金属氯化物，再按 B-W 法处理余下的 C、H、N、O 元素。

① 对于含 Mg、Al、K、Na 等金属元素的混合炸药

a. 含有一价金属元素的零氧平衡炸药：

$$C_aH_bN_cO_dM_e \longrightarrow 0.5eM_2O+0.5bH_2O+aCO_2+0.5cN_2+Q_V$$

b. 含有一价金属元素的负氧平衡炸药：

$$C_aH_bN_cO_dM_e \longrightarrow 0.5eM_2O+0.5bH_2O+0.5cN_2+(d-0.5e-0.5b-a)CO_2 \\ +(2a-d+0.5b+0.5e)CO+Q_V$$

c. 含有二价金属元素的零氧平衡炸药：

$$C_aH_bN_cO_dM_e \longrightarrow eMO+0.5bH_2O+aCO_2+0.5cN_2+Q_V$$

d. 含有二价金属元素的负氧平衡炸药：

$$C_aH_bN_cO_dM_e \longrightarrow eMO+0.5bH_2O+0.5cN_2+(d-e-0.5b-a)CO_2 \\ +(2a-d+0.5b+e)CO+Q_V$$

e. 含铝（三价）零氧平衡炸药：

$$C_aH_bN_cO_dAl_e \longrightarrow 0.5eAl_2O_3+0.5bH_2O+aCO_2+0.5cN_2+Q_V$$

f. 含铝（三价）负氧平衡炸药：

$$C_aH_bN_cO_dAl_e \longrightarrow 0.5eAl_2O_3+0.5bH_2O+0.5cN_2 \\ +\left(d-\frac{3}{2}e-0.5b-a\right)CO_2+\left(2a-d+0.5b+\frac{3}{2}e\right)CO+Q_V$$

② 对于含 Cl 元素和一价金属元素的混合炸药，则应先考虑生成金属氯化物或 HCl。

$$C_aH_bN_cO_dM_eCl_f \longrightarrow eMCl+(f-e)HCl+\frac{b-(f-e)}{2}H_2O \\ +aCO_2+0.5cN_2+Q_V$$

③ 若同时含有前述两类元素，则应先生成金属氯化物和金属氧化物，再按 B-W 法处理余下的 C、H、N、O 元素。

$$C_aH_bN_cO_dM_eCl_f \longrightarrow fMCl+\frac{e-f}{2}M_2O+0.5bH_2O+aCO_2+0.5cN_2+Q_V$$

其余以此类推。

将确定爆炸反应方程式的基本原则总结如下：

① 炸药爆炸时生成的微量产物可忽略不计。

② 炸药中的 N 全部生成 N_2。

③ 若含 F、Cl 等强氧化性元素，首先生成金属氟化物或氯化物。

④ 炸药中的 O 将剩余的 H 氧化成 H_2O。

⑤ 炸药中的 O 将金属元素氧化成稳定金属氧化物；剩余的 O 将 C 氧化成 CO；若还有 O 剩余，则将 CO 氧化成 CO_2；若还有 O 剩余，则以 O_2 存在。

⑥ 对于负氧平衡炸药可能存在单质 C。

1.3.3.4 炸药爆炸反应动力学基础

化学反应动力学是物理化学的核心分支之一，它研究的是化学反应进行的速率以及影响这些速率的因素。炸药爆炸反应动力学的内涵包括两个方面：反应速率和反应机理。

反应速率方面，该参数可以说明炸药组分分子分解、自由基或中间产物形成、最终产物生成的速度有多快，对于炸药而言快速性是炸药爆炸过程的核心特征和发生的必要条件之一。在一般的化学反应中，反应速率通常以单位时间内反应物浓度的减少量或产物浓度的增加量来衡量。而在炸药中，其反应速率通常与爆速这一概念进行关联。在炸药爆炸临界直径（炸药能够稳定爆轰的最小直径）以上，炸药爆炸过程通常以爆轰波的形式传播，速度可达数千米每秒。以 TNT 为例，其反应区厚度约为 0.41mm，反应持续时间仅 0.08μs。爆速相关内容见本书第 4 章。

反应机理方面，由于炸药通常由 C、H、O、N 等多种元素组成，该组成特征决定了炸药爆炸不是一个简单的单步反应，而是一个包含许多基元反应（如键断裂、自由基重组、分子碰撞等）的复杂链式反应网络。炸药爆炸的反应动力学就是要揭示这个网络的具体步骤、中间产物、能量传递路径等，从而说明炸药的反应机制。以 HMX 的分解释能过程为例，其初始反应路径根据升温速率的不同而呈现出不同的特点。研究表明，在 10K/ps、20K/ps、40K/ps 的低升温速率下，HMX 的分解从 N—N 键断裂开始，生成—$C_4H_8N_7O_6$ 和—NO_2；在 80K/ps 的高升温速率下，HMX 的分解从 C—N 键断裂开始，两个 HMX 分子分解结合成 $C_8H_{16}N_{16}O_{16}$。在四种升温速率下，HMX 体系依次在 298.42K、298.69K、298.96K、299.27K 下开始反应，此时 HMX 反应生成的分子片段易断键重组，重新生成 HMX 分子，随后 HMX 继续分解生成多种大分子片段，此时 HMX 的分解路径主要分为 5 种，分解过程如图 1-1 所示。除 C—N 键和 N—N 键断裂生成大分子片段外，HMX 硝基上的 N—O 以及 HMX 环上的 C—H 键也可能发生断裂，生成$—C_4H_7N_8O_8$、$—C_4H_8N_8O_7$、$—C_4H_8N_8O_9$ 等大分子片段，以及—OH、—O 等小分子片段，这些大分子片段之间会进一步相互组合生成新的片段，因此 HMX 反应初期的产物以 C、H、N、O 类的大分子片段为主。

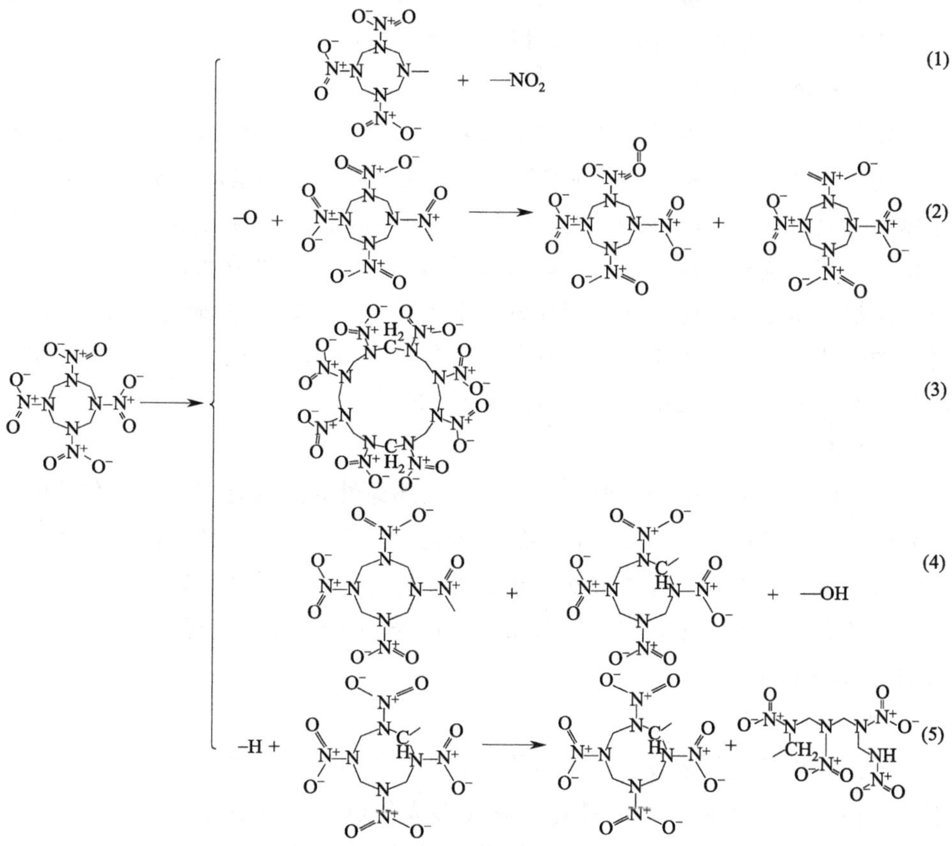

图 1-1　HMX 的典型初始反应路径

1.4　炸药的基础概念与设计原则

1.4.1　炸药的定义及特征

炸药有广义与狭义之分。广义的炸药通常被定义为一种能够发生化学爆炸的物质，可以是单一物质，也可以是混合物，可以是气态，也可以是液态、固态或混合态。狭义的炸药是指固体爆炸品。

一些物质通常情况下并不作为炸药使用，但在特定条件下仍然能够发生化学爆炸。例如发射药在一般情况下主要的化学变化形式是快速燃烧，但是用强起爆的方式对其进行作用时，可能以爆炸形式释放能量。苦味酸最初被用作染料，后来人们才逐步认识到它的爆炸性，直到 1830 年苦味酸才被当作炸药使用。类似的物质还有被当作化肥使用的硝酸铵。

从爆炸角度来看炸药，炸药有以下几个特征：

（1）高体积能量密度

以单位质量计，炸药爆炸所放出的能量比普通燃料燃烧时放出的能量低得多。例如，1kg 汽油或无烟煤在空气中完全燃烧时的放热量，分别为 1kg 梯恩梯爆炸时放热量的 10 倍或 8 倍。即使以 1kg 的汽油或煤与氧的化学当量比混合物计，其燃烧时的放热量也仅达到梯恩梯爆热的 2.4 倍或 2.2 倍。但如果以单位体积物质放出的能量计，情况就大不相同了。例如，1L 硝化甘油或 1L 梯恩梯的爆热分别相当于 1L 汽油-氧混合物燃烧热的 570 倍或 370 倍。多数炸药的体积能量密度为汽油-氧混合物的 130～600 倍。

（2）自供氧

炸药的分子或组分中同时含有氧化性、还原性元素或基团，所以在燃烧或者爆炸时，分子或组分内部会直接发生氧化还原反应，故炸药可以在隔绝大气的条件下进行反应，对外界做功。正因为该特性，当炸药着火时，不能采用隔离氧气的方法灭火，否则强行构造出的密闭条件可能会使炸药由燃烧转爆轰，造成更大的事故。

（3）自行活化

炸药在外部能量激发下发生爆炸后，不需要外界能量的补充也能以极快的速度传播下去。例如，1mol 梯恩梯爆炸形成的热量可以活化 4.6mol 梯恩梯，形成链式反应。在这种条件下，爆炸反应可以在极短的时间内完成，其反应速率可达数千米每秒。

（4）亚稳态性

炸药从力学角度看是相对稳定的物质，不是一触即爆的化学品，而是只有在适当的外部能量激发下，才能发生爆炸反应的物质，即亚稳态物质。炸药在投入应用前，一定要解决其敏感性或安定性问题。炸药的亚稳态性决定了其自身也在不停地进行着热分解。不恰当的运输方式和存储条件可能会加速其分解过程，导致爆炸。

1.4.2 炸药的分类

炸药的种类繁多，研究人员针对应用场景开发了满足不同需求的炸药，如煤矿许用炸药、水下炸药、爆破用炸药等。这些炸药的组成、物化性质和爆炸性质各有差异，所以科学的分类可帮助从业人员更加合理地研究和使用这些物质。

炸药常用的分类方法有两种：一种是按照炸药的组成及分子结构的特点分类，这种分类方法对炸药配方研制工作者很有益处，便于他们掌握炸药在组成上的特点和规律；另一种是按照炸药的应用进行分类，这种分类方法对应用炸药的工程技术人员很有益处，如战斗部设计工作者以及工程爆破技术人员选用炸药较为方便。

（1）按炸药的组成分类

此方法把炸药分为两大类，即单质炸药（分子内炸药）和混合炸药（分子间炸药）。

① 单质炸药　单质炸药是只有一种化合物结构的炸药。单质炸药分子内含有可燃性基团和氧化性基团，多数是由 C、H、N、O 四种元素组成的，这些基团热力学稳定，但动力学不稳定，在外界刺激下，化学键很容易断开，发生剧烈的反应，放出热量。单质炸药主要包括以下六种。

a. 硝基化合物类　硝基化合物类炸药的结构特征是碳原子与硝基相连接，由于—C—NO_2 结合得非常牢固，因此这类炸药具有相当好的化学稳定性和较低的机械感度。典型的炸药有梯恩梯、特屈儿、苦味酸等。

梯恩梯分子式为 $C_7H_5(NO_2)_3$，代号 TNT，应用广泛。TNT 具有中等的爆炸威力，安定性好，机械感度低，装药工艺性好，可以铸装、压装、螺装。原材料来源广泛，价格便宜。

特屈儿分子式为 $C_7H_5N(NO_2)_4$，代号 CE，曾是国外广泛应用的一种炸药。爆炸威力高于梯恩梯，而低于黑索金。熔化时易分解，不能铸装，只能压装。冲击波感度高，广泛地用作传爆药柱。

此外还有：六硝基苯、六硝基二苯胺（HND）、三硝基苯酚（苦味酸，TNP）、二硝基甲苯（DNT）、二硝基萘、三硝基间苯二酚（斯蒂夫酸）及其盐类等。

b. 硝胺化合物类　硝胺化合物类炸药的分子结构以氮原子与硝基相连接为特征，由于—N—NO_2 分解时比—C—NO_2 分解时多生成一倍的氮气，炸药的氧平衡性能好，因而爆炸强度比硝基化合物高。—N—NO_2 结合的牢固性比—C—NO_2 结合的牢固性低，因而这类炸药的化学稳定性比硝基化合物差，机械感度较硝基化合物稍高。典型的炸药有黑索金、奥克托今等。

黑索金的分子式是 $C_3H_6N_6O_6$，代号 RDX，是一种广泛应用的高能炸药。爆炸威力大，化学稳定性好，但由于机械感度高，需要对其进行钝感化处理。黑索金可作为组分形成混合炸药，以压制成型，也可以与梯恩梯混合作铸装药使用。

奥克托今的分子式是 $C_4H_8N_8O_8$，代号 HMX，爆炸威力比黑索金更大，机械感度较高，通常不单独使用，常作为组分之一制成混合炸药。

c. 硝酸酯化合物类　硝酸酯化合物类炸药的分子结构特征为氧原子与硝基相连接，由于—O—NO_2 含氧多，这类炸药的氧平衡性能好，因而爆炸强度比硝胺类化合物的高；—O—NO_2 结合牢固性较低，因而这类炸药的化学稳定性比硝胺类化合物差，机械感度比硝胺类化合物高。太安是此类炸药的代表。

太安的分子式是 $C(CH_2ONO_2)_4$，代号 PETN，爆炸威力与黑索金相当，机械感度高，广泛用来装填雷管，多为钝感化后使用。

此外还有：硝化乙二醇[$C_2H_4(ONO_2)_2$]、硝化甘油[$C_3H_5(ONO_2)_3$]、硝化棉[$(C_6H_7O_2CONO_2)_n$]等。

d. 硝酸盐类　典型炸药有硝酸铵（NH_4NO_3）、硝酸尿（NH_2—CO—$NH_2 \cdot HNO_3$）、硝基胍（$CH_4N_4O_2$）等。

e. 乙炔及其衍生物　典型炸药有乙炔银（Ag_2C_2）、乙炔汞（Hg_2C_2）等。

f. 雷酸及其盐类　典型炸药有雷汞[$Hg(ONC)_2$]、雷酸银[$Ag(ONC)$]等。

② 混合炸药　混合炸药是由两种或两种以上的化合物组成的炸药。炸药在实际应用中必须同时满足诸如爆炸性能、安全性能、工艺性能、长贮性以及生产经济性等各方面的要求，而对于单质炸药来说很难全面满足这些要求，所以实际应用中多采用混合炸药。

混合炸药的种类很多，也可以按照不同的方式进行分类，本书仅简要介绍几种常用的混合炸药。

a. 钝化黑索金　钝化黑索金是一种由黑索金与钝感剂组成的粉、粒状混合炸药，常用配方是黑索金：钝感剂＝95：5，一般以压装法进行装药。美国称这类炸药为 A 炸药。

b. 梯黑炸药　由梯恩梯和黑索金以不同比例组成的混合炸药，是当前应用最广泛的一类混合炸药。尤其是美、英、法等西方国家，各种榴弹、破甲弹、航弹、地雷等武器中普遍采用这类混合炸药。它通常以熔融态进行铸装，因此也是熔铸炸药的典型代表。

这类混合炸药中，随着黑索金含量的增加，其爆炸威力也增大，但是铸装的工艺性会相应地下降。常用的配比有：50%梯恩梯/50%黑索金、40%梯恩梯/60%黑索金、35%梯恩梯/65%黑索金。西方国家在梯恩梯、黑索金混合物中加入钝感剂所制成的B炸药（39.5%梯恩梯/59.5%黑索金/1%蜡）也属于这一类型。

c. 含铝混合炸药　含铝混合炸药是在配方中加入铝粉等高能成分，以显著提高炸药的能量或威力的一类混合炸药，因此含铝炸药构成了混合炸药中高威力的一个重要系列。

常用的含铝炸药有钝黑铝炸药、梯黑铝炸药、固奥铝炸药等。钝黑铝炸药是由80%钝化黑索金和20%的铝粉混制而成。梯黑铝炸药是由梯恩梯和黑索金以6∶4的比例制成，在此基础上外加16%的粒状铝粉和3%的片状铝粉形成的熔铸炸药。固奥铝炸药是以高分子黏结剂、奥克托今、铝粉为主体组分的浇注型混合炸药。

d. 高分子混合炸药　高分子炸药实际上是指组分中含有高分子材料的一类炸药，通常以高能炸药为主体，配以黏结剂、增塑剂、钝感剂等添加剂。按其爆炸性能又可分为高爆速、高威力、低爆速等类型。按物理状态可分为高强度、塑性、挠性、黏性、泡沫态等类型。按成型工艺可分为压装、浇注、碾压、热塑型、热固型等。典型代表如PBX系列、RX系列等。

e. 液体混合炸药　一般指由两种及两种以上物质组成的具有流动性的爆炸混合物。它可以是均一的液体溶液，也可以是胶状液或悬浮液。如四硝基甲烷/苯（86.5/13.5）、硝酸（98%浓度）/硝基苯（72/28）等。

f. 硝铵炸药　硝铵炸药是以硝酸铵为主要成分的爆炸混合物，是我国工业炸药的主要品种。由于硝酸铵价格低廉、来源广泛，无论是在民用上还是军用上，硝铵炸药都是重要的爆炸能源。硝铵炸药现在已经发展出铵梯炸药、铵油炸药、浆状炸药、水胶炸药、乳化炸药、膨化硝铵炸药、粉状乳化炸药等多个品种。

（2）按炸药的应用分类

① 按功能分类　按炸药的功能可将炸药分为四类：起爆药、猛炸药、火药和烟火剂。

a. 起爆药　起爆药对外界作用十分敏感，轻微的外界刺激就可以引发爆炸，反应速度极快，一旦引爆就可以立即转变为稳定的爆轰。起爆药主要用来装填各种起爆器材以实现点火或起爆，如底火、雷管、火帽或其他点火起爆装置。因此起爆药也称初发装药或第一装药，其由发火到发展成稳定爆轰在毫秒的时间量级上就能完成。从安全性的角度看，起爆药对机械作用比较敏感，是最危险的炸药之一。

常用的起爆药有：雷汞、叠氮化铅[$Pb(N_3)_2$]、斯蒂芬酸铅[$C_6H(NO_2)_3O_2Pb$]、二硝基重氮酚[$C_6H_2(NO_2)_2ON_2$]、特屈拉辛（$C_2H_8N_{10}O$）、硝酸肼镍{[$Ni(N_2H_4)_3$]$(NO_3)_2$}等。

b. 猛炸药　与起爆药相比，猛炸药的敏感性较低，因此通常要借助起爆药或者起爆器材引发爆炸，为次发装药或第二装药。猛炸药的主要反应形式是爆轰，是弹药做功的主要能源，具有极快的爆速和强大的破坏力，常用于装填各种战斗部。

常用的猛炸药有：梯恩梯（$C_7H_5N_3O_6$）、黑索金（$C_3H_6N_6O_6$）、奥克托今（$C_4H_8N_8O_8$）、太安（$C_5H_8N_4O_{12}$）、硝化甘油（$C_3H_5N_3O_9$）、美国军用A炸药（RDX/钝感剂）、美国军用B炸药（TNT/RDX）、美国军用C炸药（RDX/黏结剂/增塑剂）、民用乳化炸药、硝铵炸药、浆状炸药等。

c. 火药　狭义的火药为黑火药，我国的四大发明之一。广义的火药还包括发射药，其主要化学反应形式是燃烧。从其化学反应原理看，火药又是炸药的一种，是一种自供氧的亚稳态物质，能够在不依赖于外界环境的条件下进行有规律的燃烧，放出大量气体和热量对外做功。虽然火药也能产生爆炸，但实际应用过程中主要利用的是它的燃烧性能。比如，用于枪弹、炮弹的发射。

火药又分为黑火药、单基火药、双基火药、三基火药和高分子复合火药。

ⅰ. 黑火药：黑火药易于点燃，燃烧迅速，点火能力强，性能稳定，长期用于发射用途，并用于制造导火索、点火药、传火药等产品。民用领域主要被用于烟花爆竹的生产中。黑火药是由硝石、木炭和硫黄按照一定比例混合制成的，常用的比例是75%硝酸钾、10%硫黄和15%木炭。

ⅱ. 单基火药：又称硝化棉火药，由95%的硝化棉和5%的非爆炸性组分构成，主要用于枪炮的发射。

ⅲ. 双基火药：又称硝化甘油火药，由硝化棉和硝化甘油（或硝化乙二醇）双组分混合而成，主要用于迫击炮、加农榴弹炮等的发射。

ⅳ. 三基火药：在双基火药的基础上加入爆炸化合物而成，如加入硝基胍、黑索金、奥克托今等，属于复合双基火药。三基火药主要是为了消除炮管烧蚀、炮口焰、炮尾焰等缺陷而研发的。

ⅴ. 高分子复合火药：由可燃剂、固态氧化剂、高分子化合物、黏结剂等组成，用于火箭的发射，又称复合固体推进剂。

d. 烟火剂　烟火剂是由氧化剂、有机可燃物或金属粉及少量黏结剂等混合制成的产生光、声、热、烟、色、延时等效果的混合物。民用上，它经常被用于制造烟火、鞭炮、安全气囊产气剂等；军事上，常被用于制造实现照明、燃烧、曳光、发烟等功能的药剂。

起爆药、猛炸药、火药和烟火剂都具有爆炸性质，在一定条件下都能形成爆轰。通常情况下，起爆药和猛炸药的基本作用形式是爆轰，而火药和烟火剂则主要是爆燃。通常所说的炸药主要是指猛炸药，它的生产和使用量最大，因此它是爆炸技术的主要研究对象。

② 军用混合炸药的分类　常用的军用混合炸药可分为抗过载炸药、温压炸药、燃料空气炸药、水下炸药、不敏感炸药、基于高能量密度材料的炸药六大类。

a. 抗过载炸药　抗过载炸药指在外界强动态载荷条件下能够保持装药安定且具备爆炸功能的炸药类型。根据武器类型和载荷作用特性，抗过载炸药主要分为抗发射过载炸药和抗侵彻过载炸药两种类型，抗发射过载炸药用于大中口径炮弹的战斗部，抗侵彻过载炸药用于反硬目标动能侵彻战斗部。

b. 温压炸药　温压炸药是一种富燃料炸药，爆炸后能够同时产生高温和高压作用效果，而且能量释放的时间显著高于常规炸药，因而具有较长的火球作用时间和较高的总冲量。温压炸药的爆炸过程分为以下三个阶段：

ⅰ. 最初的无氧爆炸反应：不需要从周围空气中吸取氧气，持续时间为数微秒，主要发生分子内氧化还原反应。此阶段仅释放一部分能量，并产生大量富含燃料的产物。

ⅱ. 爆炸后的无氧燃烧反应：不需要从周围空气中吸取氧气，持续时间为数十微秒至数百微秒，主要是燃料粒子的燃烧。

ⅲ. 爆炸后的有氧燃烧反应：需要从周围空气中吸取氧气，持续时间为数毫秒，主要是富含燃料的产物与周围空气中的氧混合燃烧。此阶段释放大量能量，延长了高温火球和高压冲击波的持续时间。

c. 燃料空气炸药　燃料空气炸药（fuel air explosive，FAE）是一种新型爆炸能源，本质属性是燃料，成分以挥发性的碳氢化合物（如环氧乙烷、环氧丙烷、乙醚等）或固体粉状可燃物（如铝粉、镁粉）为主。应用时以爆炸抛撒的形式在空气中形成可爆云团，称为燃料空气炸药。与传统高能炸药相比，FAE的密度、爆速、爆压小，但由于其装药效率高、爆轰体积大、爆炸压力衰减缓慢且冲量大，在威力范围内毁伤能力要远远高于传统炸药，可达3～5倍TNT当量甚至更高。因此，FAE已经成为今后高效毁伤炸药技术发展的一个重要方向。

d. 水下炸药　水下炸药是依据炸药在水介质中爆炸特性设计的用于装填水中弹药的一类炸药，具有高冲击波能、高气泡能的特点。

e. 不敏感炸药　不敏感炸药指在意外刺激下不易发生剧烈反应的一类炸

药，具有较好的安全性特征。近几年国内外针对不敏感炸药的研究主要包括炸药及装药意外刺激下的响应机理、不敏感炸药配方设计等方面。

f. 基于高能量密度材料的炸药　此类炸药是基于具有高能量密度特性的新一代含能材料的混合炸药。这些新的含能材料包括 TNT 的潜在取代物，如 DNTF、TNAZ（三硝基氮杂环丁烷）等，以及新合成的高能炸药，如 CL-20、ADN（二硝酰胺铵）等。

1.4.3　工业炸药设计的一般原则

（1）工业炸药的氧平衡应为零氧平衡

炸药通常是由氧化剂和可燃剂组成的。炸药爆炸的实质是氧化剂和可燃剂之间发生快速的氧化还原反应，即生成 CO_2、H_2O、CO 等新产物的氧化还原过程。实践表明，只有当可燃剂被完全氧化时，释放的能量才最大，生成的有毒气体也最少。一般的工业炸药配方设计为零氧平衡或者接近零氧平衡，才能获得最大的能量释放。负氧平衡炸药的爆炸产物中含有 CO、H_2，甚至出现固体碳；而正氧平衡炸药的爆炸产物中可能含有氮的氧化物，例如 NO、NO_2 等气体。这两种情况不仅不利于发挥炸药的最大爆炸威力，还会产生较多的有毒气体，不利于地下矿山的爆破作业。只有当工业炸药配方为零氧平衡或者接近零氧平衡时，爆炸反应的产物才有可能全部或者几乎全部转变成 H_2O、CO_2，此时放出的热量最大，爆破或者做功的效果达到最佳，有毒气体最少。

（2）性能、成本相结合

在粉状工业炸药和含水炸药中加入梯恩梯、甲胺硝酸盐及铝粉等均能不同程度地提高炸药的爆炸能量，改善工业炸药的性能，但随之带来的是工业炸药的原材料成本和生产成本大幅度提高，对企业的经济效益不利。工业炸药的配方应该根据爆破目的、爆破介质和爆破的实际情况进行设计。一般而言，爆破介质硬度高的情况可使用高爆速、高威力炸药，中硬岩可使用中等爆速和威力的炸药，软岩可使用低爆速和低威力的炸药，以使炸药的波阻抗和岩石的波阻抗尽量一致，达到提高爆破效果的目的。如岩石硬度较低时，工程爆破可使用改性粉状硝铵炸药或者乳化炸药；如岩石硬度较高时，可使用高威力含铝硝铵炸药或一级岩石乳化炸药；对于大型矿山爆破或者露天深孔爆破及大爆破，可使用成本低廉的铵油炸药或者重铵油炸药。

对于粉状硝铵炸药，还需考虑到硝酸铵容易吸湿结块的现象，在配方设计时应该加入抗吸湿结块剂。针对乳化炸药中硝酸铵在低温下易结晶析出的问题，需在配方设计时加入相应的组分降低它的析晶点。对于含铝硝铵炸药，应考虑铝粉的保护问题，由于铝粉和水分在一定条件下反应生成 Al_2O_3 和 H_2，铝粉在炸药中的功能将失效，而产生的 H_2 对炸药的储存和使用的安定性不利。因此，在工业炸药配方设计过程中，要同时兼顾爆炸性能、原材料和生产成本，以及爆破使用对象。

（3）减少环境污染

在炸药的配方设计中要注意以下几点：

① 不添加或者尽量少添加有毒组分；

② 添加的组分在生产过程中应避免产生粉尘和排放废水废液；

③ 各组分应易于分散，氧化剂和还原剂接触充分，有利于化学反应的进行。

（4）安全问题

在工业炸药生产中不应加入敏感的化学品和坚硬的物质。例如，在炸药中加入黑索金、梯恩梯等，虽然能够提高炸药的爆炸性能，但是从生产工艺和产品的使用安全性等方面考虑，通常它们是不被选用的。

（5）合适的组分配比选择

试验表明，工业炸药的配方设计不仅影响其性能，而且在一定程度上决定着其生产工艺。也就是说，合适的组分配比选择不但能够提高炸药的性能指标，而且有利于工艺、设备的妥善安排，简化工艺操作，因此这也是进行工业炸药配方设计时应考虑的重要问题。

1.4.4 军用混合炸药设计的一般原则

军用混合炸药不仅要求具有优良的爆炸性能，还要求具有较低的机械感度、良好的安全性和储存稳定性。现有军用混合炸药的爆热为 3.0～9.0MJ/kg，爆速为 2.0～9.6km/s，爆压为 10～40GPa，爆温为 3000～5000K。用梯恩梯当量表示的猛度为 90%～170%，做功能力为 90%～200%。随着现代武器的发展，对军用混合炸药的性能要求越来越严格，而且需要的品种在不断增多。

军用混合炸药应以满足武器对炸药的战术技术指标要求为前提，但同时也要综合考虑其他性能。在现代武器用炸药的设计中，特别要将安全性放在重要地位，降低炸药易损性，提高炸药在现代战争环境下的生存能力。

从使用角度而言，对军用混合炸药的基本性能要求包括能量、密度、安全性、安定性、相容性、力学性能、能量输出，以及工艺性、经济性和环境友好性等。

① 高能量　能量是炸药完成爆炸作用的源泉。军用混合炸药的能量参数

主要是做功能力、猛度和对金属的加速作用。做功能力取决于爆热和爆容等，猛度取决于爆速和爆压，对金属的加速作用则取决于炸药的动能输出。

② 高密度　密度与混合炸药的爆轰性能、力学性能及其他一些性能有密切关系。例如，在一定范围内，爆速随密度的一次方、爆压随密度的二次方增加。

③ 高安全性　安全性是保证混合炸药正常研究、生产、运输、装药、加工、使用及储存的重要指标。感度是炸药安全性能的度量，它在很大程度上决定了炸药能否可靠使用，以及其应用范围。

④ 安定性和相容性：现代战争使用的弹丸和运载工具的速度越来越快，在强大气动力热作用下，要使装药能保持原有性质，就要求炸药具有优良的热安定性及相容性。安定性与相容性是密切相关的，相容性差的混合炸药，其安定性必然不佳。

⑤ 良好的力学性能　军用混合炸药必须具有一定的抗压强度、抗拉强度、抗剪强度、尺寸稳定性和机械加工性能，以保证药柱具有良好的机械强度和环境适应能力。

⑥ 合适的能量输出　不同弹种对炸药的性能要求存在较大差异。例如，水下弹药要求炸药具有尽可能大的做功能力，希望装填高爆热、大爆容的炸药；反坦克破甲弹用炸药则应具有尽可能高的爆速或爆压以及较低的撞击感度；对杀伤弹而言，希望装药具有较大的动能输出，以提高杀伤效果。

⑦ 良好的工艺性、经济性及对环境的友好性　军用混合炸药除要尽量满足上述要求外，还要考虑配方的工艺性、经济性及对环境的友好性。一般情况下，很难获得十分理想的炸药配方，因为各项指标之间存在着矛盾，如能量与安全性之间、原料成本与经济性之间、产品质量与工艺性之间等。因此，只能在确保主要性能的前提下，对其他性能进行平衡和调节。

1.5　炸药的发展

早在公元前 2 世纪西汉时期，《淮南子》中就有关于火药的记载——“含雷吐火之术，出于万毕之家”，“含雷”意指会爆炸的声响，“吐火”则是可喷射的烟火，清晰表明了火药反应的两大特征。火药发明初期仅用于表演。北宋时期的《九国志》记载了唐哀宗天祐初年（904 年），郑璠攻豫章（今江西南昌）时使用了“发机飞火”烧龙沙门，这是火药在实战中的最早记录之一。西方最早的火药记载出现在 13 世纪英国哲学家 Roger Bacon 的著作中。

(1) 黑火药时期

黑火药是中国古代四大发明之一，是现代火炸药的始祖。它的发明，开创了火炸药发展史上的第一个纪元。从 10 世纪至 19 世纪初叶，黑火药也是世界上唯一使用的火炸药。黑火药对军事技术、人类文明和社会进步所产生的深远影响，一直为世人所公认，并被载入史册。早在公元 808 年（唐宪宗元和三年），中国即有了黑火药配方的记载。炼丹家清虚子在其所著的《太上圣祖金丹秘诀》中指出，黑火药是硝石（硝酸钾）、硫黄和木炭组成的一种混合物。到宋、元时期，黑火药的配方更趋定量和合理。宋代曾公亮等在 1040～1044 年间编著的《武经总要》中，记录了黑火药的组成。

约在 10 世纪初（五代末或北宋初），即出现黑火药配方记载。约 100 年后，黑火药开始步入军事应用，使武器由冷兵器逐渐转变为热兵器。宋真宗时，在开封创立了我国第一个炸药厂——“广备攻城作”，其中的“火药窑子作”专门制造黑火药。宋朝军队曾大量使用过以黑火药为推进动力或爆炸物组分的武器（如霹雷炮、火枪、铁火炮、火箭等）以击退金兵。至 1132 年，中国发明了“长竹杆火枪”等管形火器，1259 年发明了“突火枪”，它们是近代枪炮的雏形。1332 年中国制造的“铜铸火铳”则是已发现的世界上最早的铜炮。上述这些武器，无一不是以黑火药为发射能源的。这些武器的问世和对黑火药的应用，是兵器史上一个重要的里程碑，为近代枪炮的发展奠定了初步基础，具有划时代的意义。

自中国发明黑火药后，以燃烧、爆炸形式释放能量的武器得以快速发展。在北宋的《武经总要》中，详细描述了“毒药烟毬”“蒺藜火毬”等产生燃烧作用和有毒烟幕的武器。明代的《武备志》也记载有“五里雾”“五色烟”等烟火药剂的配方。

黑火药用于军事后，12 世纪前半叶，中国已制成根据反作用原理升空的焰火，这就是火箭的前身。明崇祯十五年（1642 年），李自成使用大量火药炸毁开封城墙。黑火药传入欧洲后，于 16 世纪开始用于工程爆破。1548～1572 年间，黑火药被用于疏通尼曼（Neyman）河河床；1672 年，黑火药首次用于煤矿爆破，黑火药在采矿工业中的应用被认为是中世纪的结束和工业革命开始的标志。随着黑火药在世界范围内的广泛应用，黑火药迎来了自己的灿烂时代，绵延数百年之久。

(2) 近代炸药的兴起和发展时期

该时期始于 19 世纪中叶，至 20 世纪 40 年代结束。

1833 年，法国化学家布拉克特（H. Braconnt）制得的硝化淀粉和 1834 年德国化学家米茨克勒利什（E. Mitscllerlish）合成的硝基苯，开创了合成炸药的先例，随后出现了近代火炸药发展的繁荣局面。

① 单质炸药 1846 年，意大利人索布雷罗（Ascanio Sobrero）制得了硝化甘油（NG），为各类火药和代拿买特炸药提供了主要原材料。1863 年，德国化学家威尔布兰德（Wilbrand）合成了梯恩梯（TNT），1891 年实现了工业化生产，1902 年用 TNT 装填炮弹以代替苦味酸（TNP），并成为第一次及第二次世界大战中的主要军用炸药。在梯恩梯获得军事应用前，法国科学家于 1885 年首次用苦味酸铸装炮弹，从而结束了用黑火药作炮弹装药的历史。1877 年，特屈儿被首次合成，于第一次世界大战中用作雷管和传爆药的装药。1894 年由托伦斯（Tollens）合成的太安（PETN），从 20 世纪 20 年代至今，一直广泛用于制造雷管、导爆索和传爆药柱。英国药学家亨宁（Henning）于 1899 年合成的黑索金，是一种世界所公认的高能炸药，在第二次世界大战中受到普遍重视，并发展了一系列以黑索金为基的高能混合炸药。1941 年，怀特（G. H. Wright）和贝克曼（W. E. Bacman）在以醋酐法生产黑索金时发现了能量水平和很多性能均优于黑索金的奥克托今（HMX），并在第二次世界大战中得到实际应用，使炸药的性能提高到一个新的水平。

如果从 1833 年制得硝化淀粉以及 1834 年合成硝基苯和硝基甲苯算起，在随后的 100 余年间，现在使用的三大系列（硝基化合物、硝胺及硝酸酯）单体炸药已经形成，而就应用的主炸药而言，炸药的发展已经经历了第一代梯恩梯，第二代黑索金两个阶段。

② 军用混合炸药 第一次世界大战前主要使用以苦味酸为基的熔铸混合炸药，从 20 世纪初叶即开始被以梯恩梯为基的混合炸药（熔铸炸药）取代。在第一次世界大战中，含梯恩梯的多种混合炸药（包括含铝粉的炸药）是装填各类弹药的主角。

在第二次世界大战期间，各国相继使用了以特屈儿、太安、黑索金为原料的混合炸药，发展了熔铸混合炸药特屈儿、彭托雷特、赛克洛托尔和 B 炸药等几个系列，并广泛用于装填各种弹药，使熔铸炸药的能量比第一次世界大战期间提高了约 35%。

同时，以上述几种猛炸药为基的含铝炸药（如德国的海萨尔、英国的托尔派克斯）也在第二次世界大战中得到应用。

第二次世界大战期间，以黑索金为主要成分的塑性炸药（C 炸药）及钝化黑索金（A 炸药），均在美国制式化。加上熔铸类的 B 炸药，A、B、C 三大系列军用混合炸药都在这一时期形成，并一直沿用至今。

③ 工业炸药 1867 年，瑞典化学家诺贝尔（Alfred Nobel）以硅藻土吸收硝化甘油制得了代拿买特，并很快在矿山爆破中得到普遍应用。这被认为是

炸药发展史上的一个里程碑，是黑火药发明以来炸药科学的最大进展。后来，Nobel 又卓有成效地改进了代拿买特的配方，成功研制出多种更为适用的代拿买特。1875 年，Nobel 又发明了爆胶，将工业炸药带入了一个新时代。

19 世纪下半叶，粉状和粒状硝铵炸药也初露头角。它的出现和发展，是工业炸药的一个极其重要的革新。1866 年，奥尔逊（Olsen）和诺尔宾（Norrbein）申请了世界上第一个制造硝铵炸药的专利。1869 年和 1872 年，德国和瑞典分别进行了硝铵炸药的工业生产，硝铵炸药开始部分取代代拿买特，并很快得到普及，且久盛不衰。19 世纪 80 年代，煤矿用安全硝铵炸药被研制出来，如 1884 年法国研制的法维耶特型安全炸药，1912 年英国研制的含消焰剂（食盐）的许用炸药等。进入 20 世纪后，硝铵炸药得到迅速发展，尤以铵梯型硝铵炸药的应用最为广泛。

（3）炸药品种增加和综合性能不断改善时期

该时期始于 20 世纪 50 年代，至 20 世纪 80 年代中期结束。

第二次世界大战后，火炸药的发展进入了一个新的时期。在这一时期中，火炸药品种不断增加，性能不断改善。

① 单质炸药　第二次世界大战后，奥克托今进入实用阶段，被应用于熔铸混合炸药奥克托尔和多种高聚物黏结炸药，广泛用作导弹、核武器和反坦克武器的战斗部装药。由于奥克托今极高的热稳定性，它也用作深井石油射孔弹的耐热装药。同时，奥克托今还成为高能固体推进剂和发射药的重要氧化剂。中国从 20 世纪 60 年代开始研制奥克托今，80 年代研究成功了几种合成炸药。20 世纪 60 年代，国外先后合成了耐热钝感炸药六硝基芪和耐热炸药塔柯特。中国在这一时期合成了 1,4,6-三硝基-2,4,6-三氮杂环己酮、六硝基苯、四硝基甘脲、四硝基丙烷二脲等高能炸药。这几种炸药的爆速均超过 9km/s，密度达 1.95～2.0g/cm^3，开创了我国合成高能量密度炸药的先河。20 世纪 70 年代，美国对三氨基三硝基苯重新进行了研究，并将其用于制造耐热低感高聚物黏结炸药。中国也于 20 世纪 70～80 年代合成和应用了三氨基三硝基苯，并积极开展了对其性能和合成工艺的研究。

② 军用混合炸药　第二次世界大战后期发展的很多军用混合作药（如 A、B、C 三大系列），在 20 世纪 50 年代后均得以系列化及标准化。在此期间，还发展了以奥克托今为主要组分的奥克托尔熔铸炸药，使这类炸药的能量又上了一个台阶。60 年代，美国大力完善了 HBX 型高威力炸药（主要组分为黑索金、梯恩梯及铝粉），用于装填水中兵器。70 年代初，美国开始使用燃料-空气炸药装填炸弹，并将该类炸药作为炸药发展的重点之一。这一时期重点研制的另一类军用混合炸药是高聚物黏结炸药，并在 60～70 年代形成系列，且随

后用途日益广泛，品种剧增。70 年代后期，出现了低易损性炸药或不敏感炸药，它代表军用混合炸药的一个重要研究方向。至 80 年代，此类炸药更加为各国军方重视和青睐。此外，这一时期各国还大力研制分子间炸药。

中国发展军用混合炸药的过程，在某些方面几乎是与国外发达国家同步的。从 20 世纪 60 年代起，中国即相继研制了上述各类主要的军用混合炸药。中国研制的很多军用混合炸药品种与 A、B、C 三大系列及美国的 PBX、LX、RX、PBXN 系列相当，但配方各有特色。

③ 工业炸药　从 20 世纪 50 年代中期开始，工业炸药又进入了一个新的发展时期，有人称之为现代爆炸剂时代。这一时期的主要标志是铵油炸药、浆状炸药和乳化炸药的发明和推广应用。

铵油炸药是 1954 年在美国一个矿山首先试验成功的，到 1970 年，全球铵油炸药的用量已占工业炸药总用量的 50%以上。至 1982 年，中国铵油炸药的生产量为工业炸药总产量的 30%左右。

美国犹他（Utah）大学和加拿大铁矿公司（Iron Ore Company of Canada）于 1956 年发明的浆状炸药属于含水硝铵炸药，这一发明使人们对炸药的认识有了一次新的飞跃，被誉为继代拿买特之后工业炸药发展史上的又一次重大革命。中国于 1959 年开始研制浆状炸药。20 世纪 70 年代中期，中国浆状炸药的品种不断增加，满足了国内爆破作业的需要。

乳化炸药是一类新崛起的硝铵炸药，20 世纪 70 年代得到蓬勃发展。中国从 20 世纪 70 年代末开始研制乳化炸药，一年多后即诞生了中国第一代乳化炸药，并逐渐批量生产和使用。80 年代后期，乳化炸药（包括粉状乳化炸药）已成为中国工业炸药的一枝新秀和重要品种之一，并在矿山爆破和工程爆破中广泛应用。

（4）炸药近年来的发展

20 世纪 80 年代后期至今，单质炸药飞速发展。为了追求高性能、高安全性的单质炸药，越来越多的炸药被合成和制造出来。

① 单质炸药　科研人员不断尝试开发出新的含能材料，但能够进行实际应用的却很少。具有代表性的有六硝基六氮杂异伍兹烷（CL-20）、1,1-二氨基-2,2-二硝基乙烯(FOX-7)和 3,4-二(硝基呋咱基)氧化呋咱(DNTF)等。

CL-20 是一种笼形多环硝胺，由美国海军武器研究中心尼尔森（Nielsen）博士在 1987 年首次合成。CL-20 作为目前能够应用的威力最大的非核单质炸药，其输出能量要比 HMX 高出 10%～15%，是当前公认最具发展潜力的新型高威力炸药。我国自 1990 年开始着手进行 CL-20 合成技术研究，1994 年由北京理工大学研究成功。

1998 年，瑞典成功合成了 FOX-7，该炸药具有优良的耐热性能及安全性能，能量密度与 RDX 相当，且和许多材料相容，有望成为钝感弹药的主要候选品种之一。

西安近代化学研究所于 2002 年首次合成 DNTF，其合成安全性高、生产工艺简单、制造成本低。虽然其能量仍不及 CL-20，但综合性能超过 HMX。

仅含有 N—N、N ═N 高能键的全氮含能材料具有超高的能量水平（3～10 倍 TNT 当量，计算值），一直受到含能材料基础研究领域的密切关注。1890 年，库尔提乌斯（Curtius）等人首次发现了除氮气之外的另一种稳定全氮离子 N_3^-。随着计算化学的发展，化学家对许多全氮化合物的结构和性能进行了预测，但是由于合成条件苛刻且产物极不稳定，全氮化合物的研究发展非常缓慢。1999 年，美国南加州大学首次报道合成出呈折线形结构的 N_5^+，随后又报道了十几种由 N_5^+ 组成的盐类物质，然而合成条件为无水、无氧和超低温环境，在一定程度上阻碍了该类化合物的研究和应用。2002 年，巴利特（Barlett）等人通过理论计算得到了全氮化合物，其密度为 1.9g/cm^3，晶格能为 502.3～586.0kJ/mol。2017 年，南京理工大学胡炳成和陆明等首次成功制备出室温下稳定存在的环状五唑阴离子盐，热分析结果显示这种盐的分解温度为 116.8℃，具有良好的热稳定性，标志着 N_5^- 的合成研究取得了突破性进展。

② 军用混合炸药　现役武器弹药中，实际应用的炸药含能组分主要是三硝基甲苯（TNT）、2,4-二硝基茴香醚（DNAN）、3-硝基-1,2,4-三唑-5-酮（NTO）、硝基胍（NQ）、黑索金（RDX）和奥克托今（HMX）六种。其中，TNT、DNAN、NTO 主要用于熔铸炸药，NQ 用于熔铸或浇注炸药，而 RDX 和 HMX 作为典型高能炸药广泛用于各类配方中。对于混合炸药设计而言，提高主体炸药含量或能量，是炸药高能化设计最直接、最有效的途径。

在高能固相填充炸药研究方面，美国已经形成了多种 CL-20 基可实用化的炸药配方，而我国公开报道的文献表明，CL-20 基配方研究方面还处于基础性能研究及初步配方研究阶段。

国外已开展了不敏感炸药技术的全面研究与应用，不仅深入研究了不敏感炸药的点火及增长机理，而且结合多品种弹药进行了不敏感炸药的易损性试验。目前已成功应用的产品包括以 DNAN 基 PAX 系列炸药、IMX 系列炸药等为代表的熔铸炸药，以 AFX-757、PBXIH-135、PBXIH-18、PAX-2A、PAX-3 等为代表的高聚物黏结炸药以及以 TATB 等不敏感单质炸药为基的压装炸药等。国内不敏感炸药技术的发展仍局限在机理研究、组分研究等基础上，应用研究较少。

③ 工业炸药　随着国民经济建设的不断发展，科学技术的日新月异，社会生产对安全作业、环境保护及资源持续利用提出了更高的要求，同时工业炸药也向着多品种、高性能、低成本及生产工艺简单可靠等方向发展。

工业炸药的品种比较齐全，有硝化甘油炸药、铵油炸药、含水炸药等。其物理状态有粉状、含水、粉状与含水炸药的混合物，可以满足不同场合、不同岩石、不同地质条件工程爆破的需要，已形成系列化产品。如膨化硝铵炸药就有如下系列产品：岩石膨化硝铵炸药、岩石膨化铵油炸药、2 号煤矿许用抗水（非抗水）膨化硝铵炸药、不同爆速的膨化硝铵震源药柱、高威力膨化硝铵炸药、低爆速膨化硝铵炸药等。

工业炸药的本质安全化是目前工业炸药发展的趋势。采取无毒无害的原材料，彻底革除对人体有害和对环境有污染的组分，如 TNT、S（硫黄）等，发展无梯粉状工业硝铵炸药，需要发展成本较低、来源广泛的原材料。氧化剂一般以硝酸铵为主，可燃剂大多为复合油相燃料。粉状硝铵炸药中可适量加入木粉或其他性能稳定的可燃组分。工业炸药的组分简单，配方设计合理，趋近零氧平衡。炸药的生产工艺向连续自动化方向发展，实现人机隔离操作，减少在线人数，生产过程也向着可视化、电子监控方向发展。

思政小故事

王泽山院士“一辈子做好一件事”

火药是中国古代“四大发明”之一。这种曾经长期让我国引以为傲的技术，为什么没能追上近代科学和工业革命的步伐？——李约瑟提出的“难题”，中国科学家王泽山院士用毕生奋斗求解答案。

王泽山院士 1935 年出生于吉林省吉林市。那时的东北三省并不平静，他的童年生活在伪满洲国的阴影下。抗美援朝战争中，几十万志愿军以落后的装备和巨大的代价赢得战争胜利，这件事深深地触动了他。幼年时，镌刻在王泽山院士记忆里最深的信念就是“不做亡国奴”，他父亲经常冒着生命危险悄悄叮嘱他牢记“你是中国人，你的国家是中国”。从 19 岁报考中国人民解放军军事工程学院的火炸药专业，到如今依然执着于相关领域的科研攻坚，这位 60 余年来致力引领火炸药技术变革、解决重大科技难题的一流科学家，为推动我国火炸药整体技术实力进入世界前列，实现我国武器装备现代化和推进军民融合发展做出了卓越贡献。

在王泽山精神教育基地展馆内，一张张照片、一段段文字，记录着王泽山在科研领域的每一项重大突破：攻克“火炸药资源化利用”关键技术，打通武器弹药全寿命周期最后一环，破解我国火炸药战略轮储困局；发明“低温度感度发射装药技术”，大幅提升身管武器的极端环境适应性，使我国主战武器能够适应全地域全天候作战需求；发明“远程等模块技术”，让我国火炮的弹道性能全面超越世界同类武器，傲视全球；3次问鼎国家科学技术一等奖，2017年获得国家最高科学技术奖，王泽山成了名副其实的“火炸药王”。

2021年12月，王泽山将其所获国家最高科学技术奖奖金等共计1050万元一次性捐赠，设立“南京理工大学泽山育才基金”，用于奖励在教学一线取得显著成效的教师和学业优异的学生，促进教师教学水平提升，培育学生的家国情怀和使命意识。

“做学问、育英才，这是我从事工作的集中体现。”王泽山说，“用科学的思想、科学的态度、科学的方法，去研究我们的科学问题，并解决这些问题。在这一过程中，我培育了人才，也培育了我自己。”

复习思考题

1. 炸药燃烧与一般燃料（如木材）燃烧的主要区别是什么？

2. 试述炸药的分类。

3. 试根据压力与燃速的关系分析起爆药、炸药与火药之间的区别。

4. 什么叫炸药的氧平衡？它对炸药的爆炸反应有什么影响？

5. 研究炸药的氧平衡有什么实际意义？

6. 为什么炸药有爆轰的临界直径与燃烧的临界直径？二者的物理意义有什么不同？

7. 为什么在一定条件下炸药燃烧能够转为爆轰？研究这个问题有什么实际意义？

8. 为什么说燃烧与爆轰是炸药爆炸变化的不同形式？试分析二者的区别和联系。

9. 在猛炸药的生产和贮存中，应防止一旦发生火灾时炸药由燃烧转为爆轰，为此应采取什么措施？

10. 试述我国在炸药发展史中的贡献。

第2章 冲击波理论

2.1 气体动力学基础

爆炸对周围介质产生的剧烈作用，主要通过爆轰气体产物的高速流动和在介质中形成的压力突变（冲击波）实现。因此，有必要对气体动力学的基础知识进行介绍。气体动力学是流体力学的一个分支，主要研究可压缩流体的运动规律及其与固体的相互作用。

2.1.1 气体的物理性质

2.1.1.1 可压缩性

气体（流体）的可压缩系数定义为体积弹性模量的倒数。若气体微团的压力从 p 增加为 $p+\Delta p$，则其体积将发生相应的压缩变化，这可用比体积的相对变化 $\Delta v/v$ 来表示，流体的体积弹性模量 K 定义为压应力的改变量与比体积的相对变化量的比值，即：

$$K=\lim_{\Delta p\to 0}\left(\frac{\Delta p}{-\frac{\Delta v}{v}}\right)=-v\frac{\mathrm{d}p}{\mathrm{d}v} \tag{2-1}$$

式(2-1) 中的负号是考虑了压力增加导致体积减小这一特性而加上的。

流体的可压缩系数 Z 定义为比体积的相对变化量与压应力的改变量的比值，即：

$$Z=\frac{1}{K}=-\frac{1}{v}\frac{\mathrm{d}v}{\mathrm{d}p} \tag{2-2}$$

由于密度 ρ 与比体积 v 互为倒数，上式也可写为：

$$Z=-\frac{\rho}{\mathrm{d}\rho\mathrm{d}p} \tag{2-3}$$

与液体相比，气体的可压缩系数要大得多。例如空气在一个大气压下的等温可压缩系数为 $10^{-5}\mathrm{m}^2/\mathrm{N}$，而同样条件下水的值为 $5\times10^{-10}\mathrm{m}^2/\mathrm{N}$。可见空气的可压缩系数远大于水。

式(2-3) 可改写为：

$$\frac{\mathrm{d}\rho}{\rho}=-\frac{1}{Z\mathrm{d}p} \tag{2-4}$$

对于实际工程问题，一般认为，只要 $|\mathrm{d}\rho/\rho|\geqslant5\%$，就必须考虑流动的可压缩性特征。由于气体的 Z 值大，而且高速运动的气体伴随着很大的压力梯度，根据式(2-4) 可知，高速气体流动常会超过 $|\mathrm{d}\rho/\rho|$ 的低限，因此需要研究高速气流的可压缩性效应，这是气体动力学的任务。

2.1.1.2 连续性

在气体动力学中，气体被看作连续介质。微观上，所有分子都在独立地做不规则热运动，互相碰撞，其平均行程称为平均自由程。气体分子每分钟要碰撞 $10^{23}\sim10^{24}$ 次，气体动力学无法研究个别分子的微观行为，只能确定大量分子的集体作用，因此宏观上把气体视为无空隙、可压缩的连续介质。把气体的热力学参数（如压强 p、密度 ρ、温度 T 等）及动力学参数（如速度 u 等）表示为空间与时间的连续函数，这样我们就能利用连续函数求得相关的状态参数。如果在研究过程中所研究的气体微团过小或者气体密度过低，气体的连续性假设不再成立。

2.1.1.3 黏性

一切真实气体都具有黏性，可用牛顿黏性定律进行描述，即：

$$\tau=\frac{F'}{A}=-\mu\frac{\mathrm{d}u}{\mathrm{d}y} \tag{2-5}$$

式中 $\frac{F'}{A}$——剪应力（单位面积上所受的内摩擦力），用 τ 表示，$\mathrm{N/m^2}$；

$\frac{\mathrm{d}u}{\mathrm{d}y}$——速度梯度（垂直于流体运动方向的速度变化率），$\mathrm{s}^{-1}$；

μ——比例系数，称为黏度或动力黏度。

一般来说，气体的黏性系数很小，在速度梯度不大时可忽略黏性的影响。

2.1.1.4 导热性

气体和固体同样具有导热性，可用傅里叶导热方程进行描述，即：

$$J_{\mathrm{T}}=-K_{\lambda}\frac{\mathrm{d}T}{\mathrm{d}x} \tag{2-6}$$

其中热流密度 J_T（W/m^2）是在与传输方向相垂直的单位面积上，在 x 方向上的传热速率。它与该方向上的温度梯度 dT/dx 成正比。比例常数 K_λ 是一个输运特性，称为热导率，单位是 W/(m·K)。在高速流动情况下，气体的流动对热流密度的影响可忽略不计，可采用绝热流动进行近似处理。

2.1.2 理想气体状态方程

为求解气体动力学问题，需要用到状态方程。状态方程是表征介质具体性质的宏观状态量（p、ρ、v）之间的关系式。它是平衡态情况下建立起来的一个热力学关系式，能够表示物质处于热力学平衡态时的性质。

大量试验表明，理想气体（分子不占有体积、分子之间不存在任何作用力的气体）的压强 p、密度 ρ 和温度 T 存在以下关系：

$$pv=RT \tag{2-7}$$

$$R=R_0/M$$

$$v=1/\rho$$

式中 R——单位气体常数；

v——比体积；

R_0——普适气体常数；

M——气体分子量。

理想气体是热力学中理想化了的一种气体，当压强不高或者密度较低时，所有的真实气体都可以当作理想气体。真实气体考虑分子体积和分子热运动等因素从而衍生了许多经验和半经验的状态方程，如 Abel 余容状态方程、兰道-斯达纽柯维奇状态方程和泰勒-维里型展开式等，这些方程较复杂，使用时不方便。而理想气体的状态方程，即使在压强接近临界压强的情况下，只要温度大大超过临界温度也能给出足够准确的结果。

2.2 热力学基础

在热力学中，取一部分物质或区域作为研究对象，称为热力学系统，简称系统。与所研究的热力学系统相邻接的物质或区域称为环境。系统与环境之间一般存在着相互作用，例如传热、传质或做功。

凡与环境之间无物质交换的系统，称为封闭系统。它在气体动力学中对应于随体观点（拉格朗日表示法）。凡与环境之间有物质交换的系统，称为开口系统（敞开系统）。凡与环境之间无热量交换的封闭系统，称为绝热系统。凡与环境之间没有任何相互作用的系统，即既无物质交换又无能量交换的系统，称为孤立系统。

为了论述方便起见，把完全均质的物质系统定义为均匀系统，或单相系统；否则称为非均匀系统，或多相系统。又把只含一种化学组分的物质系统定义为单元系统；否则称为多元系统。

与热力学过程相关的物理量有：环境对系统所做的功和传递的热量。这些量取决于热力学过程进行的具体情况，即功与路程有关。热量为由系统和环境之间的温度差引起的并通过系统的界面而传递的能量。凡由环境传入系统的热量定为正。对系统传递热量有热传导、热对流和热辐射几种方式，也可以由化学反应和相变所引起。

在实际的热力学过程中，状态量的变化速度远低于建立热力学平衡态的弛豫速度，故质点每一时刻所处的状态都非常接近当时宏观状态量的瞬时值所对应的热力学平衡状态，即系统处于局部热力学平衡状态。局部热力学平衡考虑系统在每个宏观无限小、微观无限大的区域内都达到热力学平衡。在标准状态下，气体分子的平均自由程为 $10^{-7}\sim10^{-6}$ m，分子的运动速度约为 10^3 m/s，所以分子在 $10^{-10}\sim10^{-9}$ s 内至少碰撞一次，经过短时间内多次碰撞后达到平衡态。凝聚介质中的冲击波传播速度在 $10^3\sim10^4$ m/s 的量级上，冲击波波阵面的宽度只等于几个分子自由程，在该区间内介质的状态发生激烈的变化。

2.2.1 热力学基本定律

本节介绍热力学第一定律和第二定律，介绍内能、焓、熵的概念以及与比热容的关系，导出热力学基本方程和一些基本关系式。

2.2.1.1 热力学第一定律

热力学第一定律是能量守恒这一普遍定律在热能和机械能相互转换的情况中的应用，又称为能量守恒定律。具体可表述为：若环境给封闭系统传递热量 Q，则这部分热量一方面使系统增加内能 ΔE，另一方面使系统对外做功 W。热力学第一定律可写作：

$$Q=\Delta E+W \tag{2-8}$$

也可用微分形式表示为：

$$\delta Q=\mathrm{d}E+\delta W \tag{2-9}$$

如果只考虑由于系统体积变化对环境做的有用功，δW 可用 $p\,\mathrm{d}V$ 表示，于是热力学第一定律可写为：

$$\mathrm{d}E=\delta Q-p\,\mathrm{d}V \tag{2-10}$$

对单位质量的气体，式(2-10) 可写为

$$de=\delta q-p\,dv \tag{2-11}$$

此处引入一个新的状态函数，称为焓，用 H 表示，是一个广延量，定义为：

$$H=E+pV \tag{2-12}$$

比焓则定义为：

$$h=e+pv \tag{2-13}$$

将式(2-12) 和式(2-13) 分别代入式(2-10) 和式(2-11) 中，得到热力学第一定律的另一种表达式：

$$dH=\delta Q+V\,dp \tag{2-14}$$

或

$$dh=\delta q+v\,dp \tag{2-15}$$

比热容是在特定的热力学过程中单位物量的气体温度每升高一摄氏度所需吸收的热量。由于选取物量的单位不同，比热容可以分为质量比热容、摩尔比热容、容积比热容。本书采用质量比热容 c，表示为：

$$c=\frac{\delta q}{dT} \tag{2-16}$$

在热力学中常用的是定容比热容c_V 和定压比热容 c_p，它们分别表示为：

$$c_V=\left(\frac{\delta q}{dT}\right)_V \tag{2-17}$$

$$c_p=\left(\frac{\delta q}{dT}\right)_p \tag{2-18}$$

把式(2-11) 和式(2-15) 分别代入式(2-17) 和式(2-18)，得：

$$c_V=\left(\frac{\partial e}{\partial T}\right)_V \tag{2-19}$$

$$c_p=\left(\frac{\partial h}{\partial T}\right)_p=\left(\frac{\partial e}{\partial T}\right)_p+p\left(\frac{\partial v}{\partial T}\right)_p \tag{2-20}$$

下面推导一下c_p 和c_V 之间存在的关系。由状态方程 $e=e(v,T)=e(p,T)$ 的函数形式知，比内能 e 是 v 和 T 的函数，故有：

$$\left(\frac{\partial e}{\partial T}\right)_p=\left(\frac{\partial e}{\partial T}\right)_V+\left(\frac{\partial e}{\partial v}\right)_T\left(\frac{\partial v}{\partial T}\right)_p$$

即：

$$c_V=\left(\frac{\partial e}{\partial T}\right)_p-\left(\frac{\partial e}{\partial v}\right)_T\left(\frac{\partial v}{\partial T}\right)_p \tag{2-21}$$

把式(2-20) 和式(2-21) 相减，便得到：

$$c_p-c_V=\left[p+\left(\frac{\partial e}{\partial v}\right)_T\right]\left(\frac{\partial v}{\partial T}\right)_p \tag{2-22a}$$

同理，比焓可表达为 $h=h(p,T)$，故有：

$$c_p-c_V=\left[v-\left(\frac{\partial h}{\partial p}\right)_T\right]\left(\frac{\partial p}{\partial T}\right)_V \tag{2-22b}$$

利用热力学基本方程和麦克斯韦关系，还可导出：

$$c_p-c_V=T\left(\frac{\partial p}{\partial T}\right)_V\left(\frac{\partial v}{\partial T}\right)_p \tag{2-22c}$$

2.2.1.2 热力学第二定律

热力学第一定律给出了总能量、机械功、热能之间的关系式，但并未涉及能量转化和传递过程的方向和限度，热力学第二定律则对该问题进行了回答。

热力学第二定律有几种等效的表述方式，经典表述包括克劳修斯表述（Clausius Statement）和开尔文-普朗克表述（Kelvin-Planck Statement）。克劳修斯认为：不可能把热量从低温物体传到高温物体而不引起其他变化，即热量不会自发地从冷的物体流向热的物体。开尔文-普朗克则认为：不可能从单一热源吸取热量，使之完全变为有用的功而不产生其他影响，即不存在效率为100%的热机。

热力学第二定律的本质表述与一个被称为熵的状态函数有关，熵用 S 表示。对于不可逆过程，热力学第二定律可表述为：在任何一种与外界无能量交换的绝热系统中，如果发生可逆过程，则熵不变；一旦发生不可逆过程，则熵增大。自然界一切自发过程都是不可逆的。

① 在热力学过程进行中，熵的变化 $\mathrm{d}S$ 可分为两部分：一部分是由环境对系统输入或吸收物质和能量引起的熵流项 d_0S，它可正可负；另一部分是由系统内部的不可逆过程产生的熵增项 d_iS。于是有：

$$\mathrm{d}S=\mathrm{d}_0S+\mathrm{d}_iS \tag{2-23}$$

② 依据经典热力学的概念，熵流项是可以计算出的。若封闭系统以准静态过程的方式吸收热量 ΔQ，则熵流项为：

$$\mathrm{d}_0S=\frac{\Delta Q}{T} \tag{2-24}$$

如果是开口系统，则 d_0S 项中还应考虑物质输运对系统产生的熵流。

③ 系统内部的熵增项 d_iS 遵循下列判据：

$$\mathrm{d}_iS=0,\text{可逆过程,平衡态} \tag{2-25}$$

$$\mathrm{d}_iS>0,\text{不可逆过程} \tag{2-26}$$

综上所述，热力学第二定律，对于封闭系统为：

$$\mathrm{d}S\geqslant\frac{\Delta Q}{T} \tag{2-27}$$

式中不等号指不可逆过程，等号指可逆过程。

上式也可用比熵 s 来表示，即：

$$ds \geqslant \frac{\Delta q}{T} \tag{2-28}$$

2.2.2 热力学基本关系式

把热力学第一定律的表达式[式(2-11)或式(2-15)]和第二定律的表达式[式(2-28)]联立起来，便得到封闭均匀系统可逆过程条件下的热力学基本关系式：

$$de = T\,ds - p\,dv \tag{2-29}$$

$$dh = T\,ds + v\,dp \tag{2-30}$$

在热力学中为了处理问题方便，还定义了新的状态函数：

① 亥姆霍兹自由能（Helmholtz free energy）：

$$F = E - Ts \tag{2-31a}$$

② 吉布斯自由能（Gibbs free energy）：

$$G = H - Ts \tag{2-32a}$$

它们都是广延量。可以将其转化成强度量，取单位质量的气体，可表示为：

$$f = e - Ts \tag{2-31b}$$

$$g = h - Ts \tag{2-32b}$$

将式(2-31b) 和式(2-32b) 代入式(2-29) 和式(2-30) 中，又得到两个其他形式的热力学基本关系式，即：

$$df = -s\,dT - p\,dv \tag{2-33}$$

$$dg = -s\,dT + v\,dp \tag{2-34}$$

以上列出了四个形式的热力学基本方程，即式(2-29)、式(2-30)、式(2-33) 和式(2-34)，但只有一个独立方程。根据这些基本方程的全微分条件，可导出下列热力学关系式：

$$T = \left(\frac{\partial e}{\partial s}\right)_V = \left(\frac{\partial h}{\partial s}\right)_p \tag{2-35a}$$

$$p = -\left(\frac{\partial e}{\partial v}\right)_s = -\left(\frac{\partial f}{\partial v}\right)_T \tag{2-35b}$$

$$v = \left(\frac{\partial h}{\partial p}\right)_s = \left(\frac{\partial g}{\partial p}\right)_T \tag{2-35c}$$

$$s = -\left(\frac{\partial f}{\partial T}\right)_V = -\left(\frac{\partial g}{\partial T}\right)_p \tag{2-35d}$$

再利用全微分中两项的交叉导数相等的条件，又可导出麦克斯韦关系：

$$\left(\frac{\partial T}{\partial v}\right)_s=-\left(\frac{\partial p}{\partial s}\right)_V \tag{2-36a}$$

$$\left(\frac{\partial T}{\partial p}\right)_s=\left(\frac{\partial v}{\partial s}\right)_p \tag{2-36b}$$

$$\left(\frac{\partial p}{\partial T}\right)_V=\left(\frac{\partial s}{\partial v}\right)_T \tag{2-36c}$$

$$\left(\frac{\partial v}{\partial T}\right)_p=-\left(\frac{\partial s}{\partial p}\right)_T \tag{2-36d}$$

式(2-35) 和式(2-36) 也仅适用于封闭均匀系统的可逆过程。

2.2.3 基本热力学函数的表达式

在运动过程中，每一时刻介质的每一点都有一个由以下热力学量定义的确定状态：压力 p、密度 ρ 或比体积 v、温度 T、熵 S、比内能 e 或比焓 h 等。所有的热力学量中只有两个是独立的，任何一个热力学量都可以由另外任意两个量表示。热力学中基本的状态函数，除热状态方程中有关的变量外，还有内能、焓、熵、自由能、自由焓等。热完全气体状态方程已在前文阐述。本节将列出状态函数内能和焓的表达式，并推导出熵和自由焓的表达式。由于这些基本的状态函数都涉及比热容，因此在本节列出比热容的关系式。

2.2.3.1 内能

内能是指系统内气体分子热运动的能量、分子间相互作用的能量和分子内部的能量（包括粒子能量）的总和。均匀系统的内能在一般情况下是两个独立的状态变量的函数，因而内能是一种状态函数，是构成其他状态函数的一个参变量。

对于一般的热状态方程，有：

$$\mathrm{d}e=c_V\mathrm{d}T+\left[T\left(\frac{\partial p}{\partial T}\right)_V-p\right]\mathrm{d}v \tag{2-37}$$

对于理想气体有：

$$e=c_VT \tag{2-38}$$

2.2.3.2 焓

对于一般的热状态方程，有：

$$\mathrm{d}h=c_p\mathrm{d}T+\left[v-\left(\frac{\partial v}{\partial T}\right)_p\right]\mathrm{d}p \tag{2-39}$$

对于理想气体，有：

$$h=c_pT \tag{2-40}$$

2.2.3.3 比热容和比热容比

对于一般的热状态方程，有：

$$c_p - c_V = \left[p + \left(\frac{\partial e}{\partial v}\right)_T\right]\left(\frac{\partial v}{\partial T}\right)_p = \left[v - \left(\frac{\partial h}{\partial p}\right)_T\right]\left(\frac{\partial p}{\partial T}\right)_V = T\left(\frac{\partial p}{\partial T}\right)_V\left(\frac{\partial v}{\partial T}\right)_p$$

将理想气体的状态方程式(2-7) 代入上式得：

$$c_p - c_V = R \tag{2-41}$$

根据比热容比 γ 的定义 $\gamma = c_p/c_V$，上式可改写为：

$$c_V = R/(\gamma - 1) \tag{2-42}$$

$$c_p = \gamma R/(\gamma - 1) \tag{2-43}$$

$$\gamma = 1 + \frac{R}{c_V} \tag{2-44}$$

对于理想气体，内能是由分子的平动能和转动能组成的，根据统计物理中的能量按分子运动自由度等分的原理，可以得出：

$$\left.\begin{aligned}&\text{单原子气体}, c_V = \frac{3}{2}R, \gamma = 1.67\\ &\text{双原子气体}, c_V = \frac{5}{2}R, \gamma = 1.4\\ &\text{三原子气体}, c_V = 3R, \gamma = 1.33\end{aligned}\right\} \tag{2-45}$$

2.2.3.4 熵

先推导对应于一般的热状态方程的熵函数。

熵的全微分方程为：

$$\mathrm{d}s = \left(\frac{\partial s}{\partial T}\right)_V \mathrm{d}T + \left(\frac{\partial s}{\partial v}\right)_T \mathrm{d}v \tag{2-46}$$

将式(2-46) 代入式(2-29) 中，将其改写成 v 和 T 的函数，则有：

$$\mathrm{d}e = T\mathrm{d}s - p\mathrm{d}v = T\left(\frac{\partial s}{\partial T}\right)_V \mathrm{d}T + T\left(\frac{\partial s}{\partial v}\right)_T \mathrm{d}v - p\mathrm{d}v \tag{2-47}$$

由热力学关系可得 $e = e(T, v)$，则有：

$$\mathrm{d}e = \left(\frac{\partial e}{\partial T}\right)_V \mathrm{d}T + \left(\frac{\partial e}{\partial v}\right)_T \mathrm{d}v \tag{2-48}$$

联立式(2-47) 和式(2-48)，由 $\mathrm{d}T$ 的系数相等可得：

$$\left(\frac{\partial s}{\partial T}\right)_V = \frac{\left(\frac{\partial e}{\partial T}\right)_V}{T} = \frac{c_V}{T} \tag{2-49}$$

将式(2-36c) 代入式(2-46) 中，可得：

$$\mathrm{d}s = c_V \frac{\mathrm{d}T}{T} + \left(\frac{\partial p}{\partial T}\right)_V \mathrm{d}v \tag{2-50}$$

同理可导出：

$$ds = c_p \frac{dT}{T} - \left(\frac{\partial v}{\partial T}\right)_p dp \tag{2-51}$$

式(2-50) 和式(2-51) 就是熵函数的一般表达式。

对于理想气体：$c_V = c_V(T)$，$c_p = c_p(T)$，$pV = RT$，则有：

$$ds = c_V \frac{dT}{T} + R \frac{dV}{V} \tag{2-52}$$

$$ds = c_p \frac{dT}{T} - R \frac{dp}{p} \tag{2-53}$$

积分得：

$$s = c_V \ln T + R \ln V + 常数 \tag{2-54}$$

$$s = c_p \ln T - R \ln p + 常数 \tag{2-55}$$

将式(2-42) 和式(2-43) 分别代入式(2-54) 和式(2-55) 中，并结合理想气体状态方程，最后可得：

$$s = c_V \ln(TV^{\gamma-1}) + 常数 \tag{2-56}$$

或

$$s = c_p \ln\left[\frac{T}{p^{(\gamma-1)/\gamma}}\right] + 常数 \tag{2-57}$$

$$s = c_V \ln\left(\frac{p}{R\rho^{\gamma}}\right) + 常数 \tag{2-58}$$

或

$$s = R \ln\left[\frac{T^{\gamma/(\gamma-1)}}{p}\right] + 常数 \tag{2-59}$$

根据热力学第二定律的表达式(2-28)，有：

$$ds \geqslant \frac{\delta q}{T}$$

对于绝热可逆过程，上式应取等号，且 $\delta q = 0$，由此得：

$$ds = 0 \tag{2-60}$$

这表明，封闭系统的绝热可逆过程是等熵过程。

由前文中熵函数的表达式，可得出等熵关系。

对于一般的热状态方程，由式(2-50)、式(2-51) 可得：

$$c_V \frac{dT}{T} = -\left(\frac{\partial p}{\partial T}\right)_V dv \tag{2-61}$$

$$c_p \frac{dT}{T} = \left(\frac{\partial v}{\partial T}\right)_p dp \tag{2-62}$$

热完全气体是指满足理想气体状态方程的气体，且其内能、焓、比热容为温度的函数。对于热完全气体，由式(2-61)和式(2-62)可得：

$$c_V \frac{\mathrm{d}T}{T}=-R\frac{\mathrm{d}v}{v} \tag{2-63}$$

$$c_p \frac{\mathrm{d}T}{T}=R\frac{\mathrm{d}p}{p} \tag{2-64}$$

热完全气体则是指比热容容与比热容比为常数的热完全气体。对于热完全气体，有如下等熵关系：

$$Tv^{\gamma-1}=\text{常数} \tag{2-65}$$

或

$$\frac{T}{p^{\frac{\gamma-1}{\gamma}}}=\text{常数} \tag{2-66}$$

或

$$\frac{p}{\rho^{\gamma}}=\text{常数} \tag{2-67}$$

或

$$\frac{T^{\frac{\gamma}{\gamma-1}}}{p}=\text{常数} \tag{2-68}$$

2.3 冲击波

2.3.1 基本概念

波可以分为两大类：一类是机械波，如说话时发出的声波，石子投入水中形成的水波，炸药爆炸瞬间由于爆炸产物膨胀压缩周围空气所形成的冲击波等皆属此类；另一类为电磁波，如广播电台发射出的无线电波、太阳发射出的光波都是电磁波。本节讨论的是机械波。

波的形成与扰动密不可分，如音叉振动使空气受到扰动，形成一种气体的疏密交替状态，并由近及远地传播出去，成为声波。可见，扰动就是在受到外界作用（如碰撞、敲打、冲击等）时介质局部状态参数的变化，而状态参数的变化通常伴随着能量的变化。因此，波就是能量或扰动在介质中的传播。此处所说的介质，包括空气、水、土壤、岩石、木材、金属及炸药等一切可以传播扰动的物质。

介质的某个部位受到扰动后，便立即有波由近及远地逐层传播开去。因此，在扰动或波传播过程中，总存在着已受扰动区和未受扰动区的分界面，此分界面被称为波阵面，如图 2-1(b) 中 $D—D$ 断面。在最初时刻，管子左端的活塞处于静止状态，管子中气体的状态为p_0、ρ_0、T_0，当活塞突然向右移动时，便有波从左向右传播。这是由于活塞的移动，紧贴着活塞的薄层空气受到活塞推压，压力升高，紧接着这层已受压缩的空气又压缩其邻接的一层空气并导致其压力升高。这样，压力有所升高的这种压缩状态便逐层传播开去，形成了压缩扰动的传播。

波沿介质传播的速度称为波速，它以单位时间内波阵面沿介质移动的距离来度量，单位常用 m/s 或 km/s 表示。

需要注意的是，波的传播与受扰动介质质点的运动不可混为一谈。例如，音叉在空气中振动形成声波，声波以声速传至耳膜处，但绝不是音叉附近的空气分子也移动到耳膜处了。这两个概念必须要注意区分。

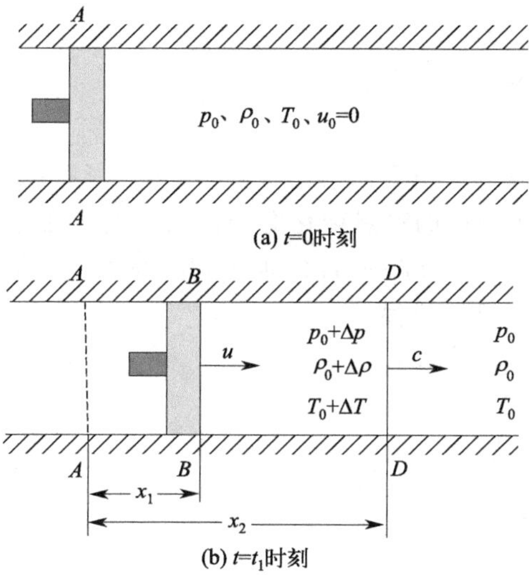

图 2-1 活塞运动引起波动示意图

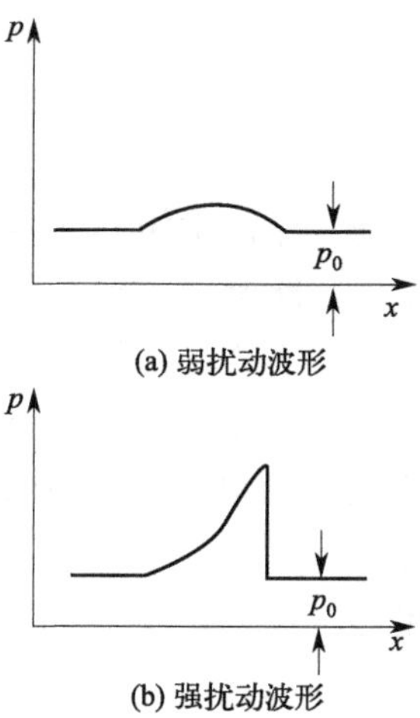

图 2-2 强扰动、弱扰动示意图

扰动前后状态参数变化量很微小的扰动称为弱扰动，如声波就是一种弱扰动，弱扰动的特点是状态参数变化是微小的、逐渐的和连续的，其波形如图 2-2(a) 所示。相对的，状态参数变化很剧烈的扰动称为强扰动，冲击波就是一种强扰动，其波形如图 2-2(b) 所示。

2.3.2 声波

声波属于微弱扰动的传播。这种微弱扰动在介质中传播的速度即为声速，

以 c 表示。下面将建立声速的表达式。

仍以管中气体受到活塞的微弱扰动所出现的物理过程为例。如图 2-1 所示，在 $t=0$ 时刻，活塞尚未运动，管中状态参数为 p_0、ρ_0、T_0，气体处于静止状态，即气体质点的运动速度 $u_0=0$。当活塞以 u 的速度向右移动时，便有扰动从活塞面开始向右传播，t_1 时刻扰动传播至 $D—D$ 断面，活塞面移至 $B—B$ 断面。扰动传过的区域，气体状态发生了微小的变化，即分别变为 $p_0+\Delta p$、$\rho_0+\Delta\rho$、$T_0+\Delta T$，气体质点速度由 $u_0=0$ 变为 u。

按照质量守恒定律，扰动前 $A—A$ 断面和 $D—D$ 断面之间所具有的气体质量与扰动后 $B—B$ 断面和 $D—D$ 断面之间所具有的气体质量相等。设管子的截面积为 A_0，则有：

$$\rho_0 A_0 x=(\rho_0+\Delta\rho)A_0(x-x_1)$$

式中，x 为 t_1 时刻扰动所传播的距离，即 $x=ct_1$；x_1 为活塞移动的距离，即 $x_1=ut_1$。

显然，$x-x_1=(c-u)t_1$，因而上式变为：

$$\rho_0 ct_1=(\rho_0+\Delta\rho)(c-u)t_1$$

即：

$$\rho_0 c=(\rho_0+\Delta\rho)(c-u) \tag{2-69}$$

按照动量守恒定律，这些气体受到扰动后的动量变化等于作用在上面的冲量。气体动量变化为 $(\rho_0+\Delta\rho)A_0(x-x_1)(u-0)$，而作用的冲量为 $[(p_0+\Delta p)-p_0]A_0t_1$。令两者相等，经过简化得：

$$\Delta p=(c-u)(\rho_0+\Delta\rho)u \tag{2-70}$$

将式(2-69) 代入式(2-70) 中可得：

$$\Delta p=\rho_0 cu \tag{2-71}$$

由式(2-69)，可得：

$$u=\frac{\Delta\rho}{\rho_0+\Delta\rho}\times c \tag{2-72}$$

将其代入式(2-71) 中并加以整理，得到：

$$c=\sqrt{\frac{\rho_0+\Delta\rho}{\rho_0}\times\frac{\Delta p}{\Delta\rho}} \tag{2-73}$$

由于声波是弱扰动波，扰动后的介质的状态变化为一微分量，故 $\frac{\rho_0+\Delta\rho}{\rho_0}\to 1$，而 $\frac{\Delta p}{\Delta\rho}$ 可以用 $\frac{\mathrm{d}p}{\mathrm{d}\rho}$ 代替，因此式(2-73) 可改写为：

$$c=\sqrt{\frac{\mathrm{d}p}{\mathrm{d}\rho}} \tag{2-74}$$

由于声波的传播速度非常快，所以介质受到扰动后所增加的热量来不及传给周围介质，故可以把声波扰动传播过程视为绝热过程；另外，又由于声波扰动是一种极微弱的扰动，扰动后介质的状态参数变化极微，故又可以视为一种可逆过程。因此，声波的传播过程可看作等熵过程。因此，式(2-74)可写成：

$$c=\sqrt{\left(\frac{\partial p}{\partial \rho}\right)_s} \tag{2-75}$$

式(2-75)即为声速最一般的表达式，它适用于任何介质声速的计算，前提是这种介质的等熵方程已知。

对于理想气体，已知等熵方程为：

$$pv^{\gamma}=\text{常数}$$

以 A 表示常数，则上式可写成：

$$pv^{\gamma}=A(\text{或 } p=A\rho^{\gamma}) \tag{2-76}$$

将其对 ρ 取导数，则有：

$$\left(\frac{\partial p}{\partial \rho}\right)_s=A\gamma\rho^{\gamma-1}=A\gamma\frac{\rho^{\gamma}}{\rho}=\gamma\frac{p}{\rho}$$

因而，理想气体的声速可表示为：

$$c=\sqrt{\gamma\frac{p}{\rho}} \tag{2-77}$$

而理想气体的状态方程为 $p=\rho\overline{R}T$，代入上式得到：

$$c=\sqrt{\gamma\overline{R}T} \tag{2-78}$$

不同的气体有不同的 γ 值和 $\overline{R}$ 值，因此也就有不同的声速值。另外，由上式还可以看出，同一种气体在不同温度下的声速也不同。

对于地球表面上的空气，可以将其近似地视为理想气体。空气的绝热指数 $\gamma=1.4$，$\overline{R}=287\text{J/(kg·K)}$，代入上式可得：

$$c=20.04\sqrt{T} \tag{2-79}$$

式中，T 为热力学温度，K。

当 $T=288.15\text{K}$（15℃）时，则空气的声速 $c=340\text{m/s}$。

需要指出的是，只有在很弱的扰动条件下，式(2-73)中的 $\frac{\rho+\Delta\rho}{\rho_0}$ 才能趋近于1，$\frac{\Delta p}{\Delta\rho}\rightarrow\frac{dp}{d\rho}$，扰动以声速传播。对于有限幅度的扰动，$\frac{\rho+\Delta\rho}{\rho_0}>1$。因此，强扰动传播的速度是大于声速的，扰动越强，其传播速度越高。

2.3.3 压缩波和稀疏波

图2-3(a)中，扰动波阵面传过后，p、ρ、T 等介质状态参数增加的波称

为压缩波。例如，管子中活塞推压方向的前方所形成的波即为压缩波。压缩波的特点是，除了状态参数 p、ρ、T 有所增加外，介质质点运动方向与波的传播方向相同，即 $u>0$。

图 2-3(b) 中，波阵面传过后介质状态参数下降的波称为稀疏波。如图 2-3(b) 所示，在管子中有一团气体，状态参数为 p、ρ、T 及 $u=0$，当活塞突然向左拉动时，在活塞表面与气体之间就会出现低压或稀疏状态，这种低压状态便逐层地向右扩展，此即为稀疏波传播现象。稀疏波传到哪里，哪里的压力便开始降低。由于波前方为相对高压状态，波后为相对低压状态，高压区的气体必然要向低压区膨胀，气体质点便依次向左移动，即形成了介质状态的传播。由此可见，稀疏波传播过程中质点的移动方向与波的传播方向是相反的。另外，由于气体的膨胀飞散是按顺序连续地进行的，因而稀疏波阵面后介质的状态变化也是连续的。波阵面处的压力与未受扰动介质的压力相同，压力从波阵面至活塞面依次降低，活塞面处的压力最低见图 2-3(b)。在稀疏波扰动过的区域当中，任意两个相邻断面处的参数都只相差一个无穷小量。因此，稀疏波的传播过程可近似为熵过程，其传播速度就等于当地声速。

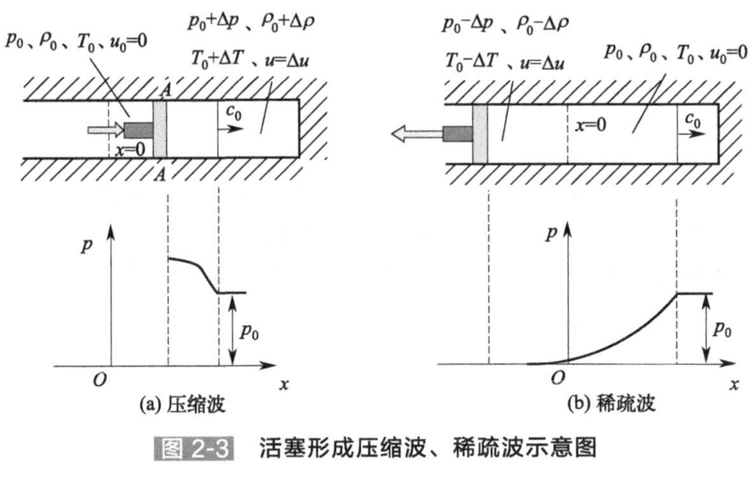

图 2-3　活塞形成压缩波、稀疏波示意图

2.4　气体的一维等熵不定常流动

气体的一维等熵流动是气体动力学中简单但又极为重要的流动。掌握气体一维等熵流动的理论和规律，有助于对爆炸气体产物的一维流动及其对外界的作用等问题进行分析研究。

一维流动是指在某一空间坐标等于常数的平面上气流参数为均匀分布，并且在给定坐标处的气流参数都只是随时间 t 变化的流动。对于这样的流动条件，可以写出：气流压力 $p=p(x,t)$，密度 $\rho=\rho(x,t)$，温度 $T=T(x,t)$，流速 $u=u(x,t)$，声速 $c=c(x,t)$，而在 y 方向和 z 方向上，$u_y=0$，$u_z=0$。另外，在球坐标系中，中心对称流动问题也是一种一维流动，此时，速度 $u=u(r,t)$，其他各参数也只是 r 和 t 的函数。接下来讨论 x 空间内进行的一维流动。

一维流动中又分一维定常流动和一维不定常流动。气流参数的函数表达式中不含有时间 t 时的流动称为一维定常流动，即与时间无关。显然，在一维定常流动中，当坐标 x 给定后，各参数不再随 t 变化。与之相对应，一维不定常流动中气流参数不仅与坐标 x 有关，而且还与时间 t 有关。

2.4.1 基本方程组

在这里，我们只讨论平面一维流动问题，就是求解平面一维流动的规律，即确定下面四个未知参数：$u=u(x,t)$，$p=p(x,t)$，$\rho=\rho(x,t)$ 以及 $T=T(x,t)$。这四个未知参数需要有四个方程才能求解。下面建立求解它们的基本方程式。

气体的运动可以视为连续的质点系的运动，因此它应该遵守一般的力学定律，如质量守恒定律和牛顿第二定律等，但是与一般的机械运动不同，气体的运动又具有特殊性，即由于气体本身具有可压缩性，在运动过程中伴随着密度、温度及压力的变化。因此它还应该遵守热力学规律，如热力学第一定律、第二定律以及气体的状态变化规律状态方程等。气体动力学正是把这两个学科的知识有机地结合起来，用以研究分析气体流动的规律。

在气体动力学中，质量守恒定律表达为连续方程，动力学中的牛顿第二定律表达为运动方程，热力学第一定律表达为能量守恒方程，而与气体可压缩性有关的状态变化规律则用状态方程表示。只要建立起这四个方程，就可以确定流场中上述四个参数的变化规律。

（1）连续方程

我们取介质中一个小微元 δx 来考察，如图 2-4 所示。按照质量守恒定律，单位时间内通过截面 1 流入的介质质量与从右侧截面 2 流出的介质质量之差，应该等于这两个截面之间介质质量的改变量。

单位时间内，通过截面 1 流入的介质质量为 $A\rho u$，而单位时间内从截面 2 流出的介质质量为 $A\rho u+\dfrac{\partial}{\partial x}(A\rho u)\delta x$，那么，两者之差为 $-\dfrac{\partial}{\partial x}(A\rho u)\delta x$。其中，$A$ 为管道的横截面积。

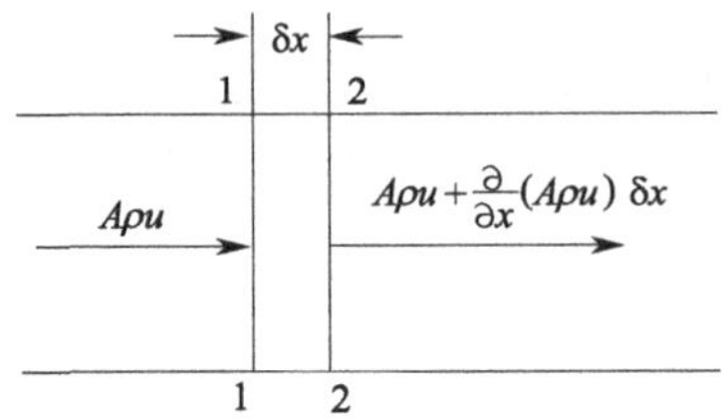

图 2-4　气体通过截面示意图

而单位时间内截面 1 和截面 2 之间介质质量的变化量为$\frac{\partial}{\partial t}(A\rho\delta x)$。根据质量守恒定律可得：

$$-\frac{\partial}{\partial x}(A\rho u)\delta x=\frac{\partial}{\partial t}(A\rho\delta x)$$

对于等截面一维流动：

$$\frac{\partial}{\partial x}(\rho u)+\frac{\partial\rho}{\partial t}=0$$

或

$$\frac{\partial\rho}{\partial t}+u\frac{\partial\rho}{\partial x}+\rho\frac{\partial u}{\partial x}=0 \tag{2-80}$$

这便是以微分形式表示的一维不定常流动的连续方程。

(2) 运动方程

如前所述，把一般动力学的牛顿第二定律用在气体动力学上，可以导出描述气体流动的运动方程。

如图 2-5 所示，在平面一维流动情况下，介质微元左侧的截面 1 处所受到的压力为 Ap，右侧截面 2 上所受到的压力为$-\left[\left(p+\frac{\partial p}{\partial x}\delta x\right)A\right]$。这样，外界对微元的作用力为 $pA-\left(p+\frac{\partial p}{\partial x}\delta x\right)A$，化简得该作用力等于$-\frac{\partial p}{\partial x}A\delta x$。按照

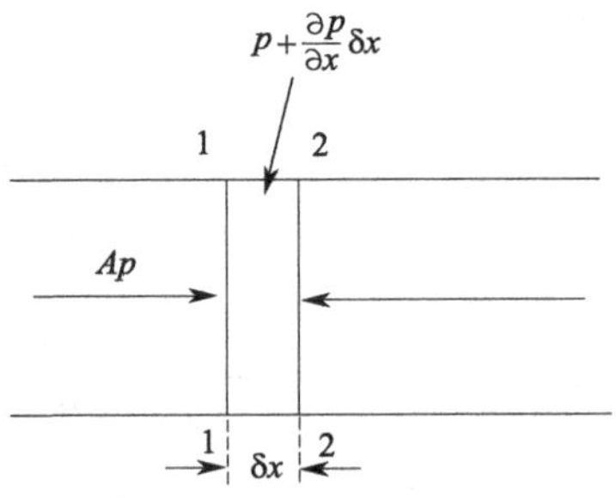

图 2-5　气体通过截面的示意图

牛顿第二定律，此作用力应等于介质微元的质量与其所获得的加速度$\frac{\mathrm{d}u}{\mathrm{d}t}$的乘积，即：

$$\rho A\,\delta x\,\frac{\mathrm{d}u}{\mathrm{d}t}=-\frac{\partial p}{\partial x}A\,\delta x \tag{2-81a}$$

由于$u=u(x,t)$，故u对t的全导数即加速度$\frac{\mathrm{d}u}{\mathrm{d}t}$可表示为：

$$\frac{\mathrm{d}u}{\mathrm{d}t}=\frac{\partial u}{\partial t}+u\,\frac{\partial u}{\partial x}$$

将其代入式(2-81a) 中可得：

$$\frac{\partial u}{\partial t}+u\,\frac{\partial u}{\partial x}+\frac{1}{\rho}\frac{\partial p}{\partial x}=0 \tag{2-81b}$$

此即为平面一维流动的欧拉方程。

(3) 能量守恒方程

假定流动进行得很快，热传导所造成的热损失极小，可以忽略。根据能量守恒定律，单位时间内外界对介质微元所做的功的总和，应等于微元介质内能量的改变量。

在等截面管道中，外界对气体微元所做的总功率为$-\left[Apu+\frac{\partial(pu)}{\partial x}A\,\delta x\right]+Apu$，而介质微元能量在单位时间内的改变量为$\frac{\mathrm{d}U}{\mathrm{d}t}$，这里，$U$是介质微元所含有的总能量。按照定义，$U$可以写为：

$$U=\rho A\,\delta x\left(e+\frac{u^2}{2}+\beta Q\right)$$

式中 e——介质的比内能；

$\frac{u^2}{2}$——单位质量介质的能量；

β——能够发生化学反应的物质在其中所占的质量分数；

Q——单位质量能发生化学反应的物质的化学能。

因此，$\rho A\,\delta x\beta Q$就等于介质微元中所潜藏的总化学能。当然，对于流动过程中不发生化学反应的气体介质，微元的总能量为：

$$U=\rho A\,\delta x\left(e+\frac{u^2}{2}\right)$$

这样，按照能量守恒定律可得到：

$$\frac{\mathrm{d}U}{\mathrm{d}t}=-\frac{\partial(pu)}{\partial x}A\,\delta x$$

其中，$\frac{\mathrm{d}U}{\mathrm{d}t}$在一般情况下可写为：

$$\frac{\mathrm{d}U}{\mathrm{d}t}=A\delta x\frac{\partial}{\partial t}\rho\left(e+\frac{u^{2}}{2}\right)+A\delta xu\frac{\partial}{\partial x}\rho\left(e+\frac{u^{2}}{2}\right)+\rho A\left(e+\frac{u^{2}}{2}\right)\frac{\mathrm{d}\delta x}{\mathrm{d}t}+\rho A\delta xQ\frac{\mathrm{d}\beta}{\mathrm{d}t}\tag{2-82a}$$

假如化学动力学方程：

$$\frac{\mathrm{d}\beta}{\mathrm{d}t}=f(\beta,p,\rho)\tag{2-83}$$

若式(2-83) 为已知，则式(2-80)、式(2-81b)、式(2-82a) 和式(2-83) 便可以用来研究介质中含有化学反应的一维流动规律。

当介质中不存在不可逆的化学反应时，即$\frac{\mathrm{d}\beta}{\mathrm{d}t}=0$时，能量守恒方程可简化为：

$$\rho\frac{\mathrm{d}e}{\mathrm{d}t}+\rho\frac{\mathrm{d}}{\mathrm{d}t}\left(\frac{u^{2}}{2}\right)+\frac{\partial}{\partial x}(pu)=0\tag{2-82b}$$

该能量守恒方程即为绝热方程式。

对满足绝热可逆条件的流动，可利用热力学第二定律：

$$T\mathrm{d}S=\mathrm{d}e+p\mathrm{d}v=\mathrm{d}e-\frac{p}{\rho^{2}}\mathrm{d}\rho$$

两边乘以$\frac{\rho}{\mathrm{d}t}$，得到：

$$\rho T\frac{\mathrm{d}S}{\mathrm{d}t}=\rho\frac{\mathrm{d}e}{\mathrm{d}t}-\frac{p}{\rho}\frac{\mathrm{d}\rho}{\mathrm{d}t}$$

由式(2-82b) 可知，$\rho\frac{\mathrm{d}e}{\mathrm{d}t}=-\rho u\frac{\mathrm{d}u}{\mathrm{d}t}-\frac{\partial}{\partial x}(pu)$，另外，由连续方程可知$\frac{\partial\rho}{\partial t}=-u\frac{\partial\rho}{\partial x}-\rho\frac{\partial u}{\partial x}$，并考虑到全导数：

$$\frac{\mathrm{d}\rho}{\mathrm{d}t}=\frac{\partial\rho}{\partial t}+u\frac{\partial\rho}{\partial x}$$

及

$$-\frac{\partial p}{\partial x}=\rho\frac{\mathrm{d}u}{\mathrm{d}t}$$

将其代入上式中，可得到：

$$\frac{\mathrm{d}S}{\mathrm{d}t}=0\tag{2-84a}$$

式(2-84a) 表明了介质微元在流动时是等熵的。该式也可以写成如下形式：

$$\frac{\mathrm{d}S}{\mathrm{d}t}=\frac{\partial S}{\partial t}+u\frac{\partial S}{\partial x}=0 \tag{2-84b}$$

假如流动是等熵流动，那么式(2-84a) 就意味着流动不论何时，也不论何处，熵 S 都保持不变。由于 S 可表示为 p 和 ρ 的函数，故等熵流动条件可表示为：

$$S=S(p,\rho)=\text{常数}$$

假如介质为炸药的爆轰产物，则等熵方程为：

$$p\rho^{-\gamma}=\text{常数} \tag{2-85}$$

到此为止，描述气体一维等熵流动规律的方程组便完全建立起来了。此方程组包括连续方程式（2-80)、运动方程式(2-81b)、能量守恒方程式(2-82b) 或等熵方程式(2-84b) 以及气体的状态方程：

$$p=p(\rho,T) \tag{2-86}$$

以上推导得到的连续方程、运动方程、能量守恒方程和状态方程分别为：

$$\begin{cases}\dfrac{\partial\rho}{\partial t}+u\dfrac{\partial\rho}{\partial x}+\rho\dfrac{\partial u}{\partial x}=0\\[2mm]\dfrac{\partial u}{\partial t}+u\dfrac{\partial u}{\partial x}+\dfrac{1}{\rho}\dfrac{\partial p}{\partial x}=0\\[2mm]\rho\dfrac{\mathrm{d}e}{\mathrm{d}t}+\rho\dfrac{\mathrm{d}}{\mathrm{d}t}\left(\dfrac{u^2}{2}\right)+\dfrac{\partial}{\partial x}(pu)=0\\[2mm]p=p(\rho,T)\end{cases} \tag{2-87}$$

用此四个方程构成的方程组，便可以求出一维等熵流动的四个未知参数 p、ρ、u 和 T。

2.4.2 基本方程组的物理意义

以上建立了气体一维等熵流动的方程组。为了使上述方程组的物理意义更加明朗，便于对它进行研究，引入气体的声速 c 这一参数来代替变量 p 和 ρ，从而可以将整个方程组的形式加以变换。

取气体的等熵方程式(2-84b)，利用声速公式(2-78)，得到声速：

$$c^2=\left(\frac{\partial p}{\partial\rho}\right)_s=A\gamma\rho^{\gamma-1}=\gamma\frac{p}{\rho} \tag{2-88}$$

将该式微分，得到：

$$2c\,\mathrm{d}c=A\gamma(\gamma-1)\rho^{\gamma-2}\mathrm{d}\rho$$

两边除以 $A\gamma\rho^{\gamma-1}$，得到：

$$2\frac{\mathrm{d}c}{c}=\frac{\gamma-1}{\rho}\mathrm{d}\rho$$

或

$$\mathrm{d}(\ln\rho)=\frac{2}{\gamma-1}\mathrm{d}(\ln c) \tag{2-89}$$

另外，将等熵方程式(2-85) 两边取对数并微分，得到：

$$\mathrm{d}(\ln p)=\gamma\mathrm{d}(\ln\rho)$$

借助式(2-88) 可得到：

$$\frac{\mathrm{d}p}{p}=\frac{c^2\rho}{p}\mathrm{d}(\ln\rho)$$

消去 p 后，有 $\mathrm{d}p=c^2\rho\mathrm{d}(\ln\rho)$。

两边除以 ρ，得到：

$$\frac{\mathrm{d}p}{\rho}=\frac{2c}{\gamma-1}\mathrm{d}c \tag{2-90}$$

将式(2-89) 代入式(2-80) 中得到：

$$\frac{2}{\gamma-1}\frac{\partial(\ln c)}{\partial t}+\frac{2u}{\gamma-1}\frac{\partial(\ln c)}{\partial x}+\frac{\partial u}{\partial x}=0 \tag{2-91}$$

因为 $\partial(\ln c)=\frac{\partial c}{c}$，故上式可改写为：

$$\frac{2}{\gamma-1}\frac{\partial c}{\partial t}+\frac{2u}{\gamma-1}\frac{\partial c}{\partial x}+c\frac{\partial u}{\partial x}=0 \tag{2-92}$$

将式(2-92) 和式(2-81a)、式(2-90) 联立后整理得到：

$$\begin{cases}\dfrac{\partial}{\partial t}\left(u+\dfrac{2}{\gamma-1}c\right)+(u+c)\dfrac{\partial}{\partial x}\left(u+\dfrac{2}{\gamma-1}c\right)=0 & \text{(2-93a)}\\[2ex] \dfrac{\partial}{\partial t}\left(u-\dfrac{2}{\gamma-1}c\right)+(u-c)\dfrac{\partial}{\partial x}\left(u-\dfrac{2}{\gamma-1}c\right)=0 & \text{(2-93b)}\end{cases}$$

上述方程组为以 u 和 c 为变量描述介质一维等熵不定常流动的基本方程组。它与方程组[式(2-80)、式(2-81b)及式(2-84b)]具有同样的物理意义。确定介质做一维等熵不定常流动时状态参数的时间、空间坐标分布，就可以归结为对此偏微分方程组求解。

小扰动在静止介质中是以声速进行传播的，在一维情况下，小扰动的传播速度为 $\frac{\mathrm{d}x}{\mathrm{d}t}=c$。而在流动介质中，小扰动的传播速度为介质流动速度 u 与当地声速 c 的叠加，即 $\frac{\mathrm{d}x}{\mathrm{d}t}=u\pm c$。其中，顺介质流动方向传播的扰动取正号，逆介质流动方向传播的扰动取负号。

由于状态量$\left(u+\frac{2}{\gamma-1}c\right)$和$\left(u-\frac{2}{\gamma-1}c\right)$是$x$和$t$的函数，它们对时间$t$的全导数为：

$$\frac{\mathrm{d}}{\mathrm{d}t}\left(u+\frac{2}{\gamma-1}c\right)=\frac{\partial}{\partial t}\left(u+\frac{2}{\gamma-1}c\right)+\frac{\mathrm{d}x}{\mathrm{d}t}\frac{\partial}{\partial x}\left(u+\frac{2}{\gamma-1}c\right)$$
$$\frac{\mathrm{d}}{\mathrm{d}t}\left(u-\frac{2}{\gamma-1}c\right)=\frac{\partial}{\partial t}\left(u-\frac{2}{\gamma-1}c\right)+\frac{\mathrm{d}x}{\mathrm{d}t}\frac{\partial}{\partial x}\left(u-\frac{2}{\gamma-1}c\right)$$

将上述关系式与式(2-93)相对比，可看出，在$\frac{\mathrm{d}x}{\mathrm{d}t}=u\pm c$条件下，式(2-93)为状态量$\left(u\pm\frac{2}{\gamma-1}c\right)$对$t$的全导数，并且该导数为零，即：

$$\frac{\mathrm{d}\left(u\pm\frac{2}{\gamma-1}c\right)}{\mathrm{d}t}=0 \tag{2-94}$$

由此可看出，式(2-93)描述的是两个量的推进规律，即由$\left(u+\frac{2}{\gamma-1}c\right)$所确定的状态（或扰动）以速度$\frac{\mathrm{d}x}{\mathrm{d}t}=u+c$顺介质流动方向传播，以及由$\left(u-\frac{2}{\gamma-1}c\right)$所确定的状态（或扰动）以速度$\frac{\mathrm{d}x}{\mathrm{d}t}=u-c$逆介质流动方向传播（需要指出的是，当介质做亚声速流动时，扰动在x轴的负方向传播；当介质做超声速流动时，扰动在x轴的正方向传播）。

2.4.3 基本方程组的特征和一般解——复合波流动

上文概述了一维等熵不定常流动的基本方程组，并说明了其物理含义。正如上文所述，$\frac{\mathrm{d}x}{\mathrm{d}t}=u+c$及$\frac{\mathrm{d}x}{\mathrm{d}t}=u-c$分别代表一维等熵流动介质当中扰动沿$x$轴的正向和反向传播的速度，$\frac{\mathrm{d}x}{\mathrm{d}t}=u\pm c$为方程组（2-93）的特征线。它们在$x$-$t$坐标平面内可以各用一簇曲线来描述。其中，由$\frac{\mathrm{d}x}{\mathrm{d}t}=u+c$所规定的特征线称为第一簇特征线，以$C_+$表示；而由$\frac{\mathrm{d}x}{\mathrm{d}t}=u-c$所规定的特征线称为第二簇特征线，以$C_-$表示。这两簇特征线分别描述的是状态$\left(u\pm\frac{2}{\gamma-1}c\right)$以速度$\frac{\mathrm{d}x}{\mathrm{d}t}=u\pm c$传播的轨迹。结合式(2-93)可看出，沿着$C_+$特征线有：

$$
\begin{cases}\dfrac{\mathrm{d}x}{\mathrm{d}t}=u+c \\ \dfrac{\mathrm{d}}{\mathrm{d}t}\left(u+\dfrac{2}{\gamma-1}c\right)=0\left(u+\dfrac{2}{\gamma-1}c=\text{常数}\right)\end{cases} \tag{2-95}
$$

而沿 C_- 特征线有：

$$
\begin{cases}\dfrac{\mathrm{d}x}{\mathrm{d}t}=u-c \\ \dfrac{\mathrm{d}}{\mathrm{d}t}\left(u-\dfrac{2}{\gamma-1}c\right)=0\left(u-\dfrac{2}{\gamma-1}c=\text{常数}\right)\end{cases} \tag{2-96}
$$

式中，$u\pm\dfrac{2}{\gamma-1}c=$常数，称为黎曼（Riemann）不变量，是在 u-c 平面上两簇相互平行的直线，称为式(2-93）在速度平面（即 u-c 平面）上的特征线。

式(2-95）和式(2-96）即式(2-93）的一般解。由于$(u+c)$和$(u-c)$都是 x 和 t 的函数，即右传波的传播速度受到反方向波的影响，因此，式(2-95）和式(2-96）难以得到精确的解析解，只有在 $\gamma=3$ 且只有扰动波单向传播等特殊条件下，方程组才可较为容易地求得解析解，通常采取数值积分方法或者特征线方法求得近似解。

2.4.4 基本方程组的特殊解——简单波流动

上文讨论了式(2-93）的一般解，流场中同时存在左传波和右传波，并相互影响，流场内各点的参数是两者交会的结果，它们的传播速度$(u+c)$和$(u-c)$都会发生变化，因而特征线变弯曲了。但是，若给定了一定的条件，例如只有向一个方向传播的波，且波未到达的区域是静止的或稳定流动的介质，则可获得式(2-93）的特解，而此时只有向一个方向传播的波，定义为简单波。

简单波的某一簇特征线上的黎曼不变量是同一个常数。例如，当一维等熵流动的 C_+ 特征线上的黎曼不变量 $\alpha\left(u+\dfrac{2}{\gamma-1}c=\alpha\right)$等于同一常数即 $\alpha=\alpha_0$ 时，在整个流动过程中待求的 u 与 c 之间保持着某种确定关系。

从一个充满气体的管道中抽离活塞所引起的运动，就是一个简单波的例子。如图 2-6 所示，当抽离活塞时，由它产生的扰动将以声速向管内传播，其波头轨迹就是 C_+^0 特征线，以它为界，管道内的气体被分为两个区域：流动区（Ⅰ）和静止区（0）。区域（Ⅰ）的流动状态将由发自活塞边界上的 C_+ 簇特征线上的 α 值和来自静止区（0）的即 x 轴上的 C_- 簇特征线上的$\beta\left(u-\dfrac{2}{\gamma-1}c=\beta\right)$ 值决定。

若管道内气体的初始状态是均匀的，则沿 x 轴有 $\alpha=\alpha_0$ 和 $\beta=\beta_0$，于是进入流动区（Ⅰ）中的整簇 C_- 簇特征线上的 β 为同一值，即 $\beta=\beta_0$。因此，区域（Ⅰ）中的流动是简单波。

根据上述特点，可得到简单波的三个基本性质：

① 简单波有一簇是直线的特征线；

② 简单波是单行波；

③ 简单波的传播速度随流体质点速度的增大而增大，反之亦然。

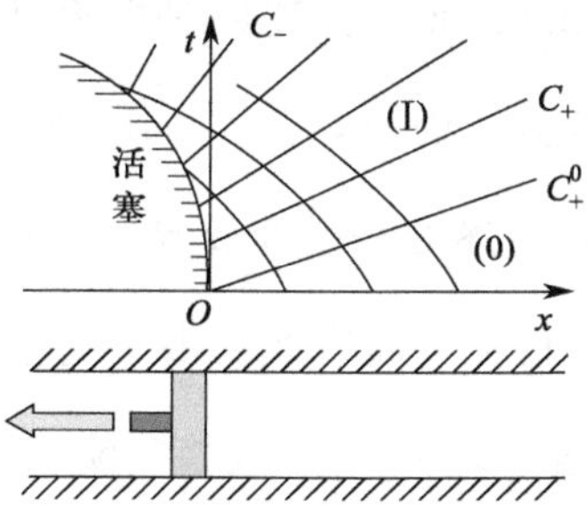

图 2-6　活塞运动产生的简单波

对于右传的简单波，在波前区域，介质状态均匀、流动稳定，因而，从此区域发出的左传波介质区域的黎曼不变量均相等，即：

$$u-\frac{2c}{\gamma-1}=\text{常数} \tag{2-97}$$

此条件也适用于右传特征线各点。

在这一条件下，可以解出一组特殊解。

将式(2-97) 分别对 x 和 t 进行偏导，得到：

$$\frac{\partial c}{\partial t}=\frac{\gamma-1}{2}\frac{\partial u}{\partial t}$$

$$\frac{\partial c}{\partial x}=\frac{\gamma-1}{2}\frac{\partial u}{\partial x}$$

代入式(2-93) 中的第一式，得到：

$$\frac{\partial u}{\partial t}+(u+c)\frac{\partial u}{\partial x}=0 \tag{2-98}$$

此式表明，沿特征线 $\frac{\mathrm{d}x}{\mathrm{d}t}=u+c$，有 $\frac{\mathrm{d}u}{\mathrm{d}t}=0$ 即 $u=$常数。由式(2-97) 得到 $c=\frac{\gamma-1}{2}u+$常数，即 c 亦为常数，故 $u+c$ 也为常数。这样 $\frac{\mathrm{d}x}{\mathrm{d}t}=u+c$ 就可以进行积分了。因此，在给定式（2-97）的条件下，式(2-93a) 存在以下关系，

即沿 C_+ 特征线（正向，右传或称顺介质流动）有：

$$\begin{aligned} &u-\frac{2}{\gamma-1}c=\beta_0 \\ &x=(u+c)t+[x_0-(u+c)t_0]=(u+c)t+F_1(u) \end{aligned} \tag{2-99}$$

同理，沿 C_- 特征线（反向，左传或称逆介质流动）有：

$$\begin{aligned} &u+\frac{2}{\gamma-1}c=\alpha_0 \\ &x=(u-c)t+F_2(u) \end{aligned} \tag{2-100}$$

式中，第一组特殊解式(2-99) 描述的是顺介质流动方向传播的简单波，其传播速度$\frac{\mathrm{d}x}{\mathrm{d}t}=u+c=$常数，因此，其在 x-t 平面上的特征线为一簇直线。而第二组特殊解式(2-100) 描述的是逆介质流动方向传播的简单波，它在 x-t 平面上的特征线$\frac{\mathrm{d}x}{\mathrm{d}t}=u-c$ 也是一簇直线。由于简单波为单向传播的波，因此它传入的区域必定是静止区（即 $u=0$）或稳定流动区（即 $u=$常数）。

假设波前为一不定常流动区域，表明该区域内已有别的波存在，这就不是简单波传播，而是复合波传播的问题了。

为了阐明简单波的性质，从以下两种情况进行分析。

第一种情况如图 2-7 所示。管内充有气体，右端封闭，左边有一个活塞。当活塞向左加速运动时，便形成一系列的简单稀疏波，且这些波向右传播[图 2-7(a)]。稀疏波为弱扰动，均以当地声速传播，因此，活塞向左拉动时发出的第一道稀疏波是以静止气体当地的声速$u+c=c_0$ 向右传播的，它的特征线如图 2-7(c) 所示，可用由 O 点出发且斜率为 c_0 的斜线 $x=c_0t$ 来表示。在此特征线的右边（即第一道右传稀疏波前方）为静止气体区域，该区域内所有的特征线都是相互平行的。随着活塞向左加速运动而发出的各个后续右传稀疏波，由于是在被前面稀疏波扰动过的气体中传播的，所以第 n 道波的传播速度(u_n+c_n)总是比其前面的第($n-1$)道波的传播速度($u_{n-1}+c_{n-1}$)慢。因此，随着活塞加速向左拉动而在不同时间(t)和地点(x)发出的 C_+ 特征线簇是发散的。图 2-7(c) 中与某一时刻 t_A 相对应的截面 A_1A_0 标示出了该时刻被稀疏波所波及的区域。显然，此扰动区域随着时间的延续是不断扩大的。

第二种情况是活塞向右逐渐加速运动的情况。随着活塞向右加速运动，便有一系列的弱压缩扰动波向右传播[图 2-7(b)]。第一道压缩波也以 $u+c=c_0$ 的速度向右侧静止气体传播，其特征线也是由 O 点出发且斜率为 c_0 的斜线 $x=c_0t$，见图 2-7(d) 中的特征线。后续的压缩波由于是在被前面压缩波压缩过的气体中传播的，因此第 n 道压缩波的传播速度(u_n+c_n)总是比其前面的第（$n-1$）道压缩波的速度（$u_{n-1}+c_{n-1}$）要快，并且波幅也强。这样，随着活塞不断向右加速运动而在不同时刻（t）和地点（x）发出的C_+特征线簇是不断收敛和汇交的。C_+特征线的交汇表明，后续压缩波能赶上前面的压缩波，从而有形成冲击波的趋势。由于每一条特征线的斜率固定，因此，从理论上说，这些收敛的特征线似乎不可能相交于同一个点。但是，从物理学观点看来，当一系列的压缩波形成以后，随着时间 t 的不断延续，后续的波与第一道波之间的间隔将不断变小。最后，在某一时刻会形成一个很薄的并且很陡峭的压力阵面，此时便形成了冲击波。

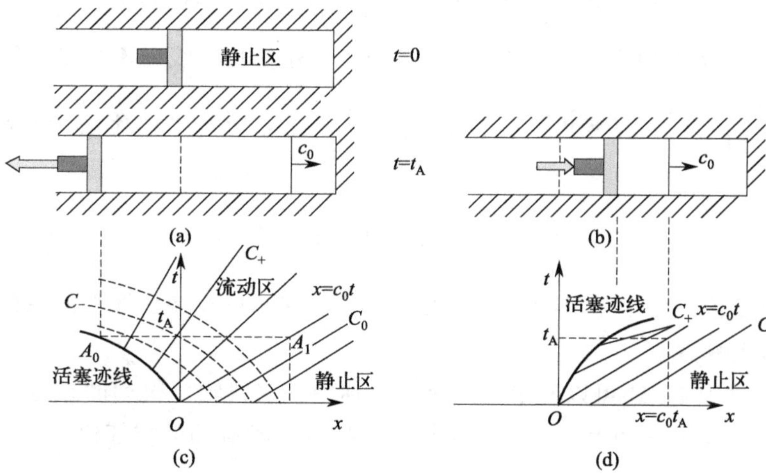

图 2-7 抽离、推进活塞产生稀疏波、压缩波

2.4.5 中心对称等熵流动

在轴对称和中心对称等熵流动中，介质的所有参数仅仅是半径 r 及时间 t 的函数。不难证明，此时气体动力学方程组有如下形式。

连续方程：

$$\frac{\partial \rho}{\partial t}+u\frac{\partial \rho}{\partial r}+\rho\frac{\partial u}{\partial r}+\frac{N\rho u}{r}=0 \tag{2-101a}$$

欧拉方程：

$$\frac{\partial u}{\partial t}+u\frac{\partial u}{\partial r}+\frac{1}{\rho}\frac{\partial p}{\partial r}=0 \tag{2-101b}$$

等熵方程：

$$p=A\rho^{\gamma} \tag{2-101c}$$

其中，平面一维流动取 $N=0$，轴对称流动取 $N=1$，中心对称（球对称）

流动取 $N=2$。

若用 u 和 c 两个参量代替 p、ρ 两个变量，按照前面所采用的变换方法，可把式(2-101) 变换成以 u、c 为变量的方程组，即：

$$\frac{\partial}{\partial t}\left(u\pm\frac{2}{\gamma-1}c\right)+(u\pm c)\frac{\partial}{\partial r}\left(u\pm\frac{2}{\gamma-1}c\right)\pm N\frac{uc}{r}=0 \tag{2-102}$$

此方程组的特征线方程与前面所述的相类似，为如下形式：

$$\frac{\mathrm{d}r}{\mathrm{d}t}=u\pm c \tag{2-103}$$

但是，沿着这两簇特征线，量$\left(u\pm\frac{2}{\gamma-1}c\right)$已不能保持为常数，就是说，无论是在 r、t 平面上，还是在 u、c 平面上，这些特征线已不再是直线了。因为$\left(u\pm\frac{2}{\gamma-1}c\right)$对 t 的全导数$\frac{\mathrm{d}}{\mathrm{d}t}\left(u\pm\frac{2}{\gamma-1}c\right)$不等于零，而是在$\frac{\mathrm{d}r}{\mathrm{d}t}=u\pm c$ 条件下，有：

$$\frac{\mathrm{d}}{\mathrm{d}t}\left(u\pm\frac{2}{\gamma-1}c\right)=\pm N\frac{uc}{r} \tag{2-104}$$

这就是说，各个量沿特征线的变化取决于这些量在特征线上的数值，而不是这些量的导数。

由式(2-104) 还可以看出，只有离对称中心（或轴）很远的地方，即 r 很大的地方，Nuc/r 的值很小时，特征线才接近一维流动的特征线。

2.5 平面正冲击波

冲击波是一种强烈的压缩波。冲击波波阵面通过前后介质的参数变化不是微小量，而是一种突跃的有限量。因此，冲击波的实质是一种状态突跃变化的传播。

冲击波有多种方法可以产生。当炸药爆炸时，高压爆炸气体产物迅速膨胀就可在周围介质（包括金属、岩石之类的固体介质，水之类的液体以及各种气体介质等）中形成冲击波；物体在做超声速飞行时，如飞机、火箭以及各种弹丸等，也可在空气中形成冲击波；高速粒子碰撞固体，如破甲弹爆炸所形成的高速聚能射流撞击装甲、流星落地时高速冲击地面等都可在相应介质中形成冲击波。

在充有气体的无限长管子中，用活塞加速运动方式形成冲击波的物理过程已在前文中进行了说明，此过程中冲击波的产生是一系列弱压缩波不断叠加的结果，即由量变到质变的过程。但需要说明的是，在充满气体的管子中用活塞加速运动形成冲击波时，并不要求活塞的速度超过未扰动气体的声速。因为，在此条件下，活塞运动使其前方气体的能量不损失于侧面，而是全部积聚于前面的受压缩气体当中，从而造成气体压力、密度、温度等状态参数的突跃。然而，一个飞行器在大气中飞行，若要在其前端形成冲击波，则飞行物体的速度必须超过空气的声速才行。因为，在大气中飞行时，一方面由于在飞行物体前方所形成的压缩扰动以大气的声速传播，另一方面由于侧向稀疏波以声速向飞行物体前面瞬时形成的压缩层内传播。这样，当物体做亚声速飞行时，在物体前方所形成的压缩扰动便不能发生叠加，因而也就不能形成冲击波。而当物体做超声速飞行时，由于飞行速度大于声速，四周的稀疏波尚来不及将前沿的压缩层稀疏掉，而飞行物体又进一步地向前冲击，因而就可以使物体前方的压缩波发生叠加，最终形成冲击波。

2.5.1 平面正冲击波的基本关系式

在冲击波波阵面通过前后，介质的各个物理参量都是突跃变化的，并且由于波速很快，可以认为波的传播为绝热过程。这样，利用质量守恒、动量守恒和能量守恒三个守恒定律，便可以把波阵面通过前介质的初态参量与通过后介质的终态参量联系起来，描述它们之间关系的式子称为冲击波的基本关系式。

设有一个平面正冲击波以速度 D 向右稳定传播。波前介质参量分别以 p_0、ρ_0、$e_0(T_0)$ 和 u_0 表示，而波后的终态参量分别以 p_1、ρ_1、$e_1(T_1)$ 和 u_1 表示，如图 2-8 所示。

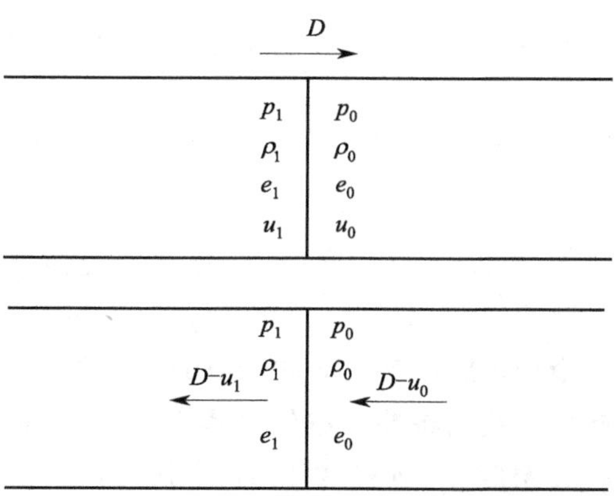

图 2-8 平面正冲击波向右传播示意图

$$\rho_0(D-u_0)=\rho_1(D-u_1) \tag{2-105}$$

式(2-105) 即质量守恒方程（连续方程）。在 $u_0=0$ 条件下，式(2-105)

可简化为：

$$\rho_0 D=\rho_1(D-u_1) \tag{2-106}$$

按照动量守恒定律，冲击波传播过程中，单位时间内作用于介质的冲量等于其动量的变化。其中，单位时间内作用的冲量为：

$$(p_1-p_0)t=(p_1-p_0)\times 1=p_1-p_0$$

而介质的动量变化为 $\rho_0(D-u_0)(u_1-u_0)$，因此得到：

$$p_1-p_0=\rho_0(D-u_0)(u_1-u_0) \tag{2-107}$$

在 $u_0=0$ 条件下，上式简化为：

$$p_1-p_0=\rho_0 Du_1 \tag{2-108}$$

此即冲击波的动量守恒方程。

由于冲击波传播过程可看作是绝热的，并且忽略介质内部的内摩擦所引起的能量损耗。按照能量守恒定律，在冲击波传播过程中，单位时间内从波阵面右侧流入的能量应等于从波阵面左侧流出的能量。

单位时间内从波阵面右侧流入波阵面内的能量包括：①介质所具有的内能，即 $\rho_0(D-u_0)e_0$；②流入介质体积与压力所决定的压力位能，即 $p_0V_0=p_0A(D-u_0)$，面积 A 取 1 作为单位时，压力位能为 $p_0(D-u_0)$；③介质流动动能，即 $\rho_0(D-u_0)\times\frac{1}{2}(D-u_0)^2$。

同理，单位时间内从波阵面左侧流出的能量为 $\rho_1(D-u_1)e_1+\rho_1(D-u_1)[\frac{1}{2}(D-u_1)^2+p_1(D-u_1)]$，这样，能量守恒方程为：

$$p_1(D-u_1)+\rho_1(D-u_1)\left[e_1+\frac{1}{2}(D-u_1)^2\right]$$
$$=p_0(D-u_0)+\rho_0(D-u_0)\left[e_0+\frac{1}{2}(D-u_0)^2\right]$$

整理后得到：

$$(e_1-e_0)+\frac{1}{2}(u_1^2-u_0^2)=\frac{p_1u_1-p_0u_0}{\rho_0(D-u_0)} \tag{2-109}$$

以上三式是由三个守恒定律导出的冲击波的基本关系式。

为了应用方便起见，我们将冲击波的基本关系式作如下变换：根据式(2-105)，用比体积 v 代替密度 ρ，则式(2-105) 变换为：

$$\frac{D-u_0}{v_0}=\frac{D-u_1}{v_1}$$

$$u_1-u_0=\left(1-\frac{v_1}{v_0}\right)(D-u_0) \tag{2-110}$$

在 $u_0=0$ 时，有：

$$u_1=\left(1-\frac{v_1}{v_0}\right)D \tag{2-111}$$

将式(2-110) 稍加变换，则得到：

$$\frac{D-u_0}{v_0}=\frac{u_1-u_0}{v_0-v_1}$$

而由式(2-109) 知：

$$\frac{D-u_0}{v_0}=\frac{p_1-p_0}{u_1-u_0}$$

由式(2-110) 和式(2-109) 可得：

$$\frac{u_1-u_0}{v_0-v_1}=\frac{p_1-p_0}{u_1-u_0} \tag{2-112}$$

为简化分析，取相对于观测点向前的方向为正向，由此得到：

$$u_1-u_0=\sqrt{(p_1-p_0)(v_0-v_1)}$$

或

$$u_1-u_0=(v_0-v_1)\sqrt{\frac{p_1-p_0}{v_0-v_1}} \tag{2-113}$$

此即冲击波波阵面过后介质运动速度 u_1 与波阵面上的压强 p_1 和比体积 v_1 之间的关系式。

将式(2-113) 代入式(2-110) 中，加以整理，得到冲击波速度的表达式为：

$$D-u_0=v_0\sqrt{\frac{p_1-p_0}{v_0-v_1}} \tag{2-114}$$

式(2-113) 和式(2-114) 是直接由质量和动量守恒表达式[式(2-105)和式(2-107)]推导得到的。它们将冲击波速度 D 和波阵面上的质点速度与波阵面上的压力 p_1 及比体积 v_1 联系起来了，因而具有更清晰的物理意义。

下面对能量守恒方程式(2-109) 进行类似的变换。

将式(2-107) 写成：

$$\rho_0(D-u_0)=\frac{p_1-p_0}{u_1-u_0}$$

将其代入式(2-109) 中，得到：

$$\begin{aligned} e_1-e_0&=\frac{(p_1u_1-p_0u_0)(u_1-u_0)}{p_1-p_0}-\frac{1}{2}(u_1^2-u_0^2) \\ &=\frac{1}{2}(u_1-u_0)\left[\frac{2(p_1u_1-p_0u_0)}{p_1-p_0}-(u_1+u_0)\right] \end{aligned}$$

$$=\frac{1}{2}(u_1-u_0)^2\frac{p_1+p_0}{p_1-p_0}$$

而由式(2-113) 可知：

$$(u_1-u_0)^2=(p_1-p_0)(v_0-v_1)$$

代入前一式后整理得到：

$$e_1-e_0=\frac{1}{2}(p_1+p_0)(v_0-v_1) \tag{2-115}$$

该式来源于式(2-109)，它体现了冲击波波阵面通过前后介质内能的变化（e_1-e_0）与波阵面压力（p_1）和比体积（v_1）的关系，称为冲击波的冲击绝热方程式，又称为兰金-雨贡纽（Rankine-Hugoniot）方程式，简称雨贡纽方程。

当未受扰动介质的质点速度 $u_0=0$，并且 p_0、e_0 与波阵面上介质的 p_1、e_1 相比小得可以忽略时，式(2-113)～式(2-115)可简化为：

$$u_1=\sqrt{p_1(v_0-v_1)} \tag{2-116}$$

$$D=v_0\sqrt{\frac{p_1}{v_0-v}} \tag{2-117}$$

$$e_1=\frac{1}{2}p_1(v_0-v_1) \tag{2-118}$$

以上三式即为冲击波的基本方程式。在推导这三个关系式时只用到三个守恒定律，而未涉及冲击波是在哪一种介质当中传播的，因此这三个基本方程式适用于任意介质当中传播的冲击波。不过，当将该方程式用于某一具体介质当中传播的冲击波时，尚需联立该介质的状态方程：

$$p=p(v,T)$$

或

$$p=p(\rho,T) \tag{2-119}$$

考察上述四个方程可知，其中包含五个未知数，它们是 p_1、v_1（或 ρ_1）、u_1、D 和 T_1。比内能 e_1 为 p_1、T_1 或 v_1、T_1 的函数。可见，如果知道其中任意一个参数，便可以将以上四个方程式联立求解其余四个冲击波波阵面上的参数。

2.5.2 空气中的平面正冲击波

在通常情况下，空气可近似地视为理想气体。因此，空气中平面正冲击波的基本关系式为式(2-113)～式(2-115)以及理性气体的状态方程式：

$$p_1v_1=RT_1 \tag{2-120}$$

由于空气被看作理想气体，故其比内能为：

$$e=c_V T \tag{2-121}$$

将式(2-120) 代入式(2-121) 中，并考虑到 $c_p - c_V = R$，$\gamma = \frac{c_p}{c_V}$，则得到：

$$e=\frac{pv}{\gamma-1} \tag{2-122}$$

这样，空气冲击波的冲击绝热方程可写成如下形式：

$$\frac{p_1 v_1}{\gamma_1-1}-\frac{p_0 v_0}{\gamma_0-1}=\frac{1}{2}(p_1+p_0)(v_0-v_1) \tag{2-123}$$

对于中等强度以下的空气冲击波，可以近似地取 $\gamma_1=\gamma_0=\gamma$，则上式可写成：

$$\frac{p_1 v_1}{\gamma-1}-\frac{p_0 v_0}{\gamma-1}=\frac{1}{2}(p_1+p_0)(v_0-v_1) \tag{2-124}$$

将上式稍加变换，可整理得到：

$$\frac{p_1}{p_0}=\frac{(\gamma+1)v_0-(\gamma-1)v_1}{(\gamma+1)v_1-(\gamma-1)v_0} \tag{2-125}$$

或

$$\frac{v_0}{v_1}=\frac{\rho_1}{\rho_0}=\frac{(\gamma+1)p_1+(\gamma-1)p_0}{(\gamma+1)p_0+(\gamma-1)p_1} \tag{2-126}$$

以上两式形式不同，但具有同样的意义，通称为理想气体中冲击波的冲击绝热方程或雨贡纽方程。

这样，式(2-113)、式(2-114)、式(2-125) 或式(2-126) 与理想气体状态方程式 (2-120) 便组成了空气冲击波的基本方程组。在已知某一参数的情况下，可以用此方程组求解空气中冲击波的其余四个参数。需要指出的是，在进行具体计算时，尚需知道绝热指数 γ。而 $\gamma=\frac{c_p}{c_V}=1+\frac{R}{c_V}$，其中，定容比热容 c_V 是与气体的分子结构及气体在受到冲击时所达到的温度相关的。在标准状况下，单原子气体取 $\gamma=\frac{5}{3}$；双原子气体取 $\gamma=\frac{7}{5}=1.4$；三原子气体取 $\gamma=1.25$。对于空气，在 273～3000 K 范围内，其平均定容比热容 $\overline{c_V}$ 可用如下公式进行近似计算：

$$\overline{c_V}=4.78+0.45\times10^{-3}T \tag{2-127}$$

冲击波压力 p_1 不超过 50atm 时，取 $\gamma=1.4$ 而不考虑其变化，这样所引起的偏差还不是很大。但是，对于很强的冲击波，就不能把 γ 看成等于 1.4 的常数了，因为此时波阵面上介质因受冲击压缩而形成高温，必然引起气体分子的离解和电离过程。冲击波越强烈，这种变化也就越强烈。这种分子离解和电离过程的存在引起了空气组成的变化，最后导致 γ 值的改变。若不考虑 γ 值的这种变化，计算出的冲击波参数与实际的偏离就很大了，见表 2-1。

表 2-1 取 $\gamma=1.4$ 及考虑离解和电离时空气冲击波参数的对比

（取 $p_0=1\text{atm}$，$T_0=273\text{K}$，$\rho_0=0.132\text{kg}\cdot\text{s}^2/\text{m}^4$，$c_0=333\text{m/s}$）

p_1/p_0	T_1/T_0		ρ_1/ρ_0		u_1/c_0		D/c_0	
	考虑离解和电离	$\gamma=1.4$	考虑离解和电离	$\gamma=1.4$	考虑离解和电离	$\gamma=1.4$	考虑离解和电离	$\gamma=1.4$
216	20.5	36.9	9.00	5.85	11.6	11.3	13.1	13.6
266	22.0	45.2	10.0	5.88	13.0	12.5	14.4	15.1
384	26.0	65.1	11.0	5.90	15.7	15.1	17.3	18.1
1040	48.0	174	11.0	5.96	25.8	24.8	28.4	29.8
1620	75.0	271	10.0	5.98	32.0	31.0	35.6	37.2
2990	114.0	498	9.5	5.99	43.5	42.1	48.6	50.6
4080	140.0	680	9.0	6.00	50.8	49.6	57.0	59.1,

为了计算方便以及为了便于对冲击波性质的理解和分析，将冲击波的基本关系式进行适当变换，把冲击波参数表示为未扰动介质声速 c_0 的函数。

将式(2-110) 代入动量守恒方程式(2-107) 中，得到：

$$p_1-p_0=\rho_0(D-u_0)^2\left(1-\frac{v_1}{v_0}\right) \tag{2-128}$$

另据冲击绝热方程式(2-126) 可知：

$$1-\frac{v_1}{v_0}=1-\frac{(\gamma+1)p_0+(\gamma-1)p_1}{(\gamma+1)p_1+(\gamma-1)p_0}=\frac{2(p_1-p_0)}{(\gamma+1)p_1+(\gamma-1)p_0}$$

代入式(2-128) 中后整理得到：

$$(\gamma+1)p_1+(\gamma-1)p_0=2\rho_0(D-u_0)^2$$

$$p_1+\frac{\gamma-1}{\gamma+1}p_0=\frac{2}{\gamma+1}\rho_0(D-u_0)^2$$

$$p_1-p_0+\frac{\gamma-1}{\gamma+1}p_0+p_0=\frac{2}{\gamma+1}\rho_0(D-u_0)^2$$

移项整理，并考虑 $c_0^2=\gamma\dfrac{p}{\rho}$，则有：

$$p_1-p_0=\frac{2}{\gamma+1}\rho_0(D-u_0)^2\left[1-\frac{\gamma p_0/\rho_0}{(D-u_0)^2}\right]$$

最后得到：

$$p_1-p_0=\frac{2}{\gamma+1}\rho_0(D-u_0)^2\left[1-\frac{c_0^2}{(D-u_0)^2}\right] \tag{2-129}$$

由动量守恒方程得到：

$$u_1-u_0=\frac{p_1-p_0}{\rho_0(D-u_0)}=\frac{2}{\gamma+1}(D-u_0)\left[1-\frac{c_0^2}{(D-u_0)^2}\right] \tag{2-130}$$

将式(2-130) 代入式(2-120) 中得到：

$$\frac{v_0-v_1}{v_0}=\frac{2}{\gamma+1}\left[1-\frac{c_0^2}{(D-u_0)^2}\right] \tag{2-131}$$

式(2-129)～式(2-131)即为以未受扰动气体介质中声速来表示冲击波参数 p_1、u_1、$\rho_0(v_1)$的公式。对于静止气体中传播的冲击波（$u_0=0$），上述式子变为：

$$p_1-p_0=\frac{2}{\gamma+1}\rho_0 D^2\left(1-\frac{c_0^2}{D^2}\right) \tag{2-132}$$

$$u_1=\frac{2}{\gamma+1}D\left(1-\frac{c_0^2}{D^2}\right) \tag{2-133}$$

$$\frac{v_0-v_1}{v_0}=\frac{2}{\gamma+1}\left(1-\frac{c_0^2}{D^2}\right) \tag{2-134}$$

这些式子具有很重要的实际意义。例如，在实验研究空气中爆炸冲击波的传播规律时，设法测得距爆炸中心不同距离处的冲击波的传播速度 D，就可利用式(2-132) 计算出相应的冲击波压力 p_1，然后应用其余两式分别算出相应的 u_1 和 $v_1(\rho_1)$。

对于很强的空气冲击波，由于 $p_1 \gg p_0$，$D \gg c_0$，则得到：

$$p_1=\frac{2}{\gamma+1}\rho_0 D^2 \tag{2-135}$$

$$u_1=\frac{2}{\gamma+1}D \tag{2-136}$$

$$\frac{v_0-v_1}{v_0}=\frac{2}{\gamma+1}$$

或

$$\frac{\rho}{\rho_0}=\frac{\gamma+1}{\gamma-1} \tag{2-137}$$

【**例 2-1**】测得空气中爆炸产生的冲击波的空气超压，计算其参数 D、u_1、ρ_1 和 T_1。已知 $p_0=1.01\times10^5$Pa，$\rho_0=1.25$kg/m^3，$T_0=290$K，$c_0=340$m/s，$u_0=0$，$\gamma=1.4$，$p_1=1.77$MPa。

解：(1) 求 D

根据式(2-132) 可知 $p_1-p_0=\frac{2}{\gamma+1}\rho_0D^2\left[1-\frac{c_0^2}{D^2}\right]$，将已知参数值代入后得到：

$$D=\sqrt{\frac{(1.77\times10^6-1.01\times10^5)\times(1.4+1)}{2\times1.25}+340^2}=1310.66(\text{m/s})$$

(2) 求 u_1

$$u_1=\frac{2}{\gamma+1}D\left(1-\frac{c_0^2}{D^2}\right)=\frac{2}{1.4+1}\times1310.66\times\left[1-\left(\frac{340}{1310.66}\right)^2\right]$$
$$=1018.72(\text{m/s})$$

(3) 求 ρ_1

$$\frac{v_0-v_1}{v_0}=\frac{2}{\gamma+1}\left(1-\frac{c_0^2}{D^2}\right)=\frac{2}{1.4+1}\times\left[1-\left(\frac{340}{1310.66}\right)^2\right]=0.78$$

$$\frac{v_1}{v_0}=\frac{\rho_0}{\rho_1}=1-0.78=0.22$$

$$\rho_1=\frac{\rho_0}{0.22}=\frac{1.25}{0.22}=5.68(\text{kg/m}^3)$$

(4) 求 T_1

由 $pv=\overline{R}T$，得

$$\frac{T_1}{T_0}=\frac{p_1v_1}{p_0v_0}=\frac{p_1}{p_0}\times\frac{\rho_0}{\rho_1}$$

$$T_1=\frac{1.77\times10^6}{1.01\times10^5}\times\frac{1.25}{5.68}\times290=1118.44(\text{K})$$

2.6 冲击波的性质

2.6.1 冲击波的基本性质

前已述及，冲击波是一种强压缩波，它具有如下特点：

① 冲击波波阵面前后介质的参数是突跃变化的，即很薄的冲击波波阵面两侧介质参数相差的值不是一个微分量，而是一个有限量。

② 由于冲击波具有如上特性，可以推论：冲击波的传播过程虽然是绝热的，但却不是等熵的。可以证明冲击波过后介质的熵 S 增加，推证方法如下。

由式(2-24) 知，对于冲击波的传播过程：

$$dS=\frac{dq}{T}=c_p\frac{dT}{T}-R\frac{dp}{p}$$

两侧积分：

$$S_1-S_0=c_p\ln\left(\frac{T_1}{T_0}\right)-R\ln\left(\frac{p_1}{p_0}\right) \tag{2-138}$$

由于$\frac{c_p}{R}=\frac{\gamma}{\gamma-1}$，则有：

$$\frac{S_1-S_0}{R}=\ln\left[\left(\frac{T_1}{T_0}\right)^{\frac{\gamma}{\gamma-1}}\left(\frac{p_0}{p_1}\right)\right]$$

又由于：

$$\frac{T_1}{T_0}=\frac{p_1}{p_0}\times\frac{\rho_0}{\rho_1}$$

则：

$$\frac{S_1-S_0}{R}=\ln\left[\left(\frac{p_1}{p_0}\right)^{\frac{1}{\gamma-1}}\left(\frac{\rho_0}{\rho_1}\right)^{\frac{\gamma}{\gamma-1}}\right] \tag{2-139}$$

将冲击波的雨贡纽关系：

$$\frac{\rho_1}{\rho_0}=\frac{\frac{p_1}{p_0}+\frac{\gamma-1}{\gamma+1}}{1+\frac{\gamma-1}{\gamma+1}\times\frac{p_1}{p_0}}$$

代入式(2-139) 中，并令$\frac{p_1-p_0}{p_0}=\varepsilon$，定义 ε 为冲击波强度，整理可得：

$$\frac{S_1-S_0}{R}=\ln\left[(1+\varepsilon)^{\frac{1}{\gamma-1}}\left(\frac{1+\frac{\gamma+1}{2\gamma}\varepsilon}{1+\frac{\gamma-1}{2\gamma}\varepsilon}\right)^{-\frac{\gamma}{\gamma-1}}\right]=\ln\left[(1+\varepsilon)^{\frac{1}{\gamma-1}}\left(\frac{1+\frac{\gamma-1}{2\gamma}\varepsilon}{1+\frac{\gamma+1}{2\gamma}\varepsilon}\right)^{\frac{\gamma}{\gamma-1}}\right] \tag{2-140}$$

对于较弱的冲击波，ε 是一个很微小的量，而$\frac{\gamma-1}{2\gamma}$及$\frac{\gamma+1}{2\gamma}$又都小于 1，按照对数展开：

$$
\begin{cases}
\ln(1+x)=x-\dfrac{x^2}{2}+\dfrac{x^3}{3}-\dfrac{x^4}{4}+\cdots\cdots \\
\ln(1+\varepsilon)^{\frac{1}{\gamma-1}}=\dfrac{1}{\gamma-1}\ln(1+\varepsilon)=\dfrac{1}{\gamma-1}\left(\varepsilon-\dfrac{\varepsilon^2}{2}+\dfrac{\varepsilon^3}{3}\right) \\
\dfrac{\gamma}{\gamma-1}\ln\left(1+\dfrac{\gamma-1}{2\gamma}\varepsilon\right)=\dfrac{\gamma}{\gamma-1}\left[\dfrac{\gamma-1}{2\gamma}\varepsilon-\dfrac{1}{2}\left(\dfrac{\gamma-1}{2\gamma}\varepsilon\right)^2+\dfrac{1}{3}\left(\dfrac{\gamma-1}{2\gamma}\varepsilon\right)^3\right] \\
\dfrac{\gamma}{\gamma-1}\ln\left(1+\dfrac{\gamma+1}{2\gamma}\varepsilon\right)=\dfrac{\gamma}{\gamma-1}\left[\dfrac{\gamma+1}{2\gamma}\varepsilon-\dfrac{1}{2}\left(\dfrac{\gamma+1}{2\gamma}\varepsilon\right)^2+\dfrac{1}{3}\left(\dfrac{\gamma+1}{2\gamma}\varepsilon\right)^3\right]
\end{cases}
\tag{2-141}
$$

将式(2-141) 代入式(2-140) 中，整理后得到：

$$
\frac{S_1-S_0}{R}=\frac{\gamma^2-1}{12\gamma^2(\gamma-1)}\varepsilon^3=\frac{\gamma+1}{12\gamma^2}\left(\frac{p_1-p_0}{p_0}\right)^3 \tag{2-142}
$$

由于冲击波为压缩波，$(p_1-p_0)>0$，$\gamma>1$，故冲击波通过前后介质的熵变化量$\Delta S=S_1-S_0>0$。另外，式(2-142) 还表明，弱的平面正冲击波通过后，介质的熵值变化与对比参数的三次方，即$\left(\dfrac{p_1-p_0}{p_0}\right)^3$、$\left(\dfrac{\rho_1-\rho_0}{\rho_0}\right)^3$和$\left(\dfrac{u_1-u_0}{c_0}\right)^3$成正比例关系。

以上论证虽然是针对多方气体中的冲击波进行的，但其结论在各种介质中普遍适用。

③ 冲击波的传播速度与介质的初始状态及冲击波强度相关。

由式(2-129) 可知：

$$
\frac{(D-u_0)^2}{c_0^2}=1+\frac{\gamma+1}{2}\times\frac{p_1-p_0}{\rho_0c_0^2} \tag{2-143}
$$

将 ε 引入上式中，已知$\dfrac{p_1}{p_0}=\varepsilon+1$，$c_0^2=\gamma\dfrac{p_0}{\rho_0}$，则：

$$
D=c_0\sqrt{1+\frac{\varepsilon(\gamma+1)}{2\gamma}}+u_0 \tag{2-144}
$$

上式可写为 $D=f(c_0,u_0,\varepsilon)$，所以冲击波的传播速度与介质的初始状态及冲击波强度相关。

④ 冲击波的波速相对于未扰动介质而言是超声速的，即 $D>u_0+c_0$，$u_0=0$时，$D>c_0$。

因 $p_1-p_0>0$，由式(2-129) 可得：

$$
\frac{2}{\gamma+1}\rho_0(D-u_0)^2\left[1-\frac{c_0^2}{(D-u_0)^2}\right]>0
$$

因此有：

$$1-\frac{c_0^2}{(D-u_0)^2}>0$$

故 $D-u_0>c_0$。

⑤ 冲击波的波速相对于波阵面后已受扰动的介质而言是亚声速的，即 $D-u_1<c_1$。

由式(2-105) 和声速表达式(2-77) 可得：

$$\frac{D-u_1}{c_1}=\frac{D-u_0}{c_0}\times\frac{p_0\rho_0}{p_1\rho_1}$$

将上式和式(2-126) 代入式(2-143) 中，可得：

$$\frac{(D-u_1)^2}{c_1^2}=\frac{\frac{(\gamma+1)p_0}{p_1}+\gamma-1}{2\gamma}$$

对于冲击波来说：$\frac{p_0}{p_1}>1$ 且 $\gamma>1$，所以：

$$\frac{(D-u_1)^2}{c_1^2}<1$$

故 $D-u_1<c_1$。

可见冲击波相对于波阵面后已受扰动的介质而言，$D<u_1+c_1$ 成立。

⑥ 冲击波过后介质获得了一个与传播方向相同的速度增量，即 $u_1-u_0>0$，且 $u_1-u_0<D-u_0$。

由式(2-130) 可知：

$$u_1-u_0=\frac{p_1-p_0}{\rho_0(D-u_0)}=\frac{2}{\gamma+1}(D-u_0)\left[1-\frac{c_0^2}{(D-u_0)^2}\right]$$

或

$$\frac{u_1-u_0}{D-u_0}=\frac{2}{\gamma+1}\left[1-\frac{c_0^2}{(D-u_0)^2}\right]$$

观察上式，右边 $\gamma>1$，$\frac{2}{\gamma+1}<1$，由④可知 $D-u_0>c_0$，所以有 $1>1-\frac{c_0^2}{(D-u_0)^2}>0$。

所以 $u_1-u_0>0$，且 $u_1-u_0<D-u_0$。

2.6.2 冲击波的绝热线和等熵线

为了加深对冲击波性质的理解，便于炸药爆轰过程及其对外作用原理等内容的学习，以下介绍冲击波的波速线、冲击绝热线以及连续波（弱波）的等熵线等有关知识。

（1）冲击波波速线和冲击绝热线

前已述及，冲击波是一种状态突跃的扰动，其波阵面极薄，在波阵面前后介质状态突跃变化。冲击波波阵面前后介质的状态参数可借助于如下三个基本关系式联系起来，即：

$$u-u_0=\sqrt{(p-p_0)(v_0-v)} \tag{2-145a}$$

$$D-u_0=v_0\sqrt{\frac{p-p_0}{v_0-v}} \tag{2-146a}$$

$$e-e_0=\frac{1}{2}(p+p_0)(v_0-v) \tag{2-147}$$

对于沿静止介质传播的冲击波，由于 $u_0=0$，则有：

$$u=\sqrt{(p-p_0)(v_0-v)} \tag{2-145b}$$

$$D=v_0\sqrt{\frac{p-p_0}{v_0-v}} \tag{2-146b}$$

而式(2-147) 则保持不变。以上各式中不带下角标的参数表示波后参数。

考察上述基本关系式可以看出，在一定的介质和一定的初态(p_0，v_0)条件下，一定波速的冲击波传过后介质突跃变化所达到的状态(p，v)就是确定的，而且可以用式(2-146a) 和式(2-147) 联立求解来得到。在 p-v 状态平面内这个解是由式(2-146a) 与式(2-147) 相交点所确定的状态。

① 冲击波的波速线　式(2-146a) 或式(2-146b) 描述了冲击波波速 D 与波阵面参数 p 和 v 之间的关系，称为波速方程，或瑞利方程（Rayleigh Equation)。将式(2-146b) 两边平方，并移项整理，得到：

$$p-p_0=\frac{D^2}{v_0^2}(v_0-v)=-\frac{D^2}{v_0^2}v+\frac{D^2}{v_0}$$

或

$$p=-\frac{D^2}{v_0^2}v+\left(\frac{D^2}{v_0}+p_0\right) \tag{2-148}$$

式(2-148) 表明，当冲击波的波速 D 一定时，该式为以 v 为自变量，以 p 为因变量的线性方程，它在 p-v 状态平面内为以 O(p_0，v_0) 点为始发点的斜线，而且斜线的斜率为：

$$\tan\varphi=\tan(\pi-\alpha)=-\tan\alpha=-\frac{D^2}{v_0^2}$$

显然，若波速不同，则相对应的斜线斜率也不同。如图 2-9 所示，由于

$\alpha_1>\alpha$，则 $D_1>D$，而 $\alpha_2<\alpha$，则 $D_2<D$。因此，通过 $O(p_0,v_0)$点不同斜率的斜线是与不同冲击波波速相对应的。这些斜线被称为波速线或瑞利线，又称为米海尔逊线。

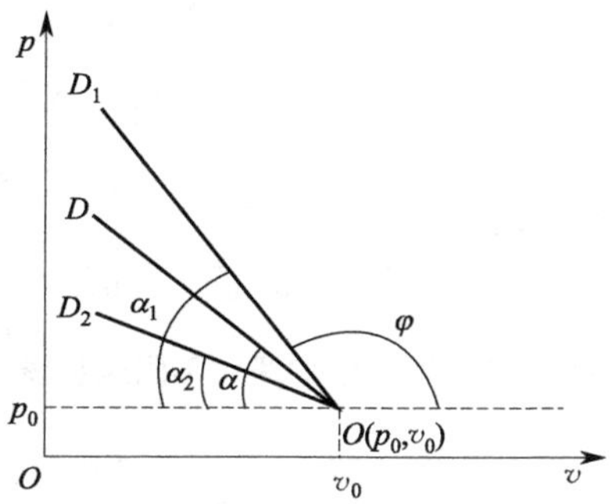

图 2-9 不同波速（D）所对应的瑞利线（$D_1> D> D_2$）

需要指出的是，当波速一定（假设为 D_1）时，此波在初态为 $O(p_0,v_0)$的某一特定介质中传播时所达到的状态，为 D_1 相对应的波速线上某一确定的点；而波在初态也为 $O(p_0,v_0)$的另一特定介质中传播时所达到的状态，则为 D_1 相对应的同一条波速线上的另一点。因此，通过 $O(p_0,v_0)$点的某一波速线乃是一定波速的冲击波传过具有同一初始状态 $O(p_0,v_0)$的不同介质所达到的终点状态的连线。这就是波速线的物理意义。

② 冲击波的冲击绝热方程　在 p-v 状态平面上冲击绝热方程：

$$e-e_0=\frac{1}{2}(p+p_0)(v-v_0)$$

可以用以介质初始状态 $O(p_0,v_0)$为始发点的一条凹向 p 轴和 v 轴的曲线来描述，如图 2-10(a) 中曲线 $\widehat{O123}$ 所示。这条曲线即为冲击波的冲击绝热线或雨贡纽（Hugoniot）曲线。

为了便于画出冲击波的冲击绝热线，并揭示冲击绝热线的物理意义，仍以理想气体中传播的冲击波为例。

对于理想气体，如前面已指明的，其内能 e 的表达式为：

$$e=\frac{pv}{\gamma-1}$$

冲击绝热方程为：

$$\frac{pv}{\gamma-1}-\frac{p_0v_0}{\gamma-1}=\frac{1}{2}(p+p_0)(v_0-v) \tag{2-149a}$$

或

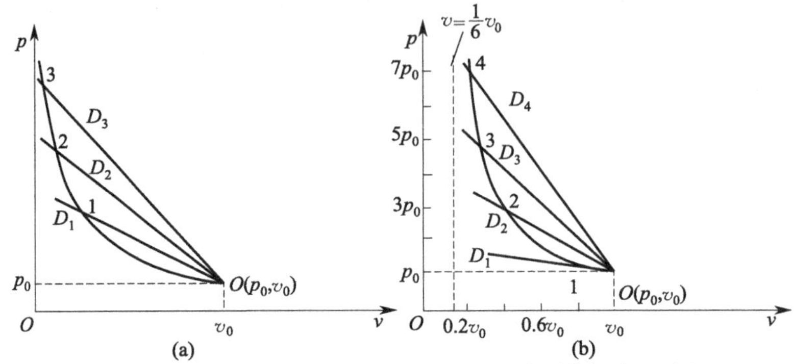

图 2-10 过 O 点的雨贡纽曲线和不同瑞利线相交示意图

$$\frac{p}{p_0}=\frac{(\gamma+1)v_0-(\gamma-1)v}{(\gamma+1)v-(\gamma-1)v_0} \tag{2-149b}$$

对于理想气体，$\gamma=1.4$，则有：

$$\frac{p}{p_0}=\frac{2.4-0.4\dfrac{v}{v_0}}{2.4\dfrac{v}{v_0}-0.4}$$

当介质的初始状态 $O(p_0,v_0)$ 固定时，不同波速（即不同强度）的冲击波传过后，所达到的压力不同，压缩程度 $\left(\frac{v}{v_0}\right)$ 也不同。不同冲击波压力按上式计算得到的数据列于表 2-2。

表 2-2 过 O 点不同波速的冲击波与雨贡纽曲线相交的计算数据

状态点	O	1	2	3	4	∞
压力比 $\frac{p}{p_0}$	1.000	1.368	2.080	4.000	7.125	∞
波速	$D=c_0$	D_1	D_2	D_3	D_4	D_5
比体积比 $\frac{v}{v_0}$	1.000	0.800	0.600	0.400	0.300	$\frac{1}{6}$

将表 2-2 中各状态点在 p-v 状态平面上连接起来得到一条线，如图 2-10 (b) 所示，此即理想气体中传播的冲击波的冲击绝热线或雨贡纽曲线。

由作图过程可以看出，冲击绝热线是以初始状态点 $O(p_0,v_0)$ 为始发点的一条曲线，而且曲线上的各个点的状态都是与不同波速的冲击波通过后介质由初态 $O(p_0,v_0)$ 突跃达到的终点状态相对应的。换言之，冲击绝热线上各个点的状态就是不同波速冲击波的波速线与冲击绝热线相交点的状态。

由此可见，冲击波的冲击绝热线不是过程线，而是不同波速的冲击波传过同一初始状态点$O(p_0, v_0)$的介质后所达到的终点状态的连线。

另外，从表 2-2 所列的数据可以看出，对于极强的冲击波（即$D \to \infty$或$\frac{p}{p_0} \to \infty$时），理想气体介质的压缩程度$\frac{v}{v_0}$趋近于$\frac{\gamma-1}{\gamma+1} = \frac{1}{6}$。若介质的初始状态不同，即使波速相同，波传过后所达到的终点状态也不相同。因此，介质相同但初始状态不同时，冲击绝热线为通过各自的初始状态点的两条不同的曲线。

（2）弱扰动波的等熵线

在波的基本知识一节中已提及，一切弱扰动波（如声波、稀疏波）都是以当地声速进行传播的，并且它们的传播过程是等熵的。

等熵过程为熵值保持不变的过程。对于理想气体而言，在等熵过程中状态变化遵守等熵方程，即有：

$$pv^{\gamma} = \text{常数} \tag{2-150}$$

所谓等熵线，即由等熵方程所确定的曲线，它表示介质在进行等熵压缩和等熵膨胀时介质状态变化所走过的路径，因此等熵线为状态变化的过程线。图 2-11 表示的是由初始状态$O(p_0, v_0)$进行等熵压缩和等熵膨胀所走过的状态变化路径。由于线上各状态点的熵是统一的，即都为S_0，因此，通过$O(p_0, v_0)$点无论是进行等熵压缩还是进行等熵膨胀，它们的状态都是沿着同一条$S = S_0$的等熵线变化的。对于在初态为$O(p_0, v_0)$的某一介质中传播的一系列弱的压缩波来说，它们传过后介质的状态是沿着等熵线OA逐渐变化的；反之，若是有一系列的稀疏波传入初态为$O(p_0, v_0)$的介质中，介质的状态将由$O(p_0, v_0)$沿等熵膨胀线OB逐渐变化。若有一系列的弱扰动波传过熵值为S_1的介质时，介质的状态将沿S_1等熵线变化，依此类推。

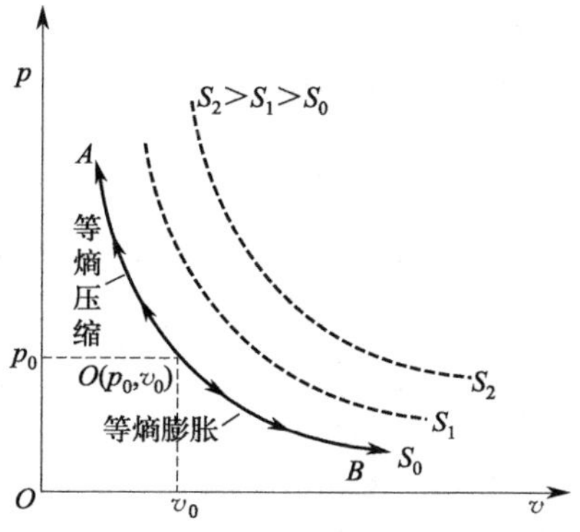

图 2-11　介质的等熵变化

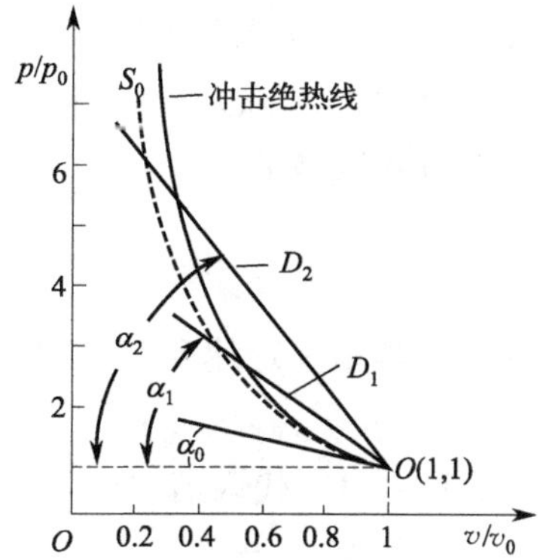

图 2-12　冲击波绝热线与等熵线

把冲击绝热线与等熵线在 p-v 状态平面上加以对比，可帮助更好地理解冲击绝热线的本质及性质。

冲击绝热线为不同强度的冲击波传过同一种初始状态点 $O(p_0,v_0)$ 时介质突跃达到的终态点的连线，它不是过程线。等熵线是一系列微弱扰动波传过后介质状态变化所经历的过程（或路径）线。

当介质的初始状态相同时，若达到同样的压缩程度，分别按冲击压缩和等熵压缩进行计算所得到的数据列于表 2-3。

表 2-3　v/v_0 分别采用冲击压缩和等熵压缩的 p/p_0

v/v_0	1.0	0.8	0.6	0.4	0.3	1/6
冲击压缩(p/p_0)	1.0	1.368	2.080	4.000	7.125	∞
等熵压缩(p/p_0)	1.0	1.366	2.044	3.610	5.310	12.300

把表 2-3 中数据画在 p-v 状态平面上便可得到通过同一初始状态点 $O(p_0,v_0)$ 的两条曲线，如图 2-12 所示。由图可以看出，过点 O 的等熵线位于过 O 点的冲击绝热线的左下方，显然两者在 O 点相切。由于冲击绝热线的各状态点都位于等熵线 S_0 的右上方，其上各点的熵都是大于 S_0 的。这又一次证明，冲击波传过后介质的熵是增加的。因此，冲击波的传播过程是一种不可逆的过程。

声波的传播过程是等熵过程，在初始状态为 $O(p_0,v_0)$ 的介质中声波传播速度 c_0 取决于 S_0 等熵线在 O 点的切线的斜率（即 $\tan\alpha_0$）。对于冲击绝热线上任一点与 $O(p_0,v_0)$ 点连起的任一条斜线，即冲击波的波速线，如 D_1、D_2 等，显然它们的斜率如 $\tan\alpha_1$、$\tan\alpha_2$ 等都是大于 $\tan\alpha_0$ 的。由此可看出，冲击波的传播速度 D 是大于初始介质中的声速 c_0 的。

由于过 $O(p_0,v_0)$ 点的冲击绝热线上任一点的熵都大于 O 点的熵 S_0，对冲击绝热方程取微分得到：

$$\mathrm{d}e=\frac{1}{2}\left[(v_0-v)\mathrm{d}p-(p+p_0)\mathrm{d}v\right] \tag{2-151}$$

由热力学第一定律和第二定律可知：

$$T\mathrm{d}S=\mathrm{d}e+p\mathrm{d}v$$

将式(2-151) 代入后得到：

$$T\mathrm{d}S=\frac{1}{2}(v_0-v)\mathrm{d}p+\frac{1}{2}(p-p_0)\mathrm{d}v$$

或

$$T\mathrm{d}S=\frac{1}{2}(v_0-v)\left[1+\left(\frac{p-p_0}{v_0-v}\right)\frac{\mathrm{d}v}{\mathrm{d}p}\right]\mathrm{d}p \tag{2-152}$$

而声速 c 按定义表示为：

$$c^2=v^2\left(-\frac{\mathrm{d}p}{\mathrm{d}v}\right)$$

并且：

$$D-u=v\sqrt{\frac{p-p_0}{v_0-v}}$$

代入式(2-152) 后得到：

$$T\frac{\mathrm{d}S}{\mathrm{d}p}=\frac{1}{2}(v_0-v)\left[1-\frac{(D-u)^2}{c^2}\right] \tag{2-153}$$

结合图 2-12 来考察式(2-138) 可知，在过 $O(p_0,v_0)$的冲击绝热线上的任一点，有 $S_1>S_0$，而 $v_1<v_0$，因而得到：

$$1-\frac{(D_1-u_1)^2}{c_1^2}>0$$

最后得到：

$$D_1-u_1<c_1 \tag{2-154}$$

该式表明，冲击波相对于波后介质而言是亚声速的。

介质的初态不同，即使波速相同，波传过后所达到的终点状态也不同，即介质相同而初始状态不同时的冲击绝热线为通过各自初态点的两条不同的曲线。

如图 2-13 所示，当波速为 $D_1=v_1\sqrt{\frac{p_1-p_0}{v_0-v_1}}$ 的冲击波通过初始状态 $O(p0,v_0)$后，状态立即突跃到位于冲击绝热线 A 上的状态点 1。若以状态 1 为初态点，用波速为 $D_1'=v_1\sqrt{\frac{p_2-p_1}{v_1-v_2}}=D_1$ 的冲击波再次进行冲击压缩，则波阵面传过后介质突跃达到的终点状态 2 就不在曲线 A 上，而是在另一条冲击波绝热线 B 上了。

等熵压缩线则是无限多次微弱压缩所经历的状态变化的过程线，如由初态 $O(p_0,v_0)$经过多次等熵压缩到达 $1'(p_1'=p_1,v_1')$点，再以点 $1'$为初态点继续进行多次等熵压缩到达 $2'(p_2'=p_2,v_2')$点，则点 $1'$和点 $2'$都处在同一条平滑的 S_0 等熵线上。

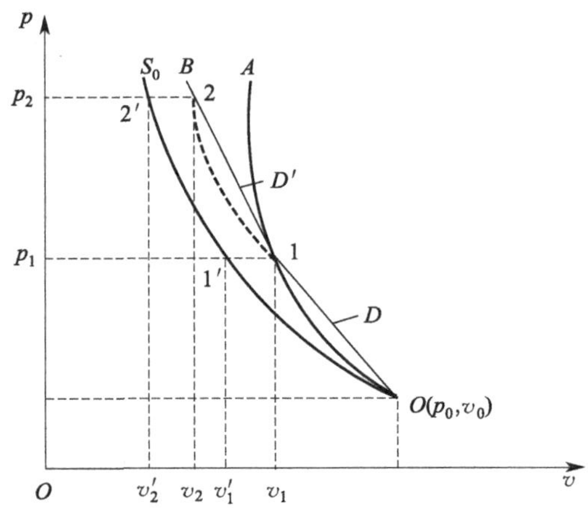

图 2-13 介质的冲击压缩和等熵压缩

2.7 冲击波的相互作用

流体的运动，一般都可以看作是各种波之间相互作用的结果，例如声波、冲击波、爆轰波以及交界面之间的相互作用。在运动中除了有两波迎面相遇的情形外，还有两波向同一方向传播的情形。对于任意两个同向传播的波，是否会发生相互作用可按以下四种情况讨论（图 2-14）。

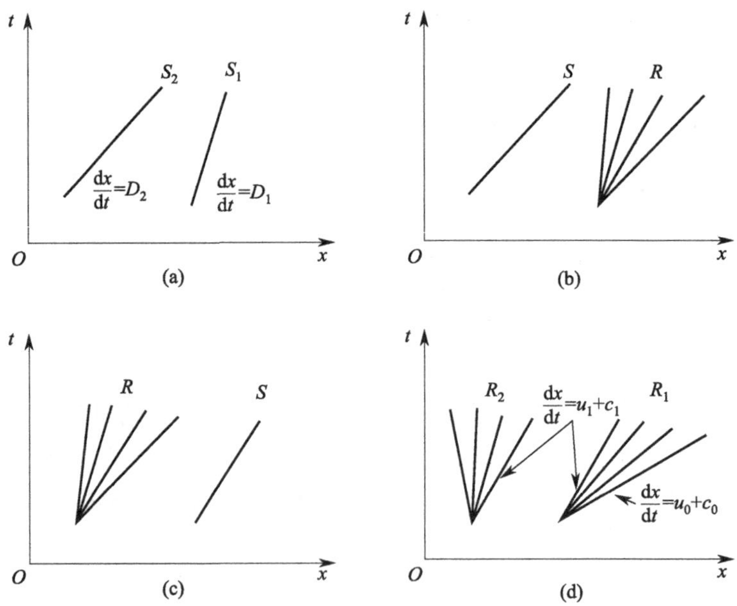

图 2-14 同向传播的两个波可能出现的情况

● 向同一方向传播的两个冲击波。因为走在前面的冲击波 S_1 相对于波后介质是以亚声速传播，而后方的冲击波 S_2 相对于相同介质则是以超声速传播，因而冲击波 S_2 最终将赶上冲击波 S_1[图 2-14(a)]。

● 稀疏波 R 后面跟有一个冲击波 S。因为稀疏波 R 的波尾是以声速传播，而冲击波 S 是以超声速传播，所以 S 将赶上 R[图 2-14(b)]。

● 冲击波 S 后面跟一个稀疏波 R。相对于两波之间的介质而言，冲击波 S 的速度是亚声速，而稀疏波 R 波头的速度是声速，所以 R 将赶上 S[图 2-14(c)]。

● 向同一方向传播的两个稀疏波。因为前方的稀疏波 R_1 的波尾与后方的 R_2 的波头的传播速度相同，都是 $u+c_1$，所以二者永远不会相碰，不会发生相互作用[图 2-14(d)]。

由以上讨论还可得出一个结论：在同一时刻，在同一个点上，不可能产生两个向同一方向传播的冲击波而不发生相互作用，也不可能产生向同一方向传播的一个冲击波和一个中心稀疏波而不发生相互作用。

2.7.1 冲击波的 p-u 曲线

在冲击波发生各种相互作用时，相互作用面上应满足压力 p 和速度 u 连续的条件，因此，在求解这些相互作用问题时，利用冲击波的 p 与 u 之间的关系式或其曲线是很方便的。

设冲击波一边的状态是 u_a、p_a、v_a，则另一边的状态与它们之间的关系式为 $u=u_a\pm\sqrt{(p-p_a)(v_a-v)}$。另外，根据雨贡纽关系可解出 $v=v_H(p,v_a,p_a)$，两式联立，就得到冲击波的 p 与 u 之间的关系：

$$u=u_a\pm\varphi_a(p) \tag{2-155}$$

其中：

$$\varphi_a(p)=\sqrt{(p-p_a)\left[v_a-v_H(p)\right]} \tag{2-156}$$

式中，正号对应向前的冲击波，负号对应向后的冲击波。定义把 $D>0$ 的冲击波叫作向前冲击波，$D<0$ 的叫作向后冲击波，并用符号 $\overrightarrow{S}$ 表示向前冲击波，用 $\overleftarrow{S}$ 表示向后冲击波。式(2-155) 可看作(u,p)平面上的雨贡纽曲线，若给定冲击波一边的状态 $a(u_a,p_a)$，则另一边的可能状态都应落在此曲线上。

对 $\varphi_a(p)$求全微分得：

$$\begin{aligned}\varphi_a'(p)&=\frac{1}{2}\sqrt{\frac{v_a-v_H(p)}{p-p_a}}-\frac{1}{2}\sqrt{\frac{p-p_a}{v_a-v_H(p)}}\frac{\mathrm{d}v_H}{\mathrm{d}p}\\&=\frac{1}{2}\sqrt{\frac{v_a-v_H(p)}{p-p_a}}\left[1-\frac{p-p_a}{v_a-v_H(p)}\frac{\mathrm{d}v_H}{\mathrm{d}p}\right]\end{aligned}$$

因为 $\mathrm{d}v_{\mathrm{H}}/\mathrm{d}p<0$，所以 $\varphi_{\mathrm{a}}'(p)>0$，即函数 $\varphi_{\mathrm{a}}(p)$是单调上升函数，从而 p-u 曲线是单调的。此外，函数 $\varphi_{\mathrm{a}}(p)$还有下列性质。

当 $p\rightarrow\infty$时：

$$\varphi_{\mathrm{a}}(p)\rightarrow\infty \quad \varphi_{\mathrm{a}}'(p)\rightarrow 0 \tag{2-157}$$

$$\varphi_{\mathrm{a}}(p_{\mathrm{b}})=\varphi_{\mathrm{b}}(p_{\mathrm{a}}) \tag{2-158}$$

后一性质可直接由式(2-156) 看出，该式有：

$$\varphi_{\mathrm{a}}(p_{\mathrm{b}})=\sqrt{(p_{\mathrm{b}}-p_{\mathrm{a}})(v_{\mathrm{a}}-v_{\mathrm{b}})}=\sqrt{(p_{\mathrm{a}}-p_{\mathrm{b}})(v_{\mathrm{b}}-v_{\mathrm{a}})}=\varphi_{\mathrm{b}}(p_{\mathrm{a}})$$

这说明，在同一条雨贡纽曲线上，以 a 点为起点过渡到 b 点所得的结果 $\varphi_{\mathrm{a}}(p_{\mathrm{b}})$，与以 b 点为起点过渡到 a 点的结果 $\varphi_{\mathrm{b}}(p_{\mathrm{a}})$是相同的。

式(2-155) 绘制曲线的可能情况如图 2-15 所示，曲线以 a 点为界分为上下两支，各支代表一种冲击波情况。先要说明，不论是 $\overrightarrow{S}$ 还是 $\overleftarrow{S}$，总有：

$$u_{左}>u_{右}$$

事实上，若是 $\overrightarrow{S}$，则左边是波后，右边是波前，显然 $u_{左}>u_{右}$；若是 $\overleftarrow{S}$，则左边是波前，所以有$|u_{左}|<|u_{右}|$，这时 $D<0$，若波前静止，即 $u_{左}=0$，而 $u_{右}<0$，所以 $u_{左}>u_{右}$。不难说明，当波前为非静止状态时，对 $\overleftarrow{S}$ 也有上述不等式。

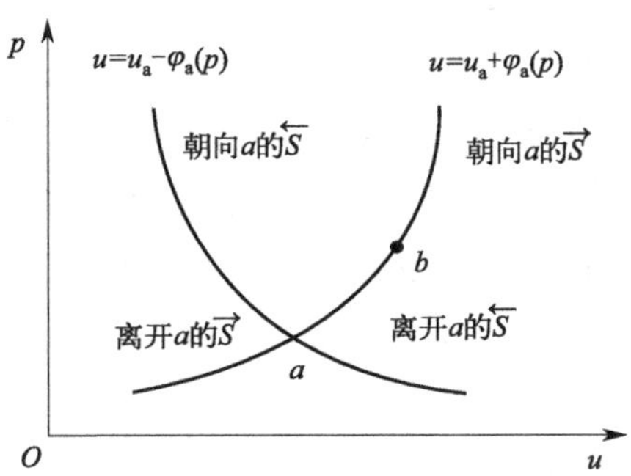

图 2-15　向前和向后冲击波的 p-u 曲线

先讨论曲线 $u=u_{\mathrm{a}}\pm\varphi_{\mathrm{a}}(p)$的上半支。由图 2-15 可以看出，对该支曲线上的任意一点 b 都有 $u_{\mathrm{b}}>u_{\mathrm{a}}$，$p_{\mathrm{b}}>p_{\mathrm{a}}$。$u_{\mathrm{b}}>u_{\mathrm{a}}$ 表明，b 状态是在波阵面的左边，a 状态在波阵面的右边；而 $p_{\mathrm{b}}>p_{\mathrm{a}}$ 则说明，b 是波后，a 是波前。因此，冲击波是由左向右运动的，是一个朝向 a 运动的向前冲击波$\overrightarrow{S}$。通过同样的讨论，可知其他分支所代表的冲击波，在图 2-15 中，给出了所有可能的四种情况。

另外，如果已知状态 a 是冲击波左边的状态，则因为 $u_{左}>u_{右}$，所以冲击波右边的状态只可能在 a 点以左的两支曲线上，如图 2-16(a) 所示；若 a 状态在冲击波右边，则冲击波左边的状态只能在 a 点以右的两支曲线上，如图 2-16(b) 所示。

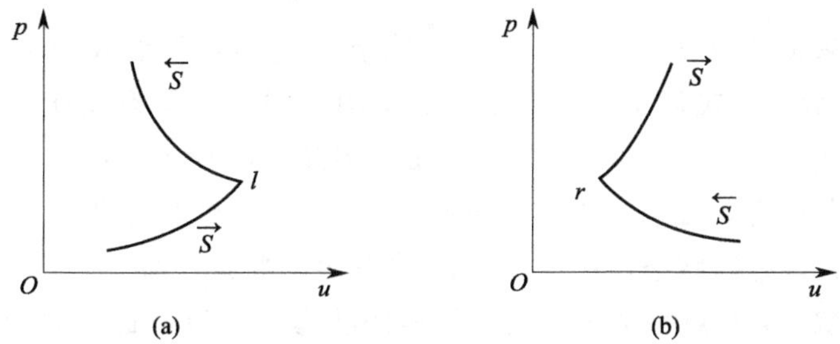

图 2-16 给定一边状态时可能的冲击波 p-u 曲线

2.7.2 简单波的 p-u 曲线

对于简单波可给出 p-u 关系式：

$$u \pm \int \frac{\mathrm{d}p}{\rho c} = 常数$$

设已知波一边的状态为 u_a、p_a、ρ_a、S_a，则可由此确定出上式的常数。因为简单波是等熵过程，所以由等熵状态方程 $p=p(v,S_a)$可得到波内的 $\rho=\rho(p,S_a)$、$c=c(p,S_a)$，上式中的积分可化为 p 和 S_a 的函数。于是，简单波有如下关系式：

$$u=u_a \pm \psi_a(p) \tag{2-159}$$

其中：

$$\psi_a(p)=\int_{p_a}^{p} \frac{\mathrm{d}p}{\rho(p,S_a)\,c(p,S_a)} \tag{2-160}$$

式中，正号对应向前简单波，负号对应向后简单波。它们分别用符号 $\overrightarrow{R}$ 和 $\overleftarrow{R}$ 表示。

现在只讨论稀疏波的情况。对于稀疏波，不论是向前波还是向后波，总有：

$$u_{左}<u_{右}$$

例如，对于向前稀疏波 $\overrightarrow{R}$，其解为：

$$x=(u+c)t$$

$$u-\frac{2c}{\gamma-1}=u_0-\frac{2c_0}{\gamma-1}$$

$u_0=0$ 时，通过上述两式求得：

$$u=\frac{2}{\gamma-1}(\frac{x}{t}+c_0)$$

于是有 $\partial u/\partial x=2/[(\gamma-1)t]>0$，所以 $u_{左}>u_{右}$。同理可证，对于向后波 $\overleftarrow{R}$，此结果依然成立。此外，对于 $\overrightarrow{R}$ 有 $p_{左}<p_{右}$，对于 $\overleftarrow{R}$ 有 $p_{左}>p_{右}$。

图 2-17 给出了式(2-159) 对应的示意图。同样，每条曲线也分为上、下两支，分别代表不同方向的稀疏波情况。例如，曲线 $u=u_a+\psi_a(p)$ 的下半支，在该支曲线上，任意一点 b 处都有 $u_b<u_a$，$p_b<p_a$。根据 $u_b<u_a$ 可知，a 点代表波的右边的状态，b 点代表波的左边的状态；而 $p_b<p_a$ 则说明，a 点是波头的状态，b 点是经过稀疏的波尾的状态。所以，这支曲线代表的是朝向 a 传播的向前稀疏波 $\overrightarrow{R}$。同理，可以讨论其他分支的情况。

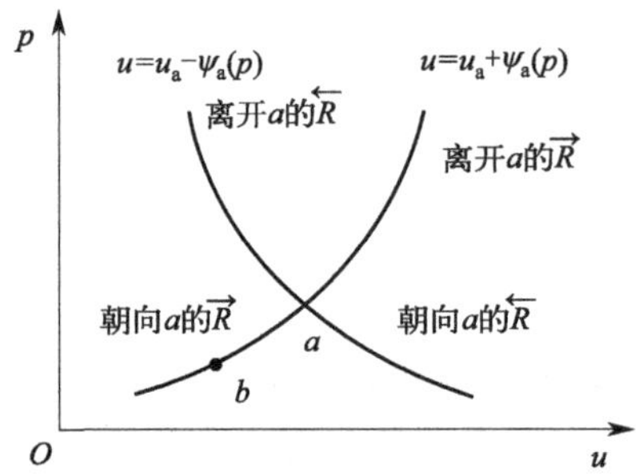

图 2-17 向前和向后稀疏波的 p-u 曲线

如果已知状态 a 是稀疏波左边的状态，那么，稀疏波右边的状态只能是在 a 点以右的两条支线上，如图 2-18(a) 所示；若状态 a 是波右边的状态，则左边的状态只可能在 a 点以左的两条支线上，如图 2-18(b) 所示。

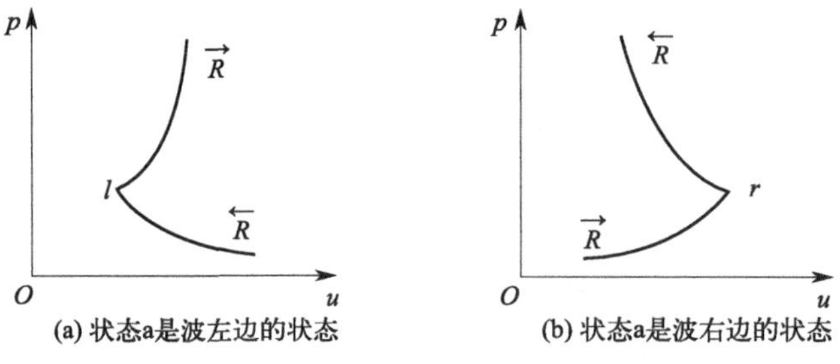

图 2-18 给定一边状态时可能的稀疏波 p-u 曲线

现在，将稀疏波与冲击波的情况统一起来讨论。若给定波的右边状态

(r)，则所有通过向前波（包括冲击波和稀疏波）可能达到的另一边的状态，在(u,p)平面上只可能落在曲线 $u=u_r+\varphi_r(p)$ 的上半支或曲线 $u=u_r+\psi_r(p)$ 的下半支上。将这两支曲线统一记作曲线 L_r，如图 2-19 所示。

对 L_r 有：

$$\begin{cases} u=u_r+\varphi_r(p) & p>p_r(\overrightarrow{S}) \\ u=u_r+\psi_r(p) & p<p_r(\overleftarrow{R}) \end{cases} \tag{2-161}$$

同理，可列出给定左边状态时，波后可能的状态曲线。

L_l：

$$\begin{cases} u=u_l+\varphi_l(p) & p>p_l(\overleftarrow{S}) \\ u=u_l+\psi_l(p) & p<p_l(\overrightarrow{R}) \end{cases} \tag{2-162}$$

把曲线 L_r 称为状态（r）的向前波 p-u 曲线，L_l 称为状态（l）的向后波 p-u 曲线。它们各自都是由两支曲线分别在 r 点和 l 点连接起来的。

不论是 L_r 还是 L_l，在其上、下两支的接头处曲线是二级光滑的，即二级可微的，可通过简单波和冲击波解的一、二阶微分方程进行证明。

2.7.3 冲击波对碰

设介质的初始状态为 p_0、ρ_0、u_0，有一冲击波 $\overrightarrow{S_1}$ 由左向右传播，另一冲击波 $\overleftarrow{S_2}$ 自右向左传播，它们在某一处迎面相碰（图 2-20）。结果将产生两个反射冲击波 $\overleftarrow{S_3}$ 及 $\overrightarrow{S_4}$，朝相反方向运动。各波的波后状态分别记为（1）、（2）、（3）、（4）。当 $\overrightarrow{S_1}$ 与 $\overleftarrow{S_2}$ 的强度不同时，$\overleftarrow{S_3}$ 和 $\overrightarrow{S_4}$ 的强度也将不同，波后（3）区和（4）区中的熵将不相等，故这两区之间将有一接触间断。

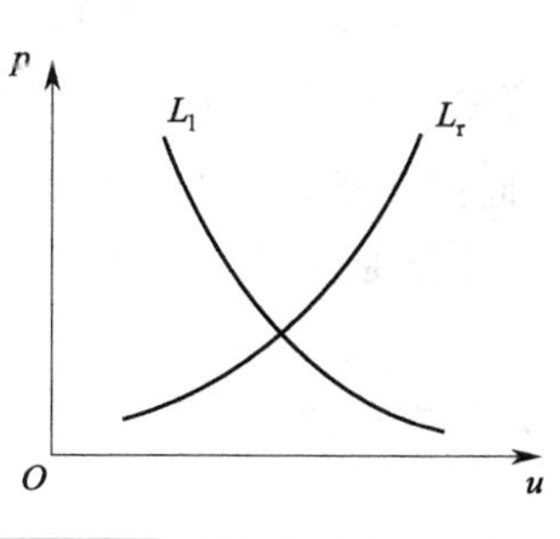

图 2-19 向前波的 p-u 曲线

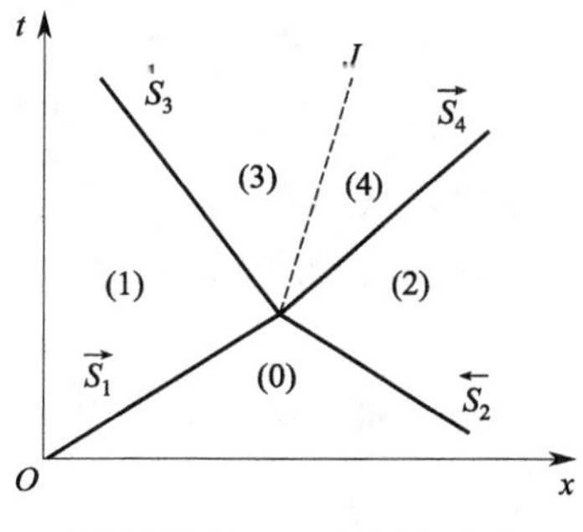

图 2-20 两冲击波对碰

以上结果可以用符号方程表示。除了用 S 及 R 表示冲击波和稀疏波之外，还可用 J 表示接触间断。于是两个冲击波对碰的结果可以表示为：

$$\overrightarrow{S}\ \overleftarrow{S}\rightarrow\overleftarrow{S}\ J\ \overrightarrow{S}$$

设介质是多方气体。当给定 $\overrightarrow{S_1}$ 及 $\overleftarrow{S_2}$ 的速度 D_1 及 D_2 时，(1) 区及 (2) 区中各量为已知。对于反射冲击波 $\overleftarrow{S_3}$，根据冲击波关系可得以下结论。

L_1^l：

$$u_3=u_1-(p_3-p_1)\sqrt{\frac{2}{\rho_1}\times\frac{1}{p_3(\gamma+1)+p_1(\gamma-1)}} \tag{2-163}$$

对于反射冲击波 $\overrightarrow{S_4}$，L_2^r：

$$u_4=u_2+(p_4-p_2)\sqrt{\frac{2}{\rho_2}\times\frac{1}{p_4(\gamma+1)+p_2(\gamma-1)}} \tag{2-164}$$

此外，还有连续性条件：

$$\begin{cases}u_3=u_4=u_m\\p_3=p_4=p_m\end{cases} \tag{2-165}$$

由以上方程可求出 u_m 及 p_m，即 u_3、u_4、p_3、p_4。然后，再用相应的冲击波关系式求出 (3) 区和 (4) 区中的其他各量，问题就全部得解。一般得不到解析解，只能求数值结果。

图解法是一种简单而有效的求解方法。在 u-p 平面上自初始点 $O(u_0, p_0)$ 分别作 $\overrightarrow{S_1}$ 及 $\overleftarrow{S_2}$ 对应的 p-u 曲线 L_0^r 及 L_0^l，状态 (1) 及状态 (2) 应分别在这两条曲线上 (图 2-21)。再过点 1 作 $\overleftarrow{S_3}$ 对应的曲线 L_1^l，过点 2 作 $\overrightarrow{S_4}$ 对应的曲线 L_2^r，这两条曲线的交点 $m(u_m, p_m)$ 就是所求的反射波波后状态。

2.7.4 同向冲击波的相互作用

设有两个冲击波 $\overrightarrow{S_1}$ 和 $\overrightarrow{S_2}$ 一前一后向同一方向传播 (图 2-22)，这时有 $p_2>p_1>p_0$，$u_2>u_1>u_0$。如前所述，$\overrightarrow{S_2}$ 一定会赶上 $\overrightarrow{S_1}$，赶上后两波将发生相互作用，从而产生一个新的冲击波 $\overrightarrow{S_3}$ 继续向前传播，同时向后产生一个反射波，从 p-u 曲线上很容易看出，反射波有可能是冲击波，也可能是稀疏波。

$\overrightarrow{S_1}$ 和 $\overrightarrow{S_2}$ 对应的 p-u 曲线分别是 L_0^r 及 L_1^r，其方程如下。

L_0^r：

$$u_1=u_0+\sqrt{\frac{2}{\rho_0}}\times\frac{p_1-p_0}{\sqrt{(\gamma+1)p_1+(\gamma-1)p_0}} \tag{2-166}$$

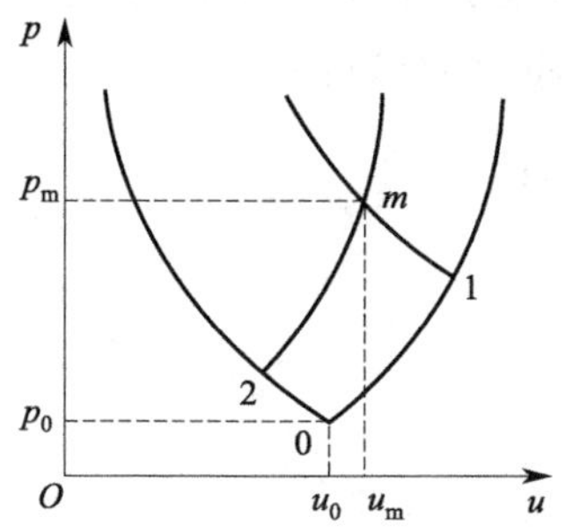

图 2-21 两冲击波对碰的图解

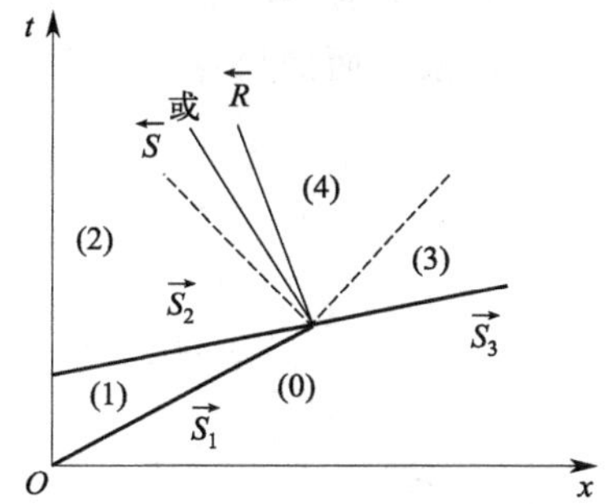

图 2-22 同向冲击波的相互作用

L_1^r：

$$u_2=u_1+\sqrt{\frac{2}{\rho_1}}\times\frac{p_2-p_1}{\sqrt{(\gamma+1)p_2+(\gamma-1)p_1}} \tag{2-167}$$

显然，状态（1）既是 $\overrightarrow{S_2}$ 的波前状态，同时也是 $\overrightarrow{S_1}$ 的波后状态，所以曲线 L_1^r 的起点 1 位于曲线 L_0^r 上。此外，$\overrightarrow{S_3}$ 与 $\overrightarrow{S_1}$ 向同一方向传播，且波前状态都是（0)，故状态（3）也在曲线 L_0^r 上（图 2-23)。

反射波或是冲击波 $\overleftarrow{S}$ 或是稀疏波 $\overrightarrow{R}$，其波前状态是状态（2)，波后状态（4）对应的 p-u 曲线是 L_2^r：

$$u=u_2-\varphi_2(p) \quad 或 \quad u=u_2-\psi_2(p)$$

曲线的起点 2 应位于曲线 L_2^r 上。

图 2-22 中（4）区与（3）区之间接触间断，两区的压力和速度相等，所以在（u，p）平面上这两区的状态对应同一个点，即曲线 L_0^r 与 L_2^r 的交点。

现在分析反射波。如果曲线 L_1^r 位于 L_0^r 的左边（图 2-23)，则发自点 2 的曲线 L_2^r 与曲线 L_0^r 的交点 3 将低于点 2，即状态（2）通过稀疏过渡到状态(3)，所以这时反射的是稀疏波 $\overleftarrow{R}$。若 L_1^r 位于 L_0^r 的右边（图 2-24)，则曲线 L_2^r 与 L_0^r 的交点 3 将高于点 2，这时，反射的是冲击波 $\overleftarrow{S}$。

另外，由式(2-166) 及式(2-167) 可看出，在 $p\rightarrow p_\infty$ 的极限情况下，在 L_0^r 上有：

$$u_\infty(L_0^r)=\sqrt{2p_\infty/[(\gamma+1)\rho_0]}$$

在 L_1^r 上有：

$$u_\infty(L_1^r)=\sqrt{2p_\infty/[(\gamma+1)\rho_1]}$$

因为 $\rho_1>\rho_0$，所以 $u_\infty(L_0^r)>u_\infty(L_1^r)$。这就说明，即使曲线 L_1^r 开始是在 L_0^r 的右边，但它的无穷远点总在曲线 L_0^r 的左边，如图 2-25 所示。于是，

由该图看到，只有当状态（2）处于曲线 L_1^r 的点 1 到点 k 的范围内时，才可能反射冲击波，而如果点 2 位于点 k 以上，则将反射稀疏波。

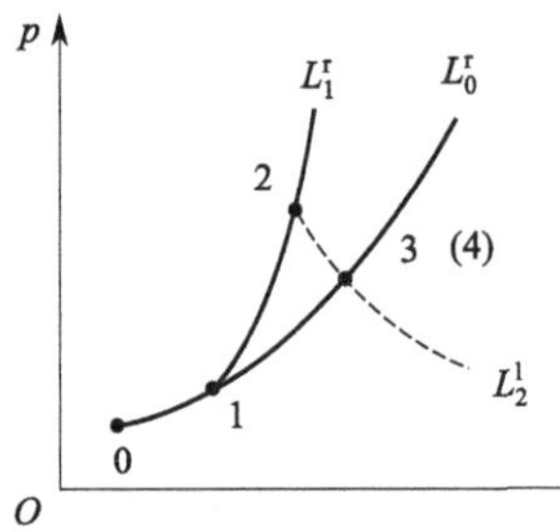

图 2-23 反射稀疏波

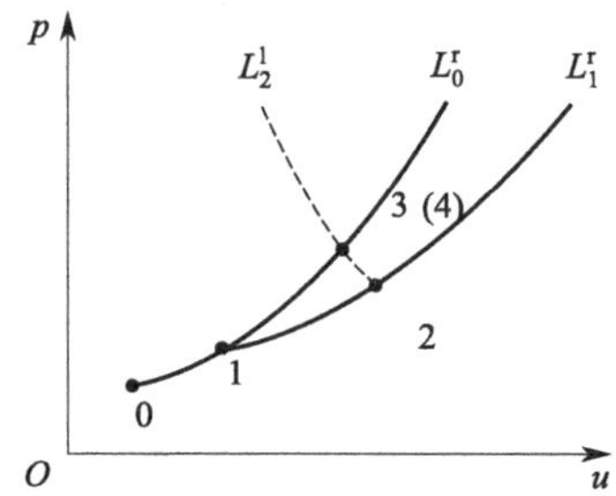

图 2-24 反射冲击波

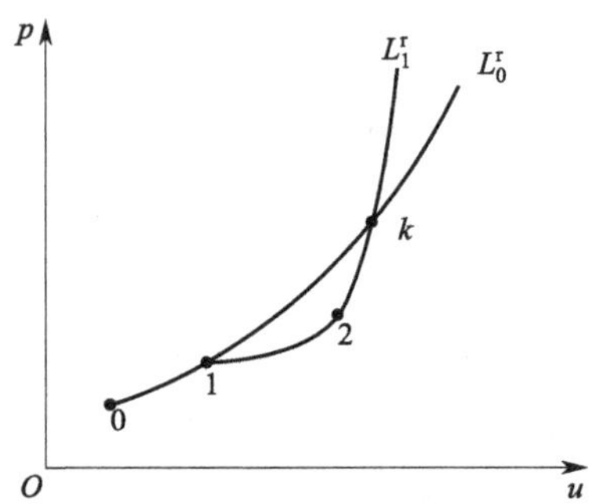

图 2-25 反射冲击波或稀疏波

2.7.5 冲击波与稀疏波的相互作用

冲击波与稀疏波的相互作用有三种可能的情况：a. 冲击波与稀疏波迎面相遇，即 $\vec{S}\overleftarrow{R}$ 或 $\vec{R}\overleftarrow{S}$；b. 冲击波追赶稀疏波 $\vec{S}\vec{R}$；c. 稀疏波追赶冲击波 $\overrightarrow{RS}$。

(1) $\vec{S}\overleftarrow{R}$（式 $\vec{R}\overleftarrow{S}$）的情况

假设在初始状态为（0）的介质中，自左向右传播一道冲击波 $\vec{S}$，同时自右向左传播一道稀疏波 $\overleftarrow{R}$（图 2-26），它们的波后状态分别为（1）和（2）。

显然，这里有：

$$p_1 > p_0 > p_2, u_1 > u_0, u_2 > u_1$$

$\vec{S}$ 与 $\overleftarrow{R}$ 相遇后发生相互作用，$\vec{S}$ 的强度被减弱，它穿出 $\overleftarrow{R}$ 之后，继续作为 $\vec{S}$ 向前传播；而 $\overleftarrow{R}$ 则在另一种熵状态中继续传播。它们分离之后，其身后介质的状态将相应地变为（3）及（4）。这两种状态的熵和密度各不相同，而速度和压力是连续的，即两状态之间出现接触间断 J。所以，两波相互作用的

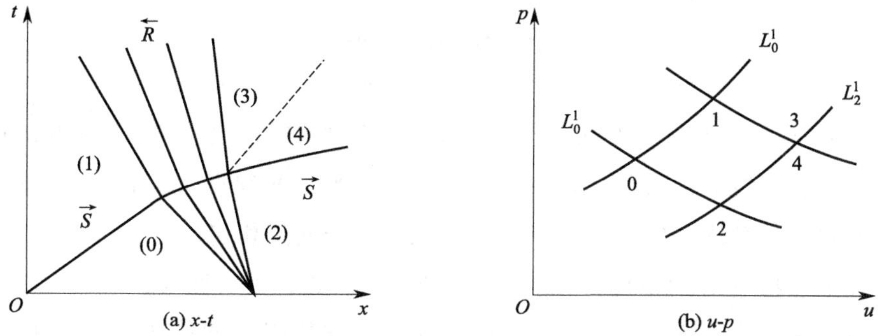

图 2-26　冲击波与稀疏波对碰

结果是：

$$\vec{S}\overleftarrow{R} \to \overleftarrow{R} J \vec{S}$$

如图 2-26 所示，在 u-p 平面上，状态（1）在曲线 L_0^r 的上半支上，状态（2）在 L_0^l 的下半支上。过点 1 作曲线 L_1^l 的下半支，过点 2 作 L_2^r 的上半支，这两条曲线的交点 3（或 4）就是欲求的相互作用后的 u 及 p。

同理可得：

$$\vec{R}\overleftarrow{S} \to \overleftarrow{S} J \vec{R}$$

（2）$\vec{S}\vec{R}$ 的情况

设有一道稀疏波 $\vec{R}$ 由左向右传播，把介质的初始状态（0）稀疏为状态（1）。另外，随后传来一道冲击波 $\vec{S}$，又把状态（1）变为状态（2）。$\vec{S}$ 一定会赶上 $\vec{R}$，发生相互作用后将产生一道透射波和一道反射波，它们的波后状态为同一状态（m）。波系示意图如图 2-27 所示。下面将看到，这里可能的相互作用结果一共有四种。

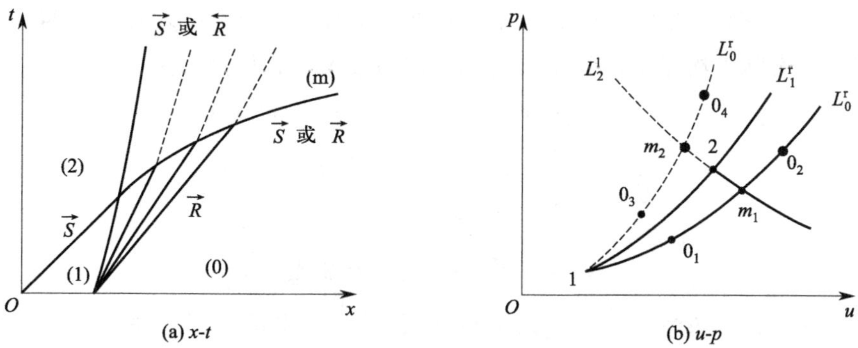

图 2-27　冲击波追赶稀疏波

不论所给定的$\vec{S}$及$\vec{R}$的强度如何，总有：

$$p_2>p_1, p_0>p_1$$

$$u_2>u_1, u_0>u_1$$

在u-p平面上，代表状态（1）的点1是曲线L_1^{r}上半支的起点，状态（2）应在该曲线上；状态（0）是曲线L_0^{r}的下半支的起点，状态（1）则应在这条曲线上。显然，L_1^{r}与L_0^{r}两条曲线在点1处两阶相切。

随绝热指数γ的不同，L_0^{r}有可能位于L_1^{r}的右边［图2-27(b)中实线］，也有可能在左边［图2-27(b)中虚线］。相互作用后得到的状态（m），应该是过点2的向后曲线L_2^{1}与曲线L_0^{r}的交点。由图2-27可看到，由于L_0^{r}的相对位置不同，交点m有可能位于L_2^{1}的上半支，也有可能位于其下半支。这就是说，$\vec{S}$和$\vec{R}$作用后，向后反射的波［它把状态（2）变为状态（m）］，有可能是冲击波，也有可能是稀疏波。另外，随$\vec{S}$的强度不同，状态（2）的压力p_2可能高于被稀疏之前的压力p_0，也可能低于p_0。这就表明，在(u,p)图上交点m可能位于L_0^{r}的上半支，也可能位于L_0^{r}的下半支。因此，$\vec{S}$和$\vec{R}$相互作用后，向前透射的波［它把状态（0）变为状态（m）］可能是冲击波，也可能是稀疏波。

根据以上讨论得知，$\vec{S}$和$\vec{R}$的相互作用，可能有四种不同的结果。为了分析方便，我们固定状态（2）不变，这样，在$(u$-$p)$平面上，相对于状态（2）而言，状态（0）就有四种可能的情况，在图2-27上将它们分别记作0_1、0_2、0_3和0_4。点0_1及0_3的纵坐标低于点2，这表示冲击波$\vec{S}$较强（或稀疏波$\vec{R}$较弱）；点0_2及0_4高于点2，这代表冲击波较弱（或稀疏波较强）。在u-p平面上点0与点2间的相对位置的这四种分布情况，实际代表着不同的介质（即不同的γ值）和不同的$\vec{S}$及$\vec{R}$的强度。从(u,p)图上可以看出这四种可能的情况，实际上给出了四种不同的相互作用结果，它们分别是：

$$\vec{S}\,\vec{R}\rightarrow\begin{cases}\overleftarrow{R}\,J\,\vec{S}\text{（交点}m_1\text{，初始态为}0_1\text{）}\\ \overleftarrow{R}\,J\,\vec{R}\text{（交点}m_1\text{，初始态为}0_2\text{）}\\ \overleftarrow{S}\,J\,\vec{S}\text{（交点}m_2\text{，初始态为}0_3\text{）}\\ \overleftarrow{S}\,J\,\vec{R}\text{（交点}m_2\text{，初始态为}0_4\text{）}\end{cases}$$

现在，以多方气体为例，来分析曲线L_0^{r}与L_1^{r}的相对位置。这里涉及的是L_0^{r}的下半支和L_1^{r}的上半支，它们的方程如下。

L_0^{r}：

$$u=u_0+\psi_0(p)=u_0+\frac{2c_0}{\gamma+1}\left[\left(\frac{p}{p_0}\right)^{\frac{\gamma-1}{2\gamma}}-1\right](p\leqslant p_0) \tag{2-168}$$

L_1^r：

$$u=u_0+\varphi_1(p)=u_1+\sqrt{\frac{2}{\rho_1}}\times\frac{p-p_1}{\sqrt{(\gamma+1)p+(\gamma-1)p_1}}(p>p_1) \tag{2-169}$$

根据 $\psi_0(p)$的定义式(2-160)，可将式(2-168) 写为：

$$u_1=u_0+\psi_0(p_1)=u_0+\int_{p_0}^{p_1}\frac{\mathrm{d}p}{\rho(p,S_0)c(p,S_0)}(p\leqslant p_0)$$

因为穿过稀疏波的熵不变，即 $S_1=S_0$，所以有：

$$\rho(p,S_1)=\rho(p,S_0)\quad c(p,S_1)=c(p,S_0)$$

故上式可写为：

$$u_1=u_0+\int_{p_0}^{p}\frac{\mathrm{d}p}{\rho(p,S_0)c(p,S_0)}-\int_{p_1}^{p}\frac{\mathrm{d}p}{\rho(p,S_1)c(p,S_1)}$$

即：

$$u_1+\psi_1(p)=u_0+\psi_0(p)$$

由此，L_0^r 的方程式(2-168) 又可写为：

$$u=u_1+\psi_1(p)=u_1+\frac{2c_1}{\gamma-1}\left[\left(\frac{p}{p_1}\right)^{\frac{\gamma-1}{2\gamma}}-1\right](p\leqslant p_0) \tag{2-170}$$

把在相同的压力下由 L_0^r 及 L_1^r 两条曲线所得的速度之差写为：

$$f(p)=u(L_1)-u(L_0)$$

由式(2-169) 和式(2-170) 可得：

$$f(p)=\varphi_1(p)-\psi_1(p)=\sqrt{\frac{2}{\rho_1}}\times\frac{p-p_1}{\sqrt{(\gamma+1)p+(\gamma-1)p_1}}-\frac{2c_1}{\gamma-1}\left[\left(\frac{p}{p_1}\right)^{\frac{\gamma-1}{2\gamma}}-1\right]$$

不难看出，当 $p\to\infty$时，$f(p)\to\infty$。而在 $p=p_1$ 处，$f(p)$及其各级微商的值为：

$$f(p_1)=f'(p_1)=f''(p_1)=0$$

$$f^3(p_1)=\frac{c_1}{p_1^3}\times\frac{\gamma+1}{16\gamma^3}(5-3\gamma)$$

$$f^4(p_1)=\frac{c_1}{p_1^4}\times\frac{\gamma+1}{16\gamma^4}(15\gamma^2-14\gamma-13)$$

由此可得：

当 $\gamma>\frac{5}{3}$时，

$$f^3(p_1)<0$$

当 $\gamma=\frac{5}{3}$时，

$$f^3(p_1)=0 \quad f^4(p_1)>0$$

当 $\gamma<\frac{5}{3}$时，

$$f^3(p_1)>0$$

因此，在 p_1 邻近的小区间内 $p_1<p<p_1+\varepsilon$（$\varepsilon>0$）上，有：

当 $\gamma>\frac{5}{3}$时，

$$f(p)<0,\text{即 } u(L_1)<u(L_0)$$

当 $\gamma\leqslant\frac{5}{3}$时，

$$f(p)>0,\text{即 } u(L_1)>u(L_0)$$

$u(L_1)<u(L_0)$表明，曲线 L_1^r 位于 L_0^r 的左边；反之，则在右边。于是，由上述分析可得出以下结论：当 $\gamma>5/3$ 时，向后总反射稀疏波；而当 $\gamma\leqslant 5/3$ 时，向后总反射冲击波。关于相互作用后向前透射的波，则取决于入射的 $\vec{S}$ 与 $\vec{R}$ 的相对强度。当 $\vec{S}$ 较强时，向前透射的是冲击波；当 $\vec{S}$ 较弱时，向前透射的是稀疏波。以上结果可用符号方程表示为：

当 $\gamma>\frac{5}{3}$时，

$$\vec{S}\ \vec{R}\rightarrow\begin{cases}\overleftarrow{R}\ J\ \vec{S}(\vec{S}\text{ 强}/\vec{R}\text{ 弱})\\ \overleftarrow{R}\ J\ \vec{R}(\vec{S}\text{ 弱}/\vec{R}\text{ 强})\end{cases}$$

当 $\gamma\leqslant\frac{5}{3}$时，

$$\vec{S}\ \vec{R}\rightarrow\begin{cases}\overleftarrow{S}\ J\ \vec{S}(\vec{S}\text{ 强}/\vec{R}\text{ 弱})\\ \overleftarrow{S}\ J\ \vec{R}(\vec{S}\text{ 弱}/\vec{R}\text{ 强})\end{cases}$$

(3) $\vec{R}\ \vec{S}$ 的情况

稀疏波 $\vec{R}$ 追赶冲击波 $\vec{S}$ 的情况与上面讨论过的 $\vec{S}\ \vec{R}$ 情况相类似，也有四种可能的结果，同样可用以上方法分析。

必须指出的是：以上的讨论仅给出了相互作用的最终结果，而未涉及相互作用过程。对于两冲击波之间的相互作用，在作用的一瞬间就出现终态，但冲击波与稀疏波之间的相互作用，在其得到最终结果之前，冲击波要穿越稀疏波区，要经历一个逐渐变化的过程。下面以 $\vec{R}\ \vec{S}$ 作用为例，介绍对相互作用过程求解的方法。

当$\overrightarrow{S}$为较弱冲击波或中等强度的情况时，可按弱冲击波近似处理，如图 2-28 所示。当冲击波穿越稀疏波区时黎曼不变量和熵不变，于是，冲击波波后是简单波区，其中C_+簇特征线是直线。这时的简单波由后方传来的$\overrightarrow{R}$决定，因此它实际就是$\overrightarrow{R}$的延续，即$\overrightarrow{R}$的作用将直接传到冲击波波阵面上，而冲击波波阵面的运动不对$\overrightarrow{R}$产生影响。当稀疏波追赶上冲击波时，冲击波减速。

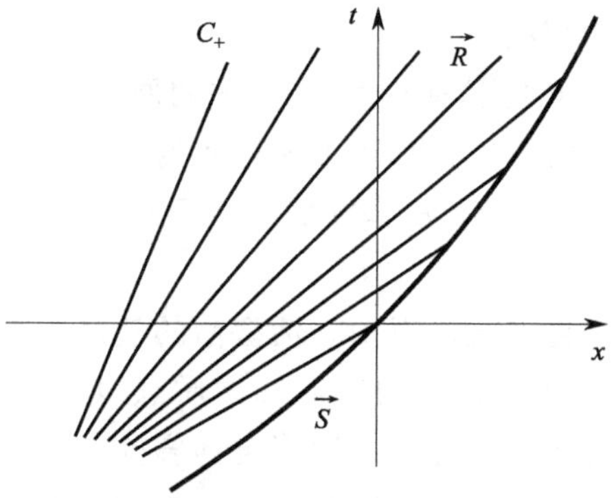

图 2-28　稀疏波追赶冲击波

当冲击波不能作为弱冲击波处理时，可用特征线法进行数值求解。图 2-29 给出了$\overrightarrow{R}\,\overrightarrow{S}$对应活塞运动时各种情况在 x-t 平面上的示意图。

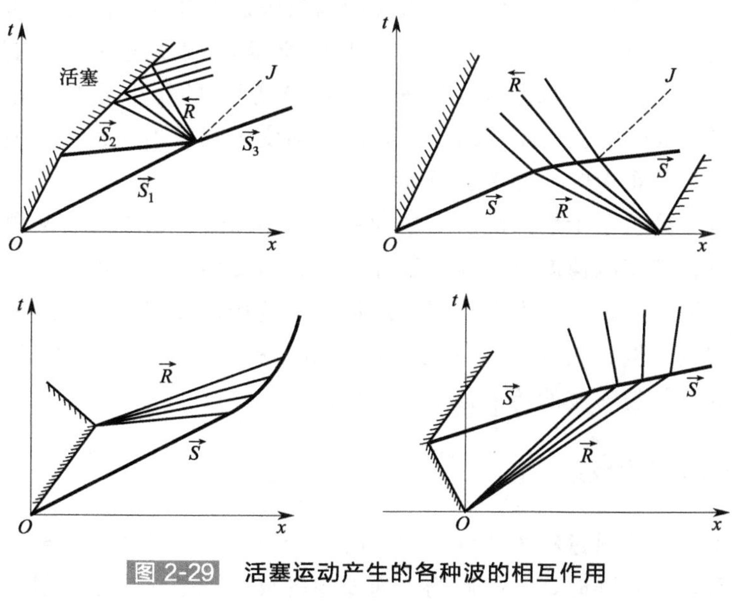

图 2-29　活塞运动产生的各种波的相互作用

2.8 冲击波的传播过程

2.8.1 冲击波的自由传播

冲击波的自由传播是指冲击波形成后，在无外界能量继续补充情况下的传播过程。实验证明，冲击波在作自由传播时，波的强度随着传播距离的增加而逐渐衰减，直到衰减为声波。

平面一维冲击波在自由传播时发生衰减的原因，可用图 2-30 进行说明。在无限长的充满气体的管子中，利用加速运动的活塞形成冲击波，在冲击波形成后（即图中所示的t_1 时刻)，活塞突然停止运动，则冲击波将依靠自身的能量继续传播下去。

我们知道，在活塞停止运动以前，活塞前的气体质点是以和活塞相同的速度向前运动的。活塞突然停止运动后，气体质点以其惯性继续向前运动，这样，在活塞面的前面将出现空隙，从而引起活塞前面受压缩气体的膨胀，即形成了紧跟在冲击波之后而以当地声速传播的一系列的右传稀疏波（或膨胀波)。由于稀疏波头的传播速度大于冲击波的速度，因而随着时间的推移，它将赶上冲击波的前沿阵面，并将其削弱。另外，在冲击波传播过程中，实际上存在着黏性摩擦、热传导和热辐射等不可逆的能量损耗，这将进一步地加快冲击波强度的衰减。因此在传播过程中，冲击波的前沿阵面由陡峭逐渐蜕变为弧形波阵面的弱压缩波（如图中的 t_3、t_4 和 t_5 时刻所示)，最后进一步衰减为声波。图 2-30(a) 表示的是活塞刚停止时刻（$t=t_1$）管中的压力分布。此后，经过了不同时刻，波传播到了不同的位置，波的强度受到了不同程度的削弱。不同时刻管中压力分布情况如图 2-30(b)～(e) 所示。

一定量炸药在空中爆炸时所形成的冲击波为以爆心为中心逐渐向外扩展的球形冲击波，其衰减速度比平面一维冲击波自由传播时衰减得更快。除了上面所提及的原因之外，由于发散作用，球形冲击波传播过程中，扩及的面与距离 R 的三次方成比例，因此受压缩的气体量增加得很快，受压缩的单位质量气体所得到的能量随着波的传播减少得很快。

2.8.2 冲击波的反射

当冲击波在传播过程中遇到障碍物时，会发生反射现象。入射波传播方向垂直于障碍物的表面时，在障碍物表面发生的反射现象称为正反射。此时形成的反射波与入射波的传播方向相反，即也垂直于障碍物的表面。当入射波的入

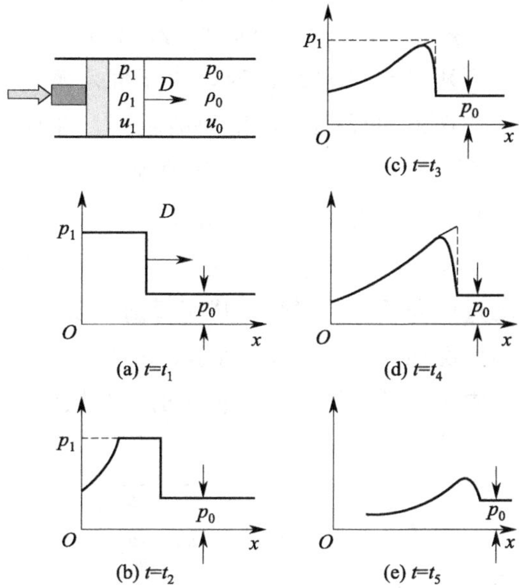

图 2-30 不同时刻管中压力分布情况

射方向与障碍物表面成一定角时，在障碍物表面上将发生斜反射现象。

（1）平面冲击波在障碍物表面上的正反射

我们只讨论一种最简单的情况，即理想气体中传播的平面冲击波在刚性壁面上的正反射现象。

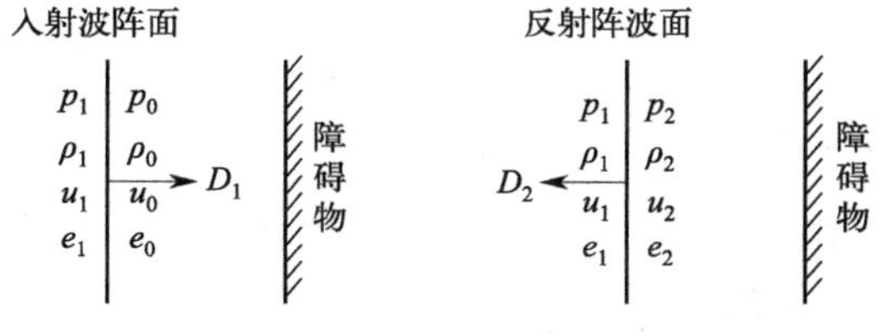

图 2-31 平面冲击波在刚性壁面上的正反射

如图 2-31(a) 所示，有一稳定传播的平面冲击波以 D_1 的速度向着障碍物表面垂直入射，入射波前介质参数分别为压力 p_0、密度 ρ_0（或比体积 v_0）、质点速度 u_0 以及比内能 e_0。波阵面过后的介质参数分别为 p_1、ρ_1（或 v_1）、u_1 和 e_1。波阵面前后参数用如下的方程联系起来，即：

$$D_1-u_0=v_0\sqrt{\frac{p_1-p_0}{v_0-v_1}} \tag{2-171}$$

$$u_1-u_0=\sqrt{(p_1-p_0)(v_0-v_1)} \tag{2-172}$$

$$\frac{\rho_0}{\rho_1}=\frac{v_1}{v_0}=\frac{(\gamma-1)p_1+(\gamma+1)p_0}{(\gamma+1)p_1+(\gamma-1)p_0} \tag{2-173}$$

当入射冲击波碰到刚性障碍物表面时，由于假定障碍物表面无变形，因此，入射波阵面后气流质点将受到刚性壁面的阻挡，速度立即由 u_1 变为零，即 $u_2=0$。就在这一瞬间，速度为 u_1 的介质的动能便立即转化为静压能，从而使壁面处的气体压紧，密度由 ρ_1 增大为 ρ_2，压力由 p_1 增大为 p_2，比内能由 e_1 提高为 e_2。由于 $p_2>p_1$，$\rho_2>\rho_1$，受第二次压缩的气体介质必然反过来压缩已被入射波扰动过的介质，这样便形成了反射冲击波，它离开壁面向后传播。反射波形成后的情况如图 2-31（b）所示。由于反射冲击波是在已受入射冲击波扰动过的介质中传播的，因此，它传过前后介质的参数可用下述三个基本方程联系起来，即波速方程：

$$D_2-u_1=-v_1\sqrt{\frac{p_2-p_1}{v_1-v_2}} \tag{2-174}$$

质点速度变化方程：

$$u_2-u_1=-\sqrt{(p_2-p_1)(v_1-v_2)} \tag{2-175}$$

反射冲击波的冲击绝热方程：

$$\frac{\rho_1}{\rho_2}=\frac{v_2}{v_1}=\frac{(\gamma-1)p_2+(\gamma+1)p_1}{(\gamma+1)p_2+(\gamma-1)p_1} \tag{2-176}$$

假设 $u_0=0$，而且根据刚性壁面的不变形条件可知 $u_2=0$，故由式(2-172) 和式(2-175) 可得到：

$$\sqrt{(p_1-p_0)(v_0-v_1)}=\sqrt{(p_2-p_1)(v_1-v_2)}$$

等式两边取平方后得到：

$$(p_1-p_0)(v_0-v_1)=(p_2-p_1)(v_1-v_2) \tag{2-177}$$

将该式稍加变换得到：

$$(p_1-p_0)\left(\frac{\rho_1}{\rho_0}-1\right)=(p_2-p_1)\left(1-\frac{\rho_1}{\rho_2}\right) \tag{2-178}$$

将式(2-173) 和式(2-176) 代入式(2-178) 中后整理得到：

$$\frac{p_2}{p_1}=\frac{(3\gamma-1)p_1-(\gamma-1)p_0}{(\gamma-1)p_1+(\gamma+1)p_0} \tag{2-179}$$

此即在刚性壁面上的反射冲击波波阵面压力 p_2 与入射波波阵面压力 p_1 之间的关系式。

当入射冲击波很强时，由于 $p_1\gg p_0$，p_0 可以忽略掉，则式(2-179) 变为：

$$\frac{p_2}{p_1}=\frac{3\gamma-1}{\gamma-1} \tag{2-180}$$

对于理想气体，$\gamma=1.4$，可由式(2-180) 得到$\dfrac{p_2}{p_1}=8$。这表明，很强的入射冲击波在刚壁面处发生反射时，反射冲击波波阵面上的压力 p_2 可达到入射波波阵面压力 p_1 的 8 倍。

实际上，空气受到很强的冲击波作用时其绝热指数 $\gamma<1.4$，因此，反射冲击波波阵面上的压力 p_2 往往大于 $8p_1$。由此可见，当冲击波向目标进行正入射时，目标实际受到的压力要比入射波的压力大得多。所以，波的反射现象加强了冲击波对目标的破坏作用。

将式(2-179) 代入式(2-176) 中，可整理得到：

$$\frac{\rho_2}{\rho_1}=\frac{v_1}{v_2}=\frac{\gamma p_1}{(\gamma-1)p_1+p_0} \tag{2-181}$$

对于很强的冲击波，可以忽略 p_0，则上式变为：

$$\frac{\rho_2}{\rho_1}=\frac{v_1}{v_2}=\frac{\gamma}{\gamma-1} \tag{2-182}$$

若取 $\gamma=1.4$，则反射冲击波波阵面上介质的密度 ρ_2 将达到 ρ_1 的 3.5 倍。前面已提及，对于很强的冲击波，有 $\rho_1/\rho_0=6$，则 $\rho_2/\rho_0=21$。这就表明，反射瞬间空气的密度可达到未受扰动空气密度 ρ_0 的 21 倍。可见，反射瞬间气体的压力和密度的增加是十分剧烈的。

(2) 斜冲击波在障碍物表面上的反射

物体在大气中做超声速飞行时，物体前沿会形成冲击波。与平面正冲击波的形成过程相类似，从本质上讲，斜冲击波也是一系列弱压缩扰动积聚的结果。

① 斜冲击波的形成　为了讲清楚斜冲击波的形成过程，先考察超声速流沿小角度折转板面的流动情况。

超声速气流沿固定不动的物体表面流动与物体以超声速在静止大气中飞行所产生的现象是一样的。

图 2-32 描述了一层平行于壁面 AO 的超声速气流，它流到 O 点后，由于壁面向外或向内折转了一个微小的角度 $\Delta\theta$，气流便随之折转一个相同的角度，也就是说气流在流过 O 点时受到了扰动。可见，折点 O 就成为一个扰动源，由此点向气流中发出扰动波。由于折转角 $\Delta\theta$ 很小，O 点所发出的扰动波就属于弱扰动。

显然，当壁面外折时，如图 2-32(a) 所示，从 O 点向气流中发出的是稀疏扰动，这是由于气流流过 O 点后流动截面扩大了的缘故。既然 O 点发出的是稀疏扰动，则气流流过 O 点发生折转的同时，气流压力和密度有所减小，而流速将有所增大，即 $u_2>u_1$ 或 $M_2>M_1$。这里 M 定义为气流的马赫数，$M=\dfrac{u}{c}$。

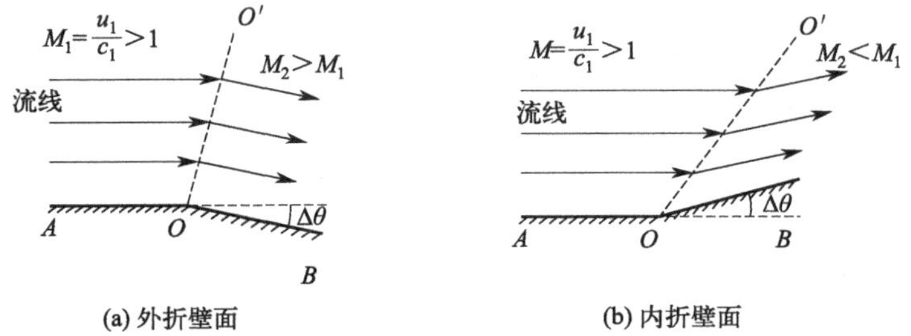

图 2-32　超声速流沿外折壁面和内折壁面的流动

相反，当壁面内折时，如图 2-32(b) 所示，从 O 点向气流中发出的扰动为弱压缩扰动。气流在流过 O 点发生向内折转的同时，气流压力和密度有所增大，而气流速度由于受阻有所减小，即 $u_2<u_1$，或 $M_2<M_1$。

由于 $\Delta\theta$ 很小，由 O 点发出的弱扰动将以气流介质的声速 c_1 进行传播。然而气流本身以超声速 u_1 向右流动，故扰动波的波阵面为一条由 O 点辐射出的斜线即 $\overline{OO'}$，该斜线和壁面 $\overline{AO}$ 之间的夹角 μ 与气流参数 u_1 和 c_1 之间的关系为：

$$\sin\mu=\frac{c_1}{u_1}=\frac{1}{M_1} \tag{2-183}$$

斜线 OO' 又称马赫线，μ 称为马赫角。

考察超声速气流沿内折曲壁的流动，进而阐明斜冲击波的形成过程。

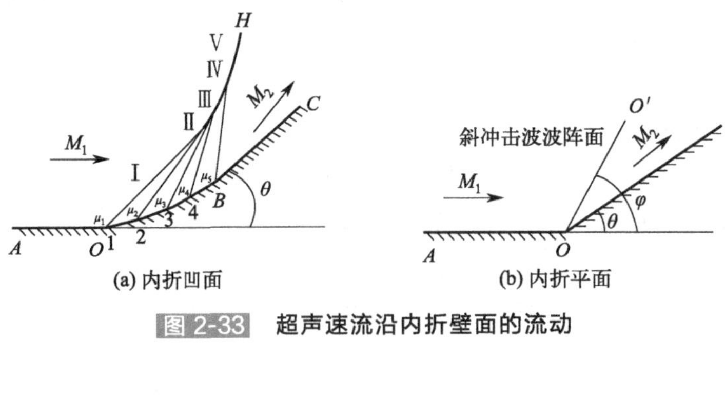

图 2-33　超声速流沿内折壁面的流动

如图 2-33(a) 所示，速度为 M_i 的超声速气流沿内折凹面 $\widehat{AOBC}$ 流动，其中 $\overline{AO}$ 和 $\overline{BC}$ 为直线段，$\widehat{OB}$ 为曲线段。$\overline{BC}$ 和 $\overline{AO}$ 之间形成 θ 角，气流流过曲壁后，流速由 M_1 减小为 M_2。为了便于说明问题，将 $\widehat{OB}$ 分为 n 个很小的直线段，记为 1、2、3 等，气流每经过一小段直线线段后就折转一微小的角度 $\Delta\theta$，显然，气流流过曲壁后的总折转角 θ 应为 n 个 $\Delta\theta$ 之和，即：

$$\theta=\sum_{i=1}^{n}\Delta\theta_i$$

具体考察图 2-33(a) 可以看出，当气流流过第一小段 $\overline{O1}$ 时，气流受阻被迫向内折转 $\Delta\theta$ 角，同时由 O 点向气流中发出一条弱压缩扰动线Ⅰ，它与壁面 $\overline{AO}$ 所成的马赫角为 μ_0，显然：

$$\sin\mu_0=\frac{1}{M_1}$$

气流通过此扰动线后，流动方向发生微小变化，流速也略微有所减小，即由 M_1 减小为 $(M_1-\delta)$，其中 δ 为气流马赫数的改变量。当气流通过第二小段 $\overline{12}$ 时，又折转一 $\Delta\theta$ 角，由 1 点又发出一条弱压缩扰动线Ⅱ，此扰动线与 $\overline{O1}$ 所成的夹角 μ_1，按马赫角定义，为 $\sin\mu_1=\dfrac{1}{M_1-\delta}$。由于气流流速减小，故马赫角增大，即 $\mu_1>\mu_0$。同样，当气流流至第三小段 $\overline{23}$ 时，由 2 点又发出一条弱压缩扰动线Ⅲ，它与 $\overline{12}$ 线段之间所成的夹角 μ_2 为 $\sin\mu_2=\dfrac{1}{M_1-2\delta}$。显然，$\mu_2>\mu_1>\mu_0$，依次类推。这样，气流经过多次压缩后，发出 n 条压缩扰动线如Ⅰ、Ⅱ、Ⅲ、Ⅳ……这些扰动线渐渐汇聚起来，便形成了一条强压缩扰动线 H，此即所形成的斜冲击波的波阵面。

图 2-33(b) 描绘的是一种极端情况，即点 B 与点 O 无限接近时，则多条压缩扰动线互相靠拢和重叠，达到极限情况时，凹面角 $AOBC$ 变为突然折转角 AOC，此时，多条压缩扰动线相互靠拢和重叠为一条由 O 点发出的斜冲击波的波阵面 $\overline{OO'}$。此斜冲击波波阵面与 $\overline{AO}$ 面成 φ 角。超声速气流流过该冲击波后，气流参数的变化不再是连续的，而是突跃的了。

② 斜冲击波波阵面前后参数间的关系　与平面冲击波相类似，斜冲击波通过前后，介质的参数也是突跃变化的，并且这种变化也是一种冲击绝热过程。

如图 2-34 所示，速度为 u_1 的超声速气流沿折转角 θ 的壁面流动形成一斜冲击波 $\overline{OO'}$，波阵面前气流参数分别为压力 p_1、密度 ρ_1、温度 T_1，波阵面后

气流折转了 θ 角，气流受阻，流速降为 u_2，压力、密度、温度分别升高至 p_2、ρ_2 和 T_2，角 φ 为波阵面与水平壁面的夹角。

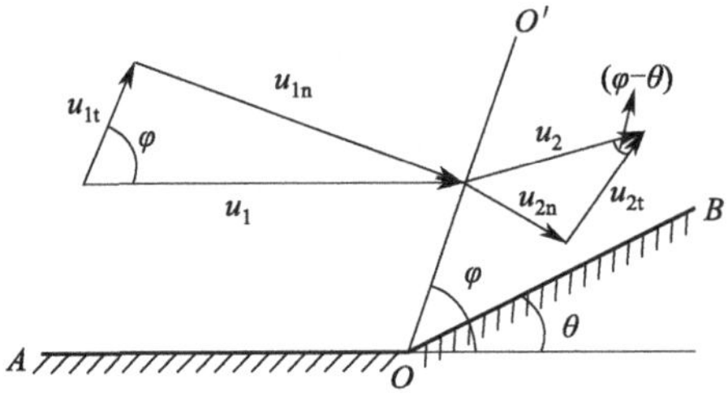

图 2-34 超声速气流沿折转角 θ 的壁面流动

为了建立波阵面前后参数间的关系，把气流速度沿波阵面的法向和切向进行分解，则波阵面前有：

$$\begin{cases} u_{1n}^2+u_t^2=u_1^2 \\ u_{1n}=u_1\sin\varphi \\ u_{1t}=u_1\cos\varphi \end{cases} \tag{2-184}$$

波阵面后有：

$$\begin{cases} u_{2n}^2+u_{2t}^2=u_2^2 \\ u_{2n}=u_2\sin(\varphi-\theta) \\ u_{2t}=u_2\cos(\varphi-\theta) \end{cases} \tag{2-185}$$

其中，下角标 n 表示法向分量，t 表示切向分量。取单位面积的波阵面，时间取 1 单位，利用质量守恒、动量守恒和能量守恒三个定律来建立斜冲击波的基本关系式。

由质量守恒定律可得到：

$$\rho_1 u_{1n}=\rho_2 u_{2n} \tag{2-186}$$

由动量守恒定律，在波阵面法线方向上得到：

$$p_2-p_1=\rho_2 u_{2n}^2-\rho_1 u_{1n}^2 \tag{2-187}$$

由于斜冲击波波阵面是稳定的，则在波阵面切线方向上有：

$$\rho_1 u_{1n}\cdot u_{1t}=\rho_2 u_{2n}\cdot u_{2t}$$

或

$$u_{1t}=u_{2t} \tag{2-188}$$

由能量守恒定律可知：

$$\frac{1}{2}(u_{1n}^2+u_{1n}^2)+\frac{p_1}{(\gamma-1)\rho_1}+\frac{p_1}{\rho_1}=\frac{1}{2}(u_{2n}^2+u_{2n}^2)+\frac{p_2}{(\gamma-1)\rho_2}+\frac{p_2}{\rho_2}$$

$$=常数=\frac{c_0^2}{\gamma-1}$$

由于 $u_{1t}=u_{2t}$，并考虑到临界声速 $c'=\sqrt{\frac{2}{\gamma+1}}\times c_0$，则上式变为：

$$\frac{1}{2}u_{1n}^2+\frac{\gamma}{\gamma-1}\times\frac{p_1}{\rho_1}=\frac{1}{2}u_{2n}^2+\frac{\gamma}{\gamma-1}\times\frac{p_2}{\rho_2}=\frac{\gamma+1}{2(\gamma-1)}\left[(c')^2-\frac{\gamma-1}{\gamma+1}u_{1t}^2\right] \tag{2-189}$$

利用式(2-186)、式(2-187) 及式(2-189) 以及理想气体的状态方程，并考虑到 $M=\frac{u}{c}$，可得：

$$\frac{p_2}{p_1}=\frac{2\gamma}{\gamma+1}M_1^2\sin^2\varphi-\frac{\gamma-1}{\gamma+1} \tag{2-190}$$

$$\frac{\rho_2}{\rho_1}=\frac{(\gamma+1)M_1^2\sin^2\varphi}{(\gamma+1)M_1^2\sin^2\varphi+2} \tag{2-191}$$

$$M_2^2=\frac{1+\frac{\gamma-1}{2}M_1^2}{\gamma M_1^2\sin^2\varphi-\frac{\gamma-1}{2}}+\frac{M_1^2\cos^2\varphi}{\frac{\gamma-1}{2}M_1^2\sin^2\varphi+1} \tag{2-192}$$

$$\frac{T_2}{T_1}=\frac{2(\gamma-1)}{(\gamma+1)^2M_1^2\sin^2\varphi}\left[\left(\gamma M_1^2\sin^2\varphi-\frac{\gamma-1}{2}\right)\left(M_1^2\sin^2\varphi+\frac{2}{\gamma-1}\right)\right] \tag{2-193}$$

观察以上各式可看出，$\varphi=\frac{\pi}{2}$，即冲击波转化为正冲击波。此时，由于 $\sin\varphi=1$，$\cos\varphi=0$，以上各式便简化为正冲击波的基本公式：

$$\frac{p_2}{p_1}=\frac{2\gamma}{\gamma+1}M_1^2-\frac{\gamma-1}{\gamma+1} \tag{2-194}$$

$$\frac{\rho_2}{\rho_1}=\frac{(\gamma+1)M_1^2}{(\gamma-1)M_1^2+2} \tag{2-195}$$

$$M_2^2=\frac{1+\frac{\gamma-1}{2}M_1^2}{\gamma M_1^2-\frac{\gamma-1}{2}} \tag{2-196}$$

$$\frac{T_2}{T_1}=\frac{2(\gamma-1)}{(\gamma+1)^2M_1^2}\left[\left(\gamma M_1^2-\frac{\gamma-1}{2}\right)\left(M_1^2+\frac{2}{\gamma-1}\right)\right] \tag{2-197}$$

③ 密接波和脱体波　为便于说明与飞行物体头部密切接触的斜冲击波和与飞行物体头部相脱离的脱体斜冲击波出现的条件及物理本质，首先建立气流折转角 θ 与斜冲击波倾角 φ 的关系。

由式(2-184) 和式(2-185)，并结合图 2-34 可看出：

$$\tan\varphi=\frac{u_{1\mathrm{n}}}{u_{1\mathrm{t}}},\tan(\varphi-\theta)=\frac{u_{2\mathrm{n}}}{u_{2\mathrm{t}}} \tag{2-198}$$

又据式(2-189) 得到：

$$\frac{1}{2}u_{\mathrm{t}}^{2}\left[\left(\frac{u_{1\mathrm{n}}}{u_{1\mathrm{t}}}\right)^{2}-\left(\frac{u_{2\mathrm{n}}}{u_{1\mathrm{t}}}\right)^{2}\right]=\frac{\gamma}{\gamma-1}\left(\frac{p_2}{\rho_2}-\frac{p_1}{\rho_1}\right)$$

考虑到 $u_{1\mathrm{t}}=u_{2\mathrm{t}}$ 及 $u_{1\mathrm{t}}=u_1\cos\varphi$，代入上式得到：

$$\frac{1}{2}u_1^2\cos^2\varphi\left[\tan^2\varphi-\tan^2(\varphi-\theta)\right]=\frac{\gamma p_1}{(\gamma-1)\rho_1}\left(\frac{p_2\rho_1}{p_1\rho_2}-1\right) \tag{2-199}$$

式(2-199) 两边除以 $c_1^2=\gamma\dfrac{p_1}{\rho_1}$，得到：

$$\frac{1}{2}M_1^2\cos^2\varphi\left[\tan^2\varphi+\tan^2(\varphi-\theta)\right]\left[\tan^2\varphi-\tan^2(\varphi-\theta)\right]=\frac{\gamma}{\gamma-1}\left(\frac{p_2\rho_1}{p_1\rho_2}-1\right) \tag{2-200}$$

将式(2-190) 和式(2-191) 代入上式，并考虑：

$$\tan(\varphi-\theta)=\frac{\tan\varphi-\tan\theta}{1+\tan\varphi\tan\theta}$$

最后整理得到：

$$\tan\theta=\frac{M_1^2\sin^2\varphi-1}{M_1^2\left(\dfrac{\gamma+1}{2}-\sin^2\varphi\right)+1}\cot\varphi \tag{2-201}$$

此即在来流马赫数 M_1 一定时气流折转角 θ 与斜冲击波波阵面倾角 φ 之间的关系。图 2-35 为 $M_1=1.2\sim\infty$的波阵面倾角与气流折转角的变化图，在一定 θ 值下，能查到两个 φ 值，根据实际观察发现，出现的是较小的 φ 值。

由式(2-201) 可以看出，当 $\sin\varphi=\dfrac{1}{M_1}$或 $\varphi=\arcsin\dfrac{1}{M_1}=\mu_1$ 时，有 $\theta=0$，即冲击波变为马赫波，此时气流的折转角 θ 趋近于零。

当 $\varphi=\dfrac{\pi}{2}$时，$\cot\varphi=0$，由式(2-201) 可知 $\theta=0°$。这表明，此种条件下的斜冲击波变为正冲击波，此时气流折转角 θ 也为零。

在通常情况下，当来流马赫数 M_1 为各种值时，θ 角和 φ 角的关系曲线见

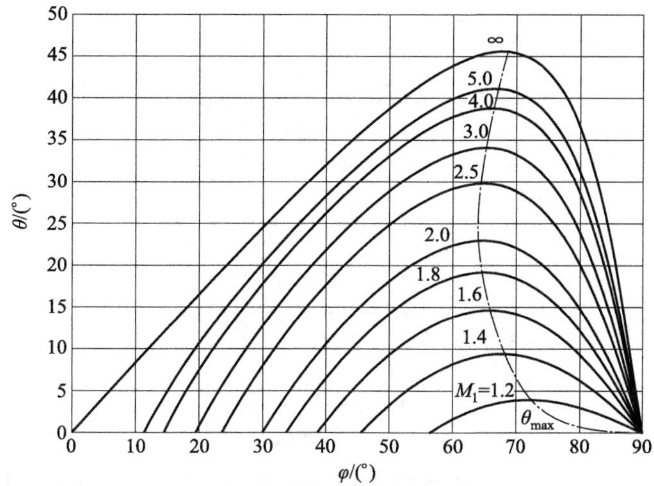

图 2-35 波阵面倾角 φ 随气流折转角 θ 的变化（$\gamma=1.4$）

图 2-35。从图中的曲线可看出，对于一定的 M_1 值，气流有一个可能的最大折转角 θ_{max}；反之，当 θ 一定时，也有一个最小马赫数 M_{min}。

当 M_1 和 θ 确定后，通常 φ 值有两个。较大的 φ 值对应于较强的冲击波，而较小的 φ 值对应于较弱的冲击波，实际上出现的是 φ 值较小的斜冲击波，这种斜冲击波为与飞行物体头部相密接的密接波，如图 2-36(a) 所示。当马赫数为 M_1 的超声速气流流过 $\theta>\theta_{max}$ 的楔形体，如图 2-36(b) 所示时，由于 θ 角超出了气流折转的最大可能，若仍是密接波的话，必然在物体表面处造成气体的拥塞现象，从而把冲击波推离物体表面，以便给气流让出足够的通道，这便形成了脱体波。对于钝头物体，由于 $\theta>\theta_{max}$，故其前面总是形成脱体波，如图 2-36 (c) 所示。不同马赫数的冲击波所对应的最大折转角变化规律见图 2-37。

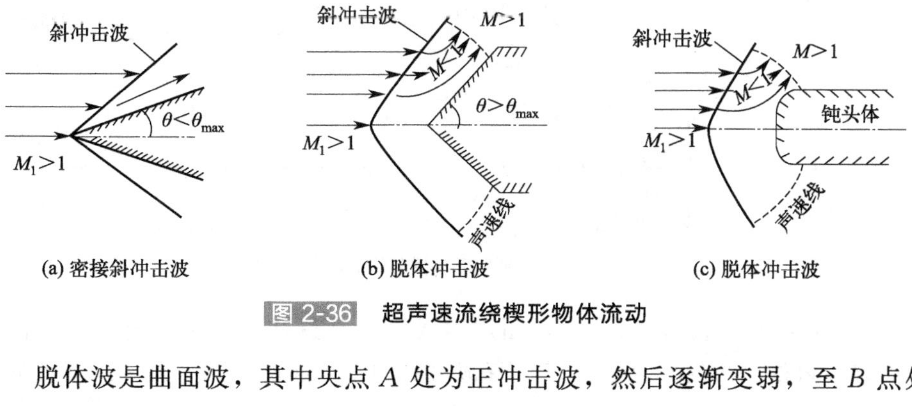

(a) 密接斜冲击波　　(b) 脱体冲击波　　(c) 脱体冲击波

图 2-36 超声速流绕楔形物体流动

脱体波是曲面波，其中央点 A 处为正冲击波，然后逐渐变弱，至 B 点处

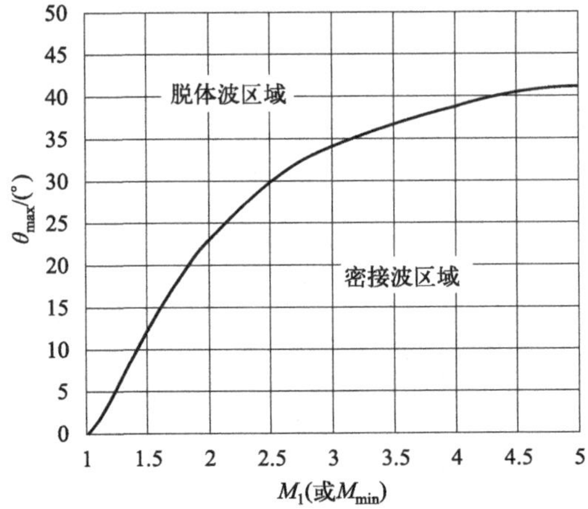

图 2-37　不同马赫数的冲击波所对应的最大折转角变化规律

则变成了无限弱的扰动波。

④ 斜冲击波在刚壁表面上的反射现象　斜冲击波入射到刚壁表面上时，由于气流受到阻挡而产生反射斜冲击波。

斜冲击波在刚壁上的反射分两种情况，即规则斜反射和不规则斜反射。下面从物理本质上分别加以概述。

a. 规则斜反射。如图 2-38(a) 所示，一平面斜冲击波以不很大的倾斜角 φ_0 入射到刚壁表面上，由于气流总是倾向于沿壁面流动，因此必然要形成反射斜冲击波，以使得反射冲击波后的流动平行于刚壁表面。根据气流从（0）区到（1）区的折转角 θ 与气流从（1）区到（2）区的折转角相等这一条件，在（0）区参数为已知的情况下，我们便可以确定反射波的波速 D_R、反射角 φ_R 以及（2）区的其他所有参量即 p_2、ρ_2、u_2 等。

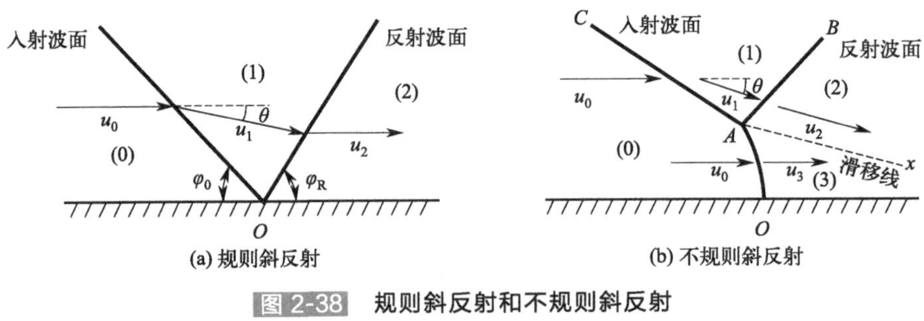

图 2-38　规则斜反射和不规则斜反射

b. 不规则反射。前已述及，超声速气流的马赫数 M_1 值一定时，存在着一个最大可能的折转角 θ_{max}。若此气流碰到的楔形物的半角 θ 大于该气流最大

可能的折转角 θ_{max}，则将在楔形物前出现脱体波。如图 2-38 所示，楔形物的半角 θ 确定后，若要在此楔形物处形成密接斜冲击波，来流的 M_1 要大于 M_{1min}；若 $M_1 < M_{1min}$ 时，必将出现脱体波。图 2-38(b) 中，当气流以 u_0 的速度流过入射波阵面后气流折转一个 θ 角，并且气流的流速由 u_0 下降为 u_1，并且入射角 φ_0 越大，差值(u_1-u_0)越大。显然，若要造成与固壁相密接的规则斜反射，则要求气流 u_1 由（1）区到（2）区时，再次折转同样的 θ 角。但是，由于（1）区的气流 u_1 小于（0）区的气流速度 u_0，就会出现这样的可能，即（1）区的气流速度 u_1 或 M_1 对于折转同样的 θ 角而言已低于 M_{1min}，这时，便不再可能形成与壁面相密接的规则斜反射情况，而是要出现不规则斜反射。图 2-38(b) 中，$\overline{AC}$ 为入射波，$\overline{AB}$ 为反射斜冲击波，另外，还有一个与壁面接近垂直的正冲击波 $\overline{AO}$。此三波相交于 A 点，因此，有时称这种反射为马赫反射现象，其中 $\overline{AO}$ 称为马赫冲击波或马赫杆。马赫冲击波在与壁面相交的地方必须垂直于壁面，因为这是不改变流动方向而形成冲击波唯一可能的方式。三合点 A 附近三个冲击波的波阵面都是弯曲的。在（2）区和马赫波区（3）之间存在着一个压力相同而流速不同的滑移线 $\overline{Ax}$。另外，由于弯曲的冲击波波阵面后还存在着连续的波系，因而不规则反射的流动图谱相当复杂，当前只能进行定性的分析。

⑤ 球形冲击波地面反射过程　当装药为球形或不考虑装药形状对冲击波形状的影响时，距离地面一定炸高的炸药在起爆之后形成的冲击波以球面波的形式向外传播并伴随着压力的快速衰减，在遇到地面时将发生反射现象。由于反射作用能够不同程度地提高冲击波压力，充分利用这种反射作用可将爆炸的破坏效应提高到最大，因而对反射冲击波的研究也是至关重要的。自由空间中入射冲击波的反射过程主要包含正反射、规则反射（斜反射）和不规则反射（马赫反射）三种形式。

入射冲击波在刚性地面的反射过程如图 2-39 所示。球形炸药在爆心 O 点发生爆炸后，入射冲击波以球面的形式向外传播。在入射冲击波到达刚性地面后，立即发生反射作用，并产生反射冲击波。假设入射冲击波的入射角为 $\varphi < 90°$，当 $\varphi = 0°$时，入射冲击波将发生正反射，反射冲击波垂直向爆心方向传播；当 $\varphi > 0°$时，入射冲击波发生斜反射，反射冲击波会与入射冲击波发生交汇，导致交汇处的压力迅速增大；当入射冲击波继续向外传播使得 φ 增大到某一个角度时，交汇点离开地面，形成一个向水平方向传播的马赫波，产生机理已在前面说明。但形成马赫波的临界角 φ_c 与入射波的强度有关，随着入射波压力的增大，φ_c 趋近 40°。

a. 正反射。当入射角 $\varphi = 0$ 时，入射冲击波将在刚性地面发生正反射。正

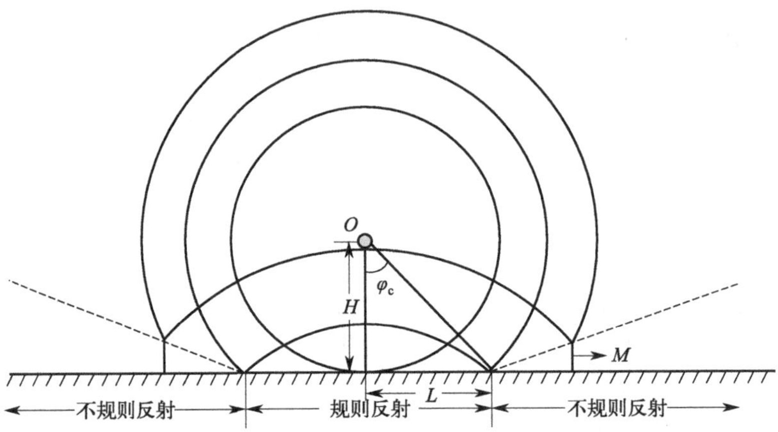

图 2-39 爆炸冲击波在刚性地面的反射过程

反射的冲击波超压可用式(2-202) 进行计算：

$$\Delta p_2=2\Delta p_1+\frac{6\Delta p_1^2}{\Delta p_1+7p_0} \tag{2-202}$$

式中 Δp_1——入射超压，kPa；

Δp_2——反射超压，kPa。

b. 斜反射。当入射角 $0<\varphi<\varphi_c$ 时，入射冲击波即发生斜反射。大量试验数据表明，当入射冲击波超压 $\Delta p_1<294$kPa 时，反射波超压 Δp_2 与入射角 φ 无关，仍可用式(2-202) 计算。

c. 马赫反射。当入射角 $\varphi_c<\varphi<90°$时，入射冲击波与反射冲击波交汇作用后即产生水平推进的马赫波。此时，入射冲击波超压 Δp_1 与反射冲击波超压 Δp_2（也即马赫波超压）存在如下式所示的关系：

$$\Delta p_1=\frac{\Delta p_2}{1+\cos\varphi} \tag{2-203}$$

爆炸高度对地面的反射波超压有显著的影响。从图 2-40 中可看到，爆炸高度对地面反射波超压产生双重影响。高度增加，离爆炸中心变远，入射波超压减小，但是又引起 φ_c 和 φ 的减小，反而使反射波超压增高。因此，对一定的反射波超压，存在着一个最有利的爆炸高度，即：

$$H_{\mu r}=3.2\sqrt[3]{\frac{\omega}{p_2}} \tag{2-204}$$

式中 $H_{\mu r}$——产生一定反射波超压 Δp_2 时的最有利高度；

ω——装药量。

在最有利高度爆炸时，与产生 Δp_2 所对应的水平距离：

$$L=1.3\frac{H_{\mu r}}{p_2^{0.4}} \tag{2-205}$$

实验发现，在正规反射区内，反射波超压与入射角 φ 无关。这时可将实际距离 $r=\sqrt{L^2+H^2}$（见图 2-39）代入梯恩梯超压公式算出 Δp_1 后，再由式(2-202) 得到反射波超压 Δp_2。

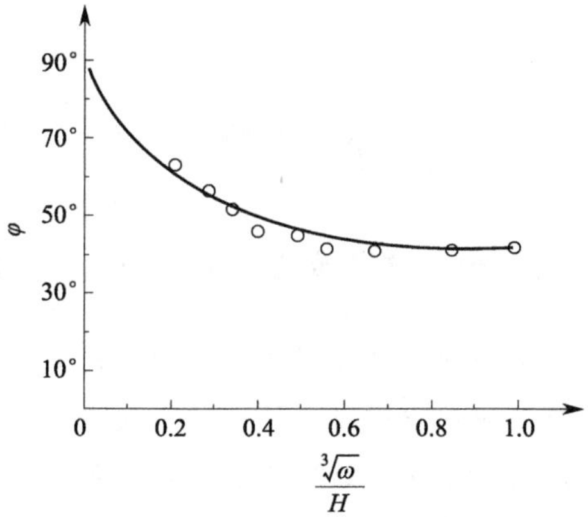

图 2-40 φ_c 与 $\frac{\sqrt[3]{\omega}}{H}$ 的关系

【例 2-2】 设 10kg 梯恩梯炸药在 3m 高处空中爆炸，求入射角 $\varphi=30°$ 处反射冲击波超压。（梯恩梯超压公式为 $\Delta p=\frac{0.084}{\bar{r}}+\frac{0.27}{\bar{r}^2}+\frac{0.7}{\bar{r}^3}$）

解：首先，确定冲击波反射类型。

$$\frac{\sqrt[3]{\omega}}{H}=\frac{\sqrt[3]{10}}{3}=0.72$$

由图 2-40 查出 $\varphi_c=40°$。显然 $\varphi<\varphi_c$，因此，该点发生正规反射。

其次，确定反射波超压。由于：

$$r=\frac{H}{\cos\varphi}=\frac{3}{0.86}=3.5(\text{m})$$

故：

$$\bar{r}=\frac{r}{\sqrt[3]{\omega}}=\frac{3.5}{\sqrt[3]{10}}=1.63$$

代入梯恩梯超压公式，得入射超压：

$$\Delta p_1=\frac{0.084}{\bar{r}}+\frac{0.27}{\bar{r}^2}+\frac{0.7}{\bar{r}^3}=\frac{0.084}{1.63}+\frac{0.27}{1.63^2}+\frac{0.7}{1.63^3}=0.31(\text{MPa})$$

由式(2-202) 得反射超压：

$$\Delta p_2=2\Delta p_1+\frac{6\Delta p_1^2}{\Delta p_1+7p_0}=2\times0.31+\frac{6\times0.31^2}{0.31+7\times0.1}=1.19(\text{MPa})$$

思政小故事

冲击波在临床医学领域的应用——体外碎石技术

众所周知冲击波与界面的相互作用形式与介质的波阻抗有关。生物体内的结石密度通常大于生物组织的波阻抗，因此冲击波从生物组织向结石传播过程中会在结石表面形成反射冲击波，该冲击波对结石形成直接应力作用，对结石形成正面冲击，产生压缩应力（挤压结石），对结石产生一定的破坏作用；同时，会有部分冲击波透射进入结石内部，当进入结石内部的冲击波穿透结石后，由于结石的波阻抗较大，在穿透结石的同时，在界面上形成反射稀疏波，对结石背侧界面形成拉伸应力波（拉力＞抗拉强度），进一步破坏结石结构。另外，通常结石内部本身密度并不均匀，常为多孔结构，孔中为空气或体液填充，该结构在冲击波使用下易形成空化微射流，在结石内部形成微观裂纹，进一步削弱结石的结构强度。上述三种作用形式通常相互伴随，在体外冲击波反复冲击下，结石发生疲劳累积，其中的裂纹扩展至结构崩解，达到碎石的目的。

根据工作原理的区别，体外碎石用冲击波发生器已经发展了三代，分别是第一代液电式，第二代电磁式和第三代压电式。液电式的基本原理是火花放电使局部水温骤升至 2000～3000℃，水汽化爆炸形成空泡，空泡溃灭时释放冲击波。该方法能量转化率低，电极消耗快，形成的球形冲击波定向较困难，治疗过程痛感较强，已基本淘汰。电磁式的基本原理是依靠电磁圈发生脉冲磁场产生冲击波，该方法具有噪声小、成本低、痛感轻等优点，逐步替代液电式技术，为当下主流技术。压电式技术基于球冠状排列的压电晶片（如 PZT 陶瓷）同步膨胀，形成球心汇聚的冲击波。近年来该技术获得较快的发展和应用，目前还存在成本较高、能量偏低的问题。

复习思考题

1. 什么是扰动与波？试举例说明。

2. 什么是波阵面？它与波的传播方向有何关系？

3. 什么是波的传播速度？它与质点运动速度有何区别和联系？

4. 什么叫强扰动？什么叫弱扰动？

5. 什么样的波是压缩波？它有什么特点？

6. 什么样的波是膨胀波？它有什么特点？

7. 什么是声波？声波的主要性质有哪些？

8. 写出理想气体中声速的表达式。

9. 冲击波绝热曲线（雨贡纽曲线）的特点以及与等熵曲线的区别是什么？

10. 写出理想气体中冲击波的基本方程式，并了解雨贡纽方程的物理意义。

第3章

爆轰波理论

3.1 爆轰理论的发展

爆轰现象被发现于19世纪80年代。贝特洛（Bertheloth）、维也里（Vieille）等人在研究火焰传播的过程中，发现一种远高于一般火焰传播速度的燃烧波，这种燃烧波的速度与点火条件、混合气体种类有关。一般火焰的传播速度为每秒几米至几百米，而这种燃烧波可达到数千米每秒，被称为爆轰波。爆轰过程不仅是放热的化学反应过程，也是流体力学过程。爆轰波由诱导冲击波和化学反应区组成，在爆轰过程中，可燃物的化学反应和质点的运动同时发生。诱导冲击波加热、压缩并引发化学反应。化学反应释放的能量支持诱导冲击波并推动其在反应气体中传播。爆轰中的化学反应是极其复杂的。

1899年，查普曼（Chapman）首先提出计算爆轰波波速的理论，该理论将爆轰波波阵面视为一间断面，波前气体跨过间断面后立即转化为高温产物，爆轰波波速对应于跨波阵面间断瑞利线能够与平衡产物雨贡纽线交汇的最低速度解，即瑞利线与雨贡纽线相切，因此也被称为切线解。之后，1905年，柔格（Jouguet）也独立地提出了他的声速解准则，即爆轰波后气流相对波阵面以声速离开。实际上，他们所描述的是跨波阵面守恒方程的同一个解点，但Jouguet理论部分解释了该解的物理必然性。关于这一解点的讨论以及此后逐步完善的相关理论就成为我们现在所熟知的柴普曼-柔格理论（Chapman-Jouguet，简称CJ模型）。这就是19世纪建立起来的经典爆轰波流体力学理论。实验证明，用这种简化理论研究爆轰波，与实际结果的符合性较好。

1940年苏联人泽尔道维奇（Zeldovich）、1942年美国人冯·诺依曼（Von Neumann）、1943年德国人德林（Döring）各自独立地对CJ模型的假设和论证作了改进，提出了新的爆轰模型，简称 ZND 模型。与 CJ 模型相比，ZND 模型更接近实际情况。该模型把爆轰波看作由一个前导冲击波和随后的化学反应区构成，且化学反应是以有限速率进行的。引导冲击波压缩反应介质，在有限的诱导时间内，急剧上升的压力和温度诱导化学反应，形成化学反应诱导区，其具有一定的宽度，中间产物的摩尔分数在化学反应诱导区内急剧上升。在诱导区内，热力学状态近似不变；在能量释放区，化学反应急剧进行并伴随大量能量的释放。可燃物经过一个连续的化学反应区后，最终转变成爆轰产物。爆轰波的 CJ 模型和 ZND 模型由于能够简单地反映问题的本质而得到了广泛的应用。这两种经典理论都是一维理论。

随着爆轰装置的小型化和实验测量技术的提高，借助于烟迹技术和瞬态流场捕捉技术在 20 世纪 50～60 年代的发展和应用，人们发现了很多与以上理论不符合的现象，即非定常爆轰现象。实际上，化学反应速率非线性地依赖于温度，导致了爆轰波在时间和空间上的不稳定性。20 世纪 50 年代，研究人员发现爆轰波阵面有着复杂的三维结构，这种结构被解释为入射波、反射波和马赫波构成的三波结构。1959 年，德尼索夫（Denisov）和特罗申（Troshin）首次用烟迹法获得三维爆轰波波阵面传播留下来的鱼鳞状胞格结构。怀特（White）于 1961 年采用火花干涉技术首先发现了爆轰的不稳定性。1965 年，索洛乌欣（Soloukhin）得到了爆轰波的首张纹影照片。同一时期，研究人员还从理论与数值的角度揭示了爆轰波波阵面的不稳定结构。菲克特（Fickett）等人则以数值模拟得到了脉动的一维爆轰波，关于这种一维爆轰的稳定性讨论一直延续至今。随着计算机的发展，二维数值模拟也逐渐发展起来。

这些工作促进了人们对爆轰波结构的认识。此外，其他的许多实验结果也证实：爆轰波波阵面会发展为依赖于时间的复杂三维结构。爆轰波的引导冲击波由多个间隔排列的马赫杆和入射冲击波组成。横波与马赫杆和入射冲击波相交于三波点并形成三波结构。利用烟膜技术可以记录三波点的运动轨迹，它们表现为不断重复的类似于“鱼鳞形”图案的胞格结构，即爆轰胞格结构。

3.2 爆轰波的 CJ 模型

爆轰理论的最简单模型，即 CJ 模型，基本假设是不考虑化学反应过程，而是忽略爆轰波波阵面的厚度，将其视为一道间断，爆轰波前反应物跨过该间断直接转化为反应产物。此时的爆轰波仅仅存在波前、波后两种恒定状态，因此仅考虑两种满足完全气体假设的组分，即反应物和生成物。

爆轰波的 CJ 模型以热力学和流体力学为基础，建立了一维理想爆轰波的传播过程。该理论假设爆轰波传播过程无能量损失，提出并证明了爆轰波稳定传播的 CJ 条件，建立了爆轰波参数的基本关系式。

3.2.1 爆轰波的基本关系式

爆轰波是一个带有化学反应的冲击波，同一般冲击波一样，爆轰波是一个强间断面，遵循流体动力学的三个基本守恒定律。在前沿冲击波之前，炸药处于未被扰动的状态；反应终了阶段，炸药完全反应。爆轰波的传播图形可以用图 3-1 简要表示，爆轰波波阵面以速度 D 沿炸药传播，波前是未发生化学反应的炸药，状态为：压力 p_0，密度 ρ_0 或比体积 v_0，单位质量的内能 e_0，化学能（定容爆热）Q_V，质点运动速度 u_0。炸药经过爆轰波波阵面后变成完全反应的爆轰产物，其状态为：压力 p_H，密度 ρ_H 或比体积 v_H，单位质量的内能 e_H，质点速度 u_H。

为了研究方便，把坐标原点取在运动的爆轰波波阵面上，而且假定流动是一维的，忽略热传导、黏性等耗散效应，反应产物处于热力学平衡状态。坐标原点以 D 的速度沿炸药向前运动，炸药以速度 D 运动至反应区，爆轰产物以速度（$D-u_H$）离开波阵面。

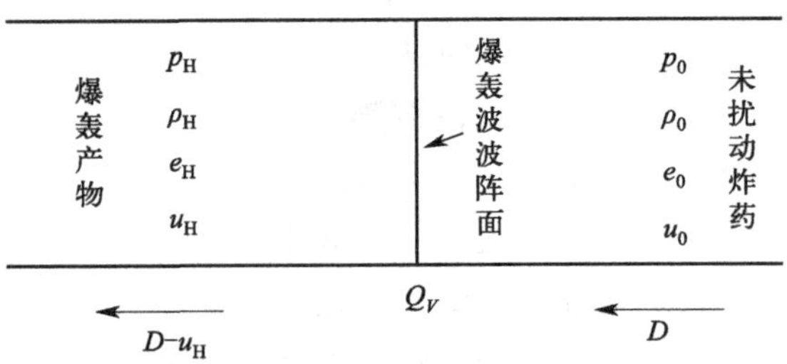

图 3-1 爆轰波传播过程示意图

通常 $u_0=0$，于是可以写出爆轰波的质量守恒、动量守恒和能量守恒方程式，分别为：

$$\rho_0 D=\rho_H(D-u_H) \tag{3-1}$$

$$p_H-p_0=\rho_0 D u_H \tag{3-2}$$

$$e_0+\frac{p_0}{\rho_0}+\frac{1}{2}D^2+Q_V=e_H+\frac{p_H}{\rho_H}+\frac{1}{2}(D-u_H)^2 \tag{3-3}$$

从这三个守恒方程可以看出，爆轰波的质量守恒方程、动量守恒方程与冲击波的质量守恒方程、动量守恒方程完全相同，但是爆轰波的能量守恒方程和冲击波的能量守恒方程有所差别，前者多了一项炸药爆炸时释放的化学能 Q_V。

3.2.2 爆轰波的瑞利线和雨贡纽线

将质量守恒方程式(3-1) 和动量守恒方程式(3-2) 联立得到：

$$\frac{p_H - p_0}{v_H - v_0} = -\rho_0^2 D^2 = -\frac{D^2}{v_0^2} \tag{3-4}$$

式(3-4) 在 p-v 平面内为通过 (p_0, v_0) 点、斜率为 $-\rho_0^2 D^2$ 的任意直线，称为瑞利线。对于初始状态 (p_0, v_0) 一定的炸药，瑞利线是与一定的爆速 D 相对应的直线。如图 3-2 中，瑞利线 OA、OB 和 OC 分别与不同爆速 D_1、D_2 和 D_3 相对应，且有 $D_3 > D_2 > D_1$。

由式(3-3) 和式(3-4) 可得：

$$e_H - e_0 = \frac{1}{2}(p_H + p_0)(v_0 - v_H) + Q_V \tag{3-5}$$

式(3-5) 为爆轰波的雨贡纽方程的一般表达式，在 p-v 平面坐标上为一条反比例函数曲线，其物理意义是爆轰波过后爆轰产物内能的增量等于爆轰波对炸药的冲击压缩能与炸药化学反应释放的热能之和。如果已知炸药的初始状态 (p_0, v_0)，以及炸药和爆轰产物的内能 $e_0(p_0, v_0)$、$e_H(p_H, v_H)$ 的具体表达式，式(3-5) 在 p-v 平面上是一条曲线，并且与 (p_0, v_0) 相联系，满足式(3-1)、式(3-2)、式(3-4) 的波后状态 (p_H, v_H) 点都将在这条雨贡纽线上。因为爆轰波的雨贡纽线对应于有化学反应放热的爆轰产物状态，所以在 p-v 平面上位于炸药中一般冲击波（即没有爆轰化学反应的冲击波）雨贡纽线的上方，且不通过炸药的初始状态 (p_0, v_0) 点，见图 3-3 中的曲线 2。

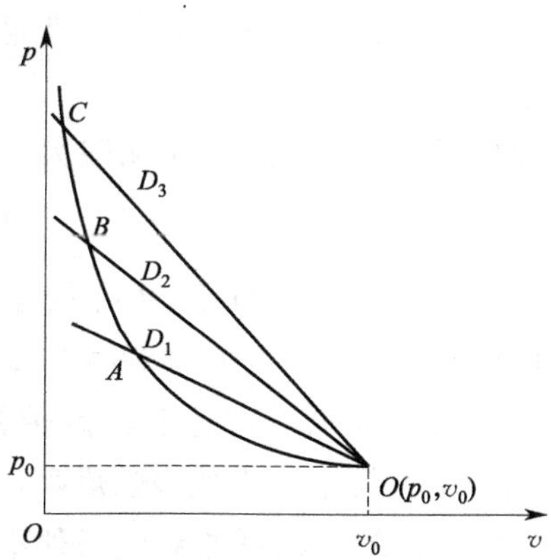

图 3-2 爆轰波的瑞利线

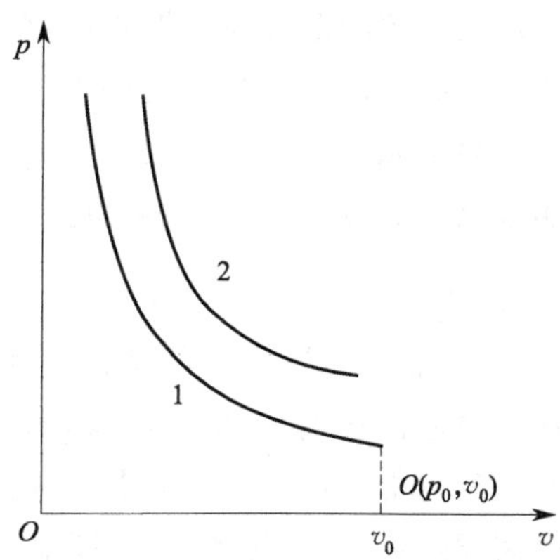

图 3-3 爆轰波的雨贡纽线

1—冲击波的雨贡纽线；2—爆轰波的雨贡纽线

3.2.3　爆轰波的解

将式(3-4) 所对应的瑞利线（R_1、R_2、R_3）和式(3-5) 所对应的雨贡纽线（H）画在同一 p-v 平面上，如图 3-4 所示。

对于曲线 $\widehat{IMS}$：$p>p_0$，$v<v_0$，则有 $D>0$，$u>0$。根据瑞利方程可知 R_1 的斜率为：

$$\tan\alpha_1=-\frac{D^2}{v_0^2}=\frac{p-p_0}{v-v_0}$$

等熵线 S_O 在 O（p_0，v_0）处的斜率为：

$$\tan\alpha_2=\frac{\mathrm{d}p}{\mathrm{d}v}=-\frac{c_0^2}{v_0^2}$$

而 $\alpha_1>\alpha_2$，所以 $D>c_0$，故 $\widehat{IMS}$ 曲线对应于爆轰过程，它的特点是波的传播速度相对于波前是超声速的，称为爆轰支。

瑞利线和雨贡纽线的交点表示一定速度传播的爆轰波在化学反应终了时产物所对应的状态。共有三种情况：

① R_1 线与 H 线有两个交点：S 和 W。

② R_2 线与 H 线相切于一点：M。

③ R_3 线与 H 线相交于一点：I（R_3 与 O-v 轴垂直）。

这些交点均满足爆轰波的三个守恒方程，都是爆轰波后反应产物所对应的状态，即爆轰波的解。前已述及，爆轰波的雨贡纽线为爆轰产物终态的连线，对于爆速一定的爆轰波，爆轰产物的状态一定处于该曲线的某一点上，即雨贡纽线的所有线段并不是都与爆轰过程相对应。

考察 I 点，该过程满足 $v=v_0$、$p>p_0$ 的条件，因此波速 D 无限大，这表明该点与定容爆轰过程相对应。

$\widehat{MS}$ 段具有较大的（$p-p_0$）值，称为强爆轰支；$\widehat{WM}$ 段具有较小的（$p-p_0$）值，称为弱爆轰支；M 点称为 CJ 爆轰点，过该点的瑞利线与最小爆速相对应。在给定初始状态 $O(p_0, v_0)$ 后，爆轰波以一定速度稳定传播，其状态只可能对应于图 3-4 中的 S、M、W 三个点。其中 S 点代表强爆轰，W 点代表弱爆轰，M 点代表 CJ 爆轰，即对于一定爆速的炸药可能对应三种不同的爆轰（瞬时爆轰除外）。对于一定的炸药装药，只要直径足够大，都只对应一个稳定传播的爆轰波速度，其他低于或高于这个稳定爆速的，都是不稳定的，要么最终转变为稳定爆速，要么熄爆。那么，对于一定的炸药装药，它所

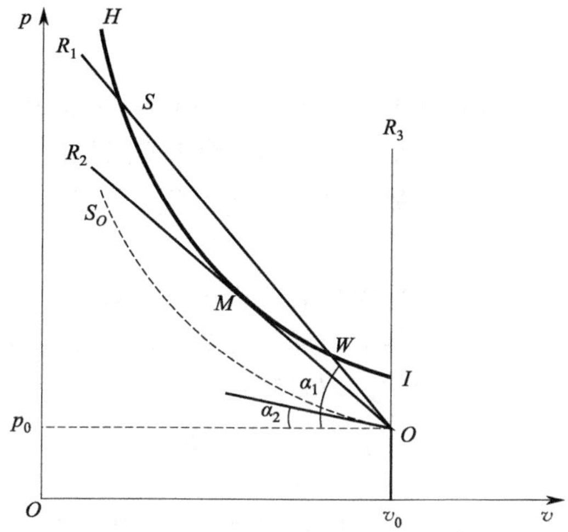

图 3-4 瑞利线和雨贡纽线相交示意图

R_1、R_2、R_3—瑞利线；H—雨贡纽线；S_O—过 O（p_0，v_0）的等熵线

对应的这个稳定爆速是上述三种爆轰中的哪一种呢？

相对于波后反应产物而言，强爆轰波速度是亚声速的，弱爆轰波是超声速的，CJ 爆轰波的速度正好等于声速（相关证明在 3.4 节中给出）。Jouguet 从流体力学的观点认为，强爆轰是不可能稳定的，因为在强爆轰中，波后膨胀的产物中的稀疏波将不断赶上右边的爆轰波而使其衰减。对应稳定爆轰的一定是 M 点对应的 CJ 爆轰。因为 CJ 爆轰时，波后产物中的膨胀波与爆轰波以相同的速度传播，膨胀波对爆轰波不产生干扰，爆轰波因能量不受损失而保持稳定传播。这就是所谓的爆轰波稳定传播条件即 CJ 条件。

对于弱爆轰，单纯的 CJ 模型假设了波阵面为间断结构，不存在反应过程；上述间断解的分析并不能将弱爆轰排除，故弱爆轰在 CJ 模型中是合理的解。关于弱爆轰能否出现的问题，用流体力学理论可以做如下解释：弱爆轰时，爆轰波相对波后质点是超声速的，这样，在爆轰波波阵面和波后产物中膨胀波头之间就会出现一个稳定的流场，而且这个稳定流场的范围将越来越大，这种情况显然是不可能出现的。因为随着爆轰波的传播，紧跟在爆轰波波阵面后边的爆轰产物也在连续膨胀，不可能在爆轰波后存在一个稳定的流动区，所以弱爆轰是不可能的。从理论上看，如果合理地考虑这一问题，即在一定条件下弱爆轰是可能出现的，国内外近年来也出现了关于观察到弱爆轰波的报道。

3.2.4 CJ条件

爆轰波的三个守恒方程加上状态方程 $e=e(p,v)$ 共计 4 个方程，但是无法解出包括 p_1、ρ_1、u_1、e_1 和 D 在内的 5 个未知爆轰波参数，故要构成闭合的方程组还需补充一个方程，那就是 $D-u_1=C_1$，即 CJ 条件。

这个条件就是爆轰波能够稳定传播的条件，如果没有 CJ 条件，那么爆轰波上任何状态都可能会发生，但大量的试验研究表明，无论是气态爆炸物还是凝聚相炸药，在给定的初始条件下，爆轰波都以某一特定的速度传播。

① Chapman 提出了稳定爆轰的传播条件：

$$-\left(\frac{\partial p}{\partial v}\right)_2=\frac{p-p_0}{v_0-v}$$

即实际能够发生的爆轰对应于所有可能稳定爆轰传播速度的最小值，在几何上为瑞利线和雨贡纽线的公切点。

② Jouguet 提出的条件：

$$D-u_{\mathrm{CJ}}=C_{\mathrm{CJ}}$$

该条件可描述为，爆轰波相对于爆轰产物的传播速度等于爆轰产物的声速。

两者提法不一样，但是本质都是一样的：爆轰波能够稳定传播，爆轰反应终了产物的状态应与瑞利线和雨贡纽线的切点 M 对应，否则爆轰波不可能稳定传播。切点 M 的状态即为稳定传播的爆轰波反应终了的状态，称为 CJ 状态；在该点膨胀波（稀疏波）的传播速度恰好等于爆轰波向前推进的速度。

CJ 爆轰具有如下几个重要性质：

① CJ 点是瑞利线、雨贡纽线和过该点的等熵线的公切点；

② CJ 点是雨贡纽线上熵值最小的一点；

③ CJ 点是瑞利线上熵值最大的一点。

3.3 爆轰波的 ZND 模型

3.3.1 ZND 爆轰波模型

CJ 模型把爆轰波当作一个包含化学反应的没有厚度的强间断面，即不考虑爆轰波中化学反应区的结构。但实际上爆轰波内的化学反应有一个完成过程，即有一个在一定化学反应速率下由原始炸药变成爆轰产物的化学反应区，这个化学反应区具有一定的宽度。爆轰波化学反应区内所发生的化学反应极为迅速，爆轰时所形成的高压产物的破坏性也很强，这就使对爆轰波化学反应区的观测极为困难。按照 ZND 模型，把爆轰波看成是由前沿冲击波和紧跟在后面的化学反应区构成，它们以同一速度 D 沿爆炸物传播。爆轰波波阵面所发生的反应历程如图 3-5 所示，即原始爆炸物首先受到前沿冲击波的强烈冲击，立即由初始状态 O 被压缩突跃到 Z 点状态，在 Z 点所达到的温度和压力下，化学反应被激发，接着沿着瑞利线 $\overline{ZO}$ 展开高速放热化学反应。随着反应的进行，即随着反应度 λ 的增加，比体积增大，压力减小（如图中箭头所示），直到反应终了，$\lambda=1$，状态达到 CJ 点状态，化学反应热全部被放出。也就是说，爆轰波是由前沿冲击波和紧跟其后的反应区所构成，而反应区末端为 CJ 面，对应于 CJ 点的状态，这种模型即为爆轰波的 ZND 模型。

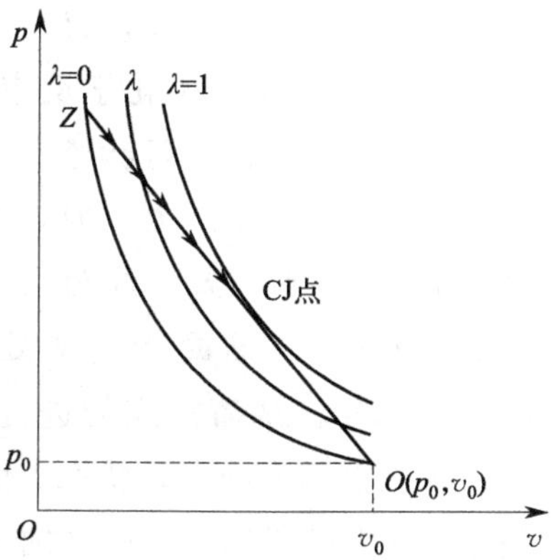

图 3-5　爆轰波波阵面反应历程

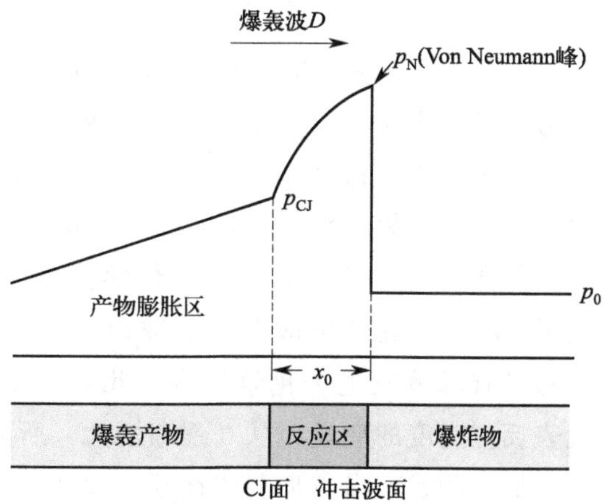

图 3-6　ZND 爆轰波模型

爆轰波的 ZND 模型可以用图 3-6 更形象地表现出来。在沿爆炸物传播的爆轰波中，前沿冲击波过后压力突跃至 p_N，随着化学反应的进行，压力急速下降。在反应终了的 CJ 面，压力降至 p_{CJ}。CJ 面之后为爆轰产物的等熵膨胀区，该区域内的压力随着产物的膨胀而下降。CJ 面和前沿冲击波之间压力急剧变化的陡峭部分，一般称为压力峰，冲击波波阵面所对应的 p_N 称为冯·诺依曼峰（Von Neumann peak）。

ZND 模型中仍然假设流动是一维的，忽略热传导、热辐射、热扩散以及黏性等耗散效应；并且认为反应区内的化学反应为单一不可逆的反应形式，即化学反应以单一向前的有限速率进行，直到爆炸物全部变成完全反应的爆轰产物为止，而且还假定爆轰波反应区内各处均处于局部热力学平衡状态。

根据 ZND 模型，爆轰波波阵面内所进行的各种过程可以用流体力学方程和化学反应动力学方程来描述。下面按照 ZND 模型来进一步分析爆轰过程的规律。

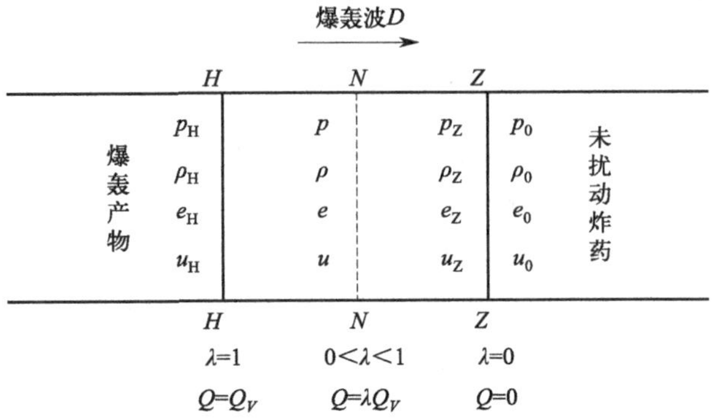

图 3-7　爆轰波反应区各断面处的参数

如图 3-7 所示，爆轰波以速度 D 传播，$Z—Z$ 面为前沿冲击波，$H—H$ 面为化学反应终了面。炸药通过前沿冲击波 $Z—Z$ 面后，开始发生化学反应，最后在 $H—H$ 面处反应终了，化学热全部放出。如果以 λ 表示炸药已经发生化学反应的质量分数，那么在 $Z—Z$ 面处炸药只受到强烈的冲击压缩，但尚未发生化学反应，即此处 $\lambda=0$，化学反应热 $Q=0$；在 $H—H$ 面处，炸药反应完了，$\lambda=1$，化学反应热全部放出，$Q=Q_V$；在反应区任一断面 $N—N$ 处，炸药只有部分发生了化学反应，此处 $0<\lambda<1$，$Q=\lambda Q_V$。随着反应的进行，代表反应进度的变量 λ 从 0 逐渐增大，所释放的化学能也逐渐增大，状态点由高压低体积状态沿着瑞利线逐渐连续地向反应终了点 CJ 点变化，反应区内流体质点处于局部热力学平衡状态。在此过程中随着反应的进行，比体积不断增大，压力逐渐减小到 p_{CJ}，反应热全部释放出。也就是说，爆轰波 ZND 模型假设爆轰波是由前沿预压冲击波和紧跟的连续反应区所构成，反应末端对应为 CJ 点的状态。

ZND 模型是一种经典的爆轰波模型，但仍不完善，并不能完全反映出爆轰波波阵面内所发生过程的实际情况。例如在反应区内所发生的化学反应过程，实际并不像该模型所描述的那样，是井然有序、层层展开的。爆轰介质的密度及化学成分的不均匀性，冲击起爆时爆炸化学反应响应的多样性，冲击起爆所引起的爆轰面的非理想性，以及冲击引爆后介质内部扰动波系的相互作用及边界效应等，都可能导致对理想爆轰条件的偏离。此外，爆轰介质内部化学反应及流体分子运动的微观变化等也能导致化学反应区内反应流动出现宏观偏离，再加上介质的黏性、热传导、热扩散等耗散效应的影响，都可能引起爆轰波反应区结构畸变，爆轰波反应区末端并不一定满足 CJ 爆轰条件。

3.3.2 ZND 模型爆轰波反应区内的定常解

状态参数沿反应区宽度的分布情况，是研究和认识爆轰波结构所追求的重要目标。但是这在理论上遇到了一些困难：首先，爆轰波传播的过程中存在黏性、热传导、热扩散影响，造成能量损耗；其次，CJ 模型假设中认为 CJ 面处于化学平衡状态，然而在化学反应区内的任一断面都不一定达到化学平衡，难以应用可逆过程热力学方法对反应区内发生的化学反应进行处理和分析；再次，爆轰波反应区内所发生的化学反应历程极其复杂，存在着多级反应过程；最后，爆轰波内所发生的过程并不是层层递进、井然有序的。因此，为了得到反应区内的定常解，需要在探讨爆轰波反应区时作一些简化。

根据 ZND 假设，反应区内同一断面处的炸药反应混合物有相同的成分和状态，而不同断面处的炸药反应混合物的成分和状态则取决于 λ。有以下几点假设：

① 忽略黏性、热传导、热辐射、热扩散等能量耗散效应，即认为爆轰反应过程是无能量损耗的；

② 在爆轰反应区内，任一断面均处于局部热力学平衡状态；

③ 爆轰波反应区内所发生的反应类型是单一的，并且从前沿预压冲击波波阵面后到 CJ 面间，反应进度是连续增加的，在前沿波阵面后进行化学反应，而在 CJ 面反应全部完成（$\lambda=1$）；

④ 爆轰波反应区的厚度远大于分子的自由程，因此可以在反应区内取任一控制面，采用流体动力学的三个守恒方程研究问题。

在上述假定的基础上，可以研究爆轰波反应区内状态参数的分布与变化情况。首先建立反应区内各状态参数 p、$v(\rho)$、u、T 与反应度 λ 之间的函数关系，然后应用反应动力学方程进一步确定各状态参数在反应区内的分布。

在图 3-7 中，当坐标系取在波阵面上时，波阵面内（反应区）的流动为一维定常流动。这时反应区任一断面处的介质流动满足质量守恒、动量守恒和能量守恒方程，如果波前炸药处于静止状态，即 $u_0=0$，则根据守恒方程可写出如下关系式：

$$\rho(D-u)=\rho_0 D \tag{3-6}$$

$$p-p_0=\rho_0 Du \tag{3-7}$$

$$e-e_0=\frac{1}{2}(p+p_0)(v_0-v)+\lambda Q_V \tag{3-8}$$

这三个方程与 CJ 模型中的三个方程［式(3-1)～式(3-3)］具有相同的形式，不同之处在于这三个方程是按照 ZND 模型描述爆轰波波阵面内化学反应区炸药反应混合物在流动过程中所遵循的规律，而且考虑到了化学反应区及其内部的化学反应过程，故式(3-8) 中的 λQ_V 在式(3-5) 中对应为 Q_V。

由式(3-6)～式(3-8) 可推出瑞利方程和雨贡纽方程：

$$p-p_0=\frac{D^2}{v_0^2}(v_0-v)$$

$$e-e_0=\frac{1}{2}(p+p_0)(v_0-v)+\lambda Q_V$$

对于爆轰气体产物，假设其适用理想气体状态方程，则有：

$$pv=nRT \tag{3-9}$$

对于理想气体：

$$e=c_V T=\frac{pv}{\gamma-1}$$

式中，γ 为理想气体的多方指数。

爆轰条件下，爆轰产物压力和热力学能都很大，可忽略 e_0 和 p_0，则爆轰波的瑞利方程和雨贡纽方程变为：

$$p=\frac{D^2}{v_0^2}(v_0-v) \tag{3-10}$$

$$\frac{pv}{\gamma-1}=\frac{1}{2}p(v_0-v)+\lambda Q_V \tag{3-11}$$

爆轰波传播时，反应区和前沿冲击波是以同一速度沿爆炸物推进，因此给定初始状态 $O(p_0,v_0)$ 和爆速 D 时，爆轰反应区内各个断面上产物的状态 (p,v) 都在此瑞利线上。

联立式(3-10) 和式(3-11) 可得：

$$\frac{D^2}{v_0^2}(v_0-v)\frac{v}{\gamma-1}=\frac{1}{2}\times\frac{D^2}{v_0^2}(v_0-v)^2+\lambda Q_V$$

变换上式，可得以 v 为变量的一元二次函数：

$$(\gamma+1)v^2-2\gamma v_0 v+(\gamma-1)v_0^2\left(1-\frac{2\lambda Q_V}{D^2}\right)=0$$

解得：

$$v=\frac{v_0}{\gamma+1}\left[\gamma\pm\sqrt{1-\frac{2(\gamma^2-1)\lambda Q_V}{D^2}}\right] \tag{3-12a}$$

将上式代入式(3-10) 中得：

$$p=\frac{D^2}{(\gamma+1)v_0}\left[1\pm\sqrt{1-\frac{2(\gamma^2-1)\lambda Q_V}{D^2}}\right] \tag{3-13a}$$

式(3-12)和式(3-13)给出爆轰波在不同反应度和爆速下的方程，“+”和“−”表示它们在 p-v 图上对应着不同的状态。如图 3-8 所示，“+”表示上交点 K_λ，“−”表示下交点 L_λ。当反应区内的反应结束时，即 $\lambda=1$，此时有：

$$v=\frac{v_0}{\gamma+1}\left[\gamma\mp\sqrt{1-\frac{2(\gamma^2-1)Q_V}{D^2}}\right] \tag{3-12b}$$

$$p=\frac{D^2}{(\gamma+1)v_0}\left[1\pm\sqrt{1-\frac{2(\gamma^2-1)Q_V}{D^2}}\right] \tag{3-13b}$$

式中，“∓”和“±”中上边的符号指的是上交点 K_1 点对应的状态，下边的符号指的是下交点 L_1 点的状态。

由图 3-8 可以看出，过 CJ 点并与 $\lambda=1$ 的雨贡纽线相切的瑞利线 OZ_1 与最小爆速相对应，此时方程组只有一个解：

$$v=v_H=\frac{\gamma v_0}{\gamma+1} \tag{3-14}$$

$$p=p_H=\frac{1}{(\gamma+1)v_0}D_{\min}^2=\frac{1}{\gamma+1}\rho_0 D_{\min}^2 \tag{3-15}$$

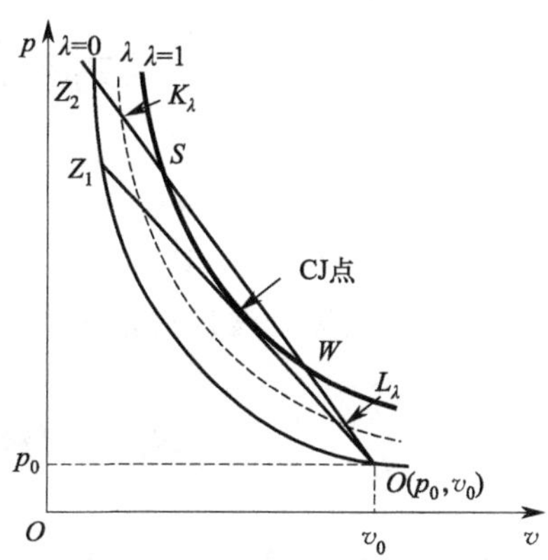

图 3-8 瑞利线和雨贡纽线相交示意图

另外，根据式(3-12)和式(3-13)，显然有：

$$D_{\min}=\sqrt{2(\gamma^2-1)Q_V} \tag{3-16}$$

将式(3-13)、式(3-15)和式(3-16)联立，可得：

$$\frac{p}{p_H}=1\pm\sqrt{1-\lambda} \tag{3-17a}$$

将式(3-12)、式(3-14)和式(3-16)联立，可得：

$$\frac{v}{v_H}=1\pm\frac{1}{\gamma}\sqrt{1-\lambda} \tag{3-18a}$$

实际上，图 3-8 中 L_1 所对应的状态是弱爆轰，为不可能达到的状态，因此只取 K_1 所对应的状态：

$$\frac{p}{p_H}=1+\sqrt{1-\lambda} \tag{3-17b}$$

$$\frac{v}{v_H}=1-\frac{1}{\gamma}\sqrt{1-\lambda} \tag{3-18b}$$

由连续性方程式(3-6) 可知：

$$\frac{u}{u_{\mathrm{H}}}=\frac{\dfrac{u}{D}}{\dfrac{u_{\mathrm{H}}}{D}}=\frac{1-\dfrac{v}{v_0}}{1-\dfrac{v_{\mathrm{H}}}{v_0}}=\frac{v_0-v}{v_0-v_{\mathrm{H}}} \tag{3-19}$$

由式(3-10) 可知：

$$\frac{p}{p_{\mathrm{H}}}=\frac{v_0-v}{v_0-v_{\mathrm{H}}}=\frac{u}{u_{\mathrm{H}}}=1+\sqrt{1-\lambda} \tag{3-20}$$

另外，由式(3-11) 可知：

$$c_V T=\frac{1}{2}p(v_0-v)+\lambda Q_V \tag{3-21}$$

考虑到：

$$c_V T_{\mathrm{H}}=\frac{1}{2}p_{\mathrm{H}}(v_0-v_{\mathrm{H}})+Q_V \tag{3-22}$$

可得：

$$\frac{T}{T_{\mathrm{H}}}=\lambda+\frac{\gamma-1}{2\gamma}\left[(1+\sqrt{1-\lambda})^2-\lambda\right] \tag{3-23}$$

以上就是爆轰波反应区内参数与反应度 λ 的函数关系。

3.4 爆轰波的基本性质

爆轰波的性质与爆轰产物的性质有关。各种固态炸药的爆轰产物基本都是气体。设气体产物的状态方程形式为 $p=p(v,S)$。与一般气体一样，假设产物满足以下性质：

$$\begin{cases}\left(\dfrac{\partial p}{\partial v}\right)_S<0\\[2ex]\left(\dfrac{\partial^2 p}{\partial v^2}\right)_S>0\\[2ex]\left(\dfrac{\partial p}{\partial S}\right)_V>0\end{cases} \tag{3-24}$$

此外，把 Q 看作一个独立变量，假设：

$$\left(\frac{\mathrm{d}p}{\mathrm{d}Q}\right)_V>0 \tag{3-25}$$

即当比体积 v 不变时，压力 p 将随 Q 的增加而增大。

当爆轰产物具有以上性质时，爆轰波一般具有如下特性：

① 沿瑞利线，S 最多只有一个极大值。

因为爆轰波的瑞利线与冲击波的瑞利线类似，当产物满足式(3-24) 时，其瑞利线的性质与冲击波的相应性质相同，其熵值最多只有一个极大值。

② 瑞利线与雨贡纽线的交点最多只有两个。

对雨贡纽方程进行微分，得：

$$de=\frac{1}{2}(v_0-v)dp-\frac{1}{2}(p+p_0)dv+dQ$$

考虑到：

$$de=TdS-pdv$$

则有：

$$TdS=\frac{1}{2}[(v_0-v)dp+(p+p_0)dv]+dQ$$

沿瑞利线：

$$(v_0-v)dp+(p+p_0)dv=0$$

有：

$$TdS=dQ \tag{3-26}$$

再微分可得：

$$Td^2S=-dTdS+d^2Q \tag{3-27}$$

故 $dS=0$ 时，$dQ=0$；当 $dS=0$ 及 $d^2S<0$ 时，$d^2Q<0$。

这表明，沿瑞利线，在熵取极大值的点上，Q 也取极大值；反之亦然。

已知沿瑞利线，S 最多只有一个极大值点，所以沿该直线 Q 最多也只有一个极大值点，这说明瑞利线和雨贡纽线的交点最多只有两个。

③ 相对于波后产物而言，强爆轰波的波速是亚声速的，弱爆轰波是超声速的，CJ 爆轰波的速度正好等于声速，即 $(D-u)^2<c_S^2$，$(D-u)^2=c_{CJ}^2$，$(D-u)^2>c_W^2$，其中，c_S、c_{CJ}、c_W 分别是强爆轰、CJ 爆轰和弱爆轰情况下的产物声速。

设瑞利直线和雨贡纽曲线相交于 S 点及 W 点，现由代表强爆轰的点 S 沿着瑞利线移动，在瑞利线上 Q 最多只有一个极大值点。于是由图 3-9 可知，从 S 点出发向着 v 增加的方向移动时，Q 值随之增加，从而熵增加，所以在 S 点有：

$$\left(\frac{dS}{dv}\right)_R>0 \tag{3-28}$$

向 W 点移动时，Q 值随之减小，所以在 W 点有：

$$\left(\frac{dS}{dv}\right)_R<0 \tag{3-29}$$

在 CJ 点处得 $dS=0$。

对于瑞利方程有 $dp=\alpha dv$，其中 $\alpha=-\rho_0^2D^2=-\rho^2(D-u)^2$。

考虑到 $p=p(v,S)$，所以：

$$p_v dv+p_S dS=\alpha dv$$

$$\left(\frac{dS}{dv}\right)_R=\frac{\alpha-p_v}{p_S}$$

因为 $p_v=-\rho^2c^2$，按照式(3-24)有 $p_S>0$，所以由 S 点的条件式(3-28)可知在 S 点：$\alpha-p_v>0$，即 $-\rho^2(D-u)^2+\rho^2c_S^2>0$，从而得：

$$D-u<c_S \tag{3-30}$$

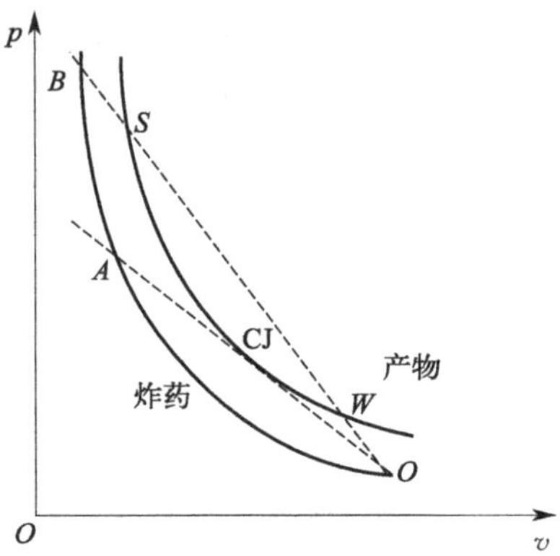

图 3-9　瑞利直线和雨贡纽曲线的交点

在 W 点，由条件式(3-29)可知 $\alpha-p_v<0$，故：

$$D-u>c_S \tag{3-31}$$

在 CJ 点 $dS=0$，从而 $\alpha-p_v=0$，所以 CJ 爆轰波有：

$$D-u=c_{CJ} \tag{3-32}$$

3.5　非理想爆轰

爆轰波的 CJ 模型和 ZND 模型尽管都获得了广泛的应用，但是假设条件较多，比较理想化，于是把不符合 CJ 模型和 ZND 模型的爆轰过程统称为非理想爆轰。若是由于炸药自身原因而使得爆轰过程不符合 CJ 模型和 ZND 模型，则称该炸药为非理想炸药。实际上并不存在完全符合 CJ 模型和 ZND 模型的理想爆轰。因此在研究具体爆轰问题时，从许可误差的角度考虑，认为能够使用 CJ 模型和 ZND 模型描述爆轰过程，就称为理想爆轰，反之则称为非理想爆轰。

近年来，随着爆炸技术在军用、民用两方面的广泛应用，非理想爆轰和非理想炸药的研究备受重视，并取得了一系列的成果，成为爆轰学研究和应用的主要方向之一。

3.5.1　非理想炸药

如前所述，并不存在完全符合 CJ 模型和 ZND 模型的理想爆轰，但在实际应用过程中为了方便处理，通常认为尽管 TNT、RDX、HMX 等猛炸药在爆轰反应区后的爆轰产物膨胀区内仍有少量化学反应，但反应热小，仍将其当作理想炸药。不过，对于含金属粉和氧化剂的混合炸药，在膨胀区内有显著的化学反应，通常当作非理想炸药处理。

通常爆轰反应区终点的特征是：爆轰波速度正好等于声速，该处称为声速面，也就是 CJ 面。对于理想爆轰，该声速面上 $\lambda=1$。对于非理想爆轰，在声速面前释放的反应热能够支持爆轰波稳定推进，但是整个系统的化学反应并没有完成，即 $\lambda<1$。如含铝炸药，在爆轰反应区内大部分铝粉是化学惰性的，仅吸收热量用于升温活化和表层 Al_2O_3 的熔化，在产物膨胀区铝粉才参与反应，释放大量的热；铝粉在膨胀区内释放的热对爆轰反应区没有影响，仅对爆轰产物膨胀做功有贡献。这类爆轰反应区结构是定常的，但是属于非理想爆轰，所以含铝炸药是非理想炸药。含氧化剂炸药的情况与此类似，氧化剂（如硝酸铵、高氯酸铵）在爆轰反应区内进行吸热分解，对爆轰波波阵面基本没有支持作用，而在膨胀区内，氧化剂能够放出反应热和大量气体，用于做功。对于不含猛炸药的由氧化剂和还原剂组成的混合炸药（组分）来说，一些氧化剂如过氯酸盐和硝酸铵等，在强起爆条件下，本身就能起爆；铵油炸药组成中仅有柴油和硝酸铵，它们的分解和化学反应支持了爆轰波的稳定推进。这类炸药能够在膨胀区中释放大量能量，也属于非理想炸药的范畴。

3.5.2 爆轰波的二维效应

从理论上来说，只有在装药尺寸趋于无穷大的极限情况下，或者当炸药处于刚性约束的理想环境中时，理想爆轰过程才能得以实现。实际上，所有的装药都存在边界，爆轰流场在边界附近必定受到相应边界条件的影响，从而使得爆轰过程存在差异性。因此，即使炸药在化学反应的特性上满足 ZND 模型的要求，实际爆轰波的传播过程也与经典爆轰理论的计算结果存在差异。装药尺寸越小时，这种差异就越明显。在所有非一维的爆轰过程中，由于对称性的原因，当装药具有平面对称性以及轴对称性时，沿对称轴传播的爆轰波的结构是最简单的。在这种情形下，爆轰波的反应区以及产物飞散区内的流场参数仅依赖于两个空间坐标变量和一个时间变量，因此称为二维爆轰。

在长度足够的圆柱形装药中形成的爆轰波，经过一定时间的传播后将达到稳定的传播状态。此时爆轰波波阵面的形状以及爆速都不再变化，在随波阵面运动的参考系中，爆轰化学反应区内的流场是定常的，反应区的边界形状也保持不变，这种爆轰状态被称为定常二维爆轰。显然，由于侧向边界的存在，爆轰波波阵面的形状已不再是平直的，而是向传播方向凸起的，爆速不仅与装药的直径有关（直径效应），也与装药边界的约束条件有关（约束效应），所有这些现象都可称为爆轰波的二维效应。

关于爆轰波二维效应的研究主要包括两个方面，即直径效应的理论计算和爆轰波波阵面形状的确定。直径效应实质上反映了边界对爆轰反应区结构的影响，而反应区流场的求解又取决于前方边界（爆轰波波阵面形状），但爆轰波波阵面形状又由爆速以及侧向边界条件确定，这样，按照通常的流体力学加化学反应动力学的方法来解决二维效应问题是十分困难的。

3.5.3 爆轰波的三维结构

爆轰波波阵面的移动速度大于声速，冲击波波阵面在反应阵面前方不远处，反应阵面为冲击波波阵面提供能量，并且以声速或超声速驱动它持续前进，当反应区和冲击波波阵面耦合在一起同步前行时，稳定发展的爆轰波便形成了。对于爆轰产生的冲击波波阵面，其压力是突然上升的，最大压力与反应物料的性质具有紧密关联，持续时间与爆炸能有关系，一般在几微秒至数十毫秒之间。

一维定常结构模型给出了平面爆轰波的纵向结构。对于曲面爆轰波则假定流场是层流的，粒子速度方向垂直于波阵面；而真实爆轰波还存在横波，可能呈现三维的立体结构。关于爆轰波真实结构的知识目前几乎完全是依靠实验得到的。气相爆轰的相关实验已经取得了重要的进展，液相爆轰波结构的研究也取得了不少的实验结果，由于固相炸药不透明，有关固相爆轰波结构的实验很难进行。为了确定反应区结构及其平均厚度的细节，拉杜雷斯库（Radulescu）等人进行了一系列的实验测试。实验装置由一个 25mm×100mm 横截面的通道组成。把分压法获得的甲烷-氧混合气预混均匀后注入测试装置中。在初始压力测试中拍摄了纹影照片，得到如图 3-10 所示的二维爆轰波纹影图。图 3-11 为二维爆轰波波阵面的胞状结构，称为胞格结构。图 3-11 中边界是由横波与前导冲击波相互作用形成的，横波从侧面穿过前导冲击波的表面并且相互碰撞，偶尔会与反应区的剪切流耦合。冲击波之间的相互作用导致前导冲击波有规律地以强马赫杆和弱入射冲击波交替向前传播。

爆轰波具有典型的胞状结构，波前包括马赫杆、入射波、反射波及横波。横波、入射波和马赫杆交合形成的点称为三波点。当爆轰沿着管壁的烟膜向前传播时，三波点在烟膜上留下运动的痕迹即成为爆轰胞状结构。其形成原因如图 3-11 所示。这里粗实线表示传播方向的正冲击波，细实线表示横向冲击波，细虚线是切向间断（滑移线），阴影为未反应区。横波相互碰撞并反射，三波点处形成马赫反射，马赫杆不断扩大并减速，逐渐取代正冲击波。反射后的横波再次同其他横波碰撞反射，产生新的三波点和马赫杆。如此往复，正向冲击波或快或慢地向前传播，横波做周期性的碰撞，反射流场也呈现周期性涨落。

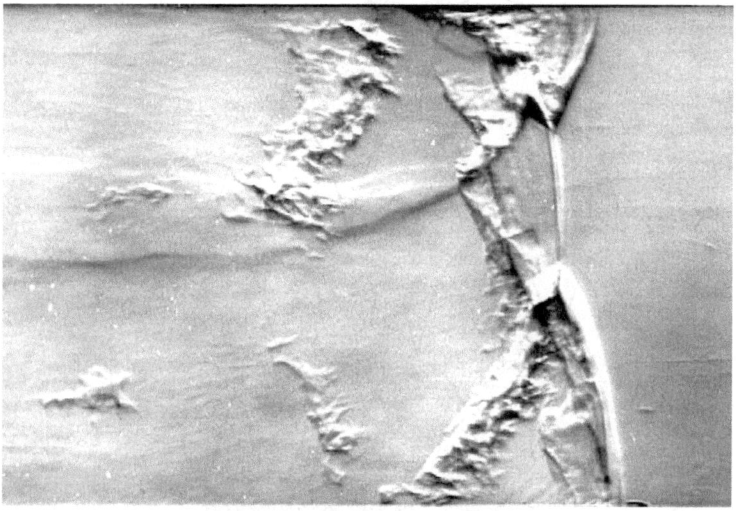

图 3-10 二维爆轰波纹影图

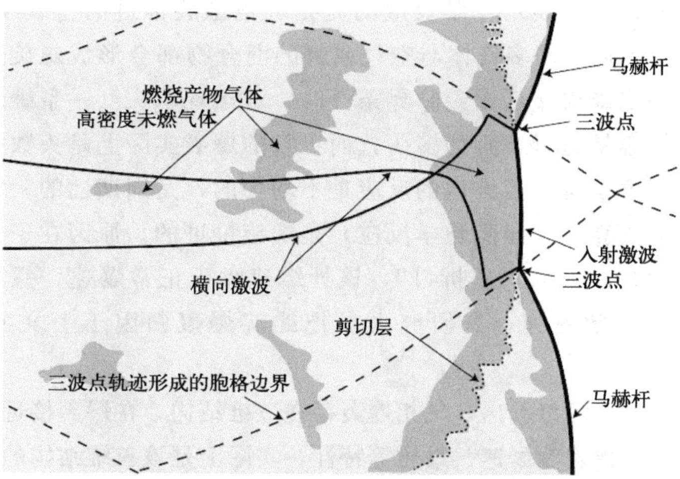

图 3-11 二维爆轰波波阵面的胞状结构示意图

三波点压力最高，它的轨迹就是容器壁上留下的图案规则的胞格结构。爆轰胞格结构示意图见图 3-12。

宏观现象上，爆轰波是稳定传播的。微观结构上，爆轰波中的单一横波不断衰减，通过相互碰撞才能加强，从而支持宏观稳定爆轰。如果管道截面突然扩大，或者壁面不反射横波，就会导致横波和宏观爆轰波的衰减和消失。

气相爆轰的另一类三维结构是螺旋爆轰。早在 1926 年，坎贝尔（Camp-

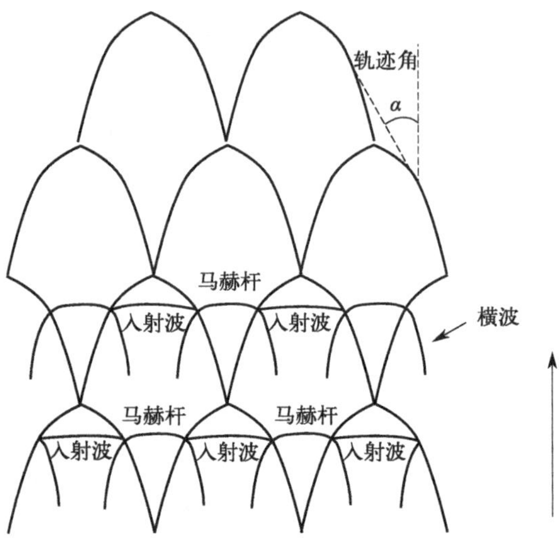

图 3-12 爆轰胞格结构示意图

bell）和伍德海德（Woodhead）等人就在实验中发现了螺旋爆轰，他们发现平面推进的爆轰波中表示化学反应的光亮区是螺旋推进的。后续研究表明，氢、烷、一氧化碳等许多气体与空气或氧的混合物都会形成螺旋爆轰，当混合气体很难起爆或很接近爆轰临界条件时，常出现单头（一条螺纹）螺旋爆轰，如果气体容易起爆，则为多头，而正常的爆轰实际上是头数很多的螺旋爆轰。螺旋爆轰说明爆轰波内的反应是不均匀的，是周期性的，宽度小于气体管道直径的光亮区（激烈化学反应）是螺旋推进的。原因在于爆轰波波阵面上不平，存在倾斜的"破折口"，该处爆速大于正常爆速，螺旋推进，其轴向分量等于正常爆速，有研究人员把螺旋爆轰归因于上文所述的横波结构。

从上文的讨论可以看出，气相爆轰存在三维结构，在爆轰接近临界条件下更为明显，通常指宏观爆速、爆压等特性，实际上是该三维结构的平均值。对液相和固相爆轰立体结构的研究很少，在熄爆过程中能看到类似气相爆轰中出现的花纹。由于凝聚相爆轰反应区短，三维结构对爆轰波传播的影响比气相爆轰小。

3.6 均相爆轰

均相爆轰是指单一相态的物质爆炸后的一种前导冲击波和化学反应强耦合自持传播且具有强间断的过程。均相爆轰包括气相爆轰、液相爆轰以及固相爆轰，后两者也被称作凝聚相爆轰。

3.6.1 气相爆轰与气体爆炸

气相爆轰是气体燃爆动力学过程的最高形式，其特征是存在超声速传播的带有化学反应的冲击波。跨过波阵面，压力和密度突跃增大。对大多数气态烃与空气以化学计量浓度形成的混合物，典型的爆轰压力为 1.5MPa 量级，而同样的可燃物在纯氧中爆轰时，爆轰压力可提高一倍左右，达到 3MPa 量级。相应的爆轰速度，对燃料/空气体系，可达到 1.8km/s 量级；对燃料/氧体系，可达到 2.5km/s 量级。

气体燃爆动力学过程的形式有四种，即定容燃烧（量热弹中燃烧）、定压燃烧（露天燃烧）、定容爆炸和爆轰。四种形式各有其不同的爆炸参数和不同的爆炸破坏效应。

① 定容燃烧　量热弹中的燃烧为定容燃烧的典型形式，其具体过程是用点火源点火后，火焰从点火源向未燃材料扩展，能量以压力波的形式传播。一般密闭容器中以局部点火源点火的燃烧属于此燃烧形式。

② 定压燃烧　定压燃烧又叫露天燃烧，在一般情况下，混合气体露天燃烧多以稳定燃烧或爆燃形式出现，它由局部点火源引燃，然后迅速扩展，形成压力波。当大体积燃料/空气混合物燃烧时或在传播途径中存在障碍形成湍流的情况下容易转变为爆轰。

爆燃实际上是定压燃烧的一个特例，爆燃波在行进的每一时刻都能够达到压力平衡。因此这种燃烧不会引起较大压力突跃或形成压力波，也不会产生具有破坏性的爆炸波（空气冲击波）。

③ 定容爆炸　定容爆炸是容器中混合气体被突然加热到快速燃烧温度，或容器中混合气体瞬间同时点燃而发生的爆炸现象。这是一个模型化的概念，可以看成是燃烧速度无限大的一种极端情况，是一个瞬时的整体反应形式。实际密闭容器中混合气体的爆炸参数可以近似使用定容爆炸的参数。

④ 爆轰　爆轰与爆燃现象都涉及带有化学反应的波，两者的本质区别在于爆轰是由化学反应支持超声速的冲击波，而爆燃是由化学反应支持的亚声速波。

前三种形式都属于爆燃，爆燃与爆轰相比，虽然前者的传播速度慢得多，且在无约束大气中燃烧超压可以忽略不计，但并非爆燃在局部封闭体积内也不发生压力升高的现象，也就是说在有约束或存在障碍物的条件下爆燃可以转变为爆轰。

由上述可知，气体爆炸的范畴较广，大致有四种不同的表现形式。气相爆轰从属于气体爆炸并且是气体爆炸中的最高表现形式，不论是冲击波传播速度还是爆炸产生的压力都与其他形式有着数量级上的差异。

3.6.1.1 气相爆轰现象

凡是在常温、常压下以气态存在，经撞击、摩擦、热源或火花等点火源的作用能发生燃烧爆炸的气态物质，统称为可燃性气体。

通常，可燃性气体按形态可分为以下 4 类。

① 可燃气体　氢气、水煤气、四个碳以下的有机烃（如甲烷、乙烷、丙烷等）均属此类。它们在常温、常压下以气态存在，与空气形成的混合物容易发生燃烧或爆炸。

② 可燃液化气　如液化石油气、液氨、丁烷等。这类气体在加压降温的条件下即可变为液体，压缩储存在贮罐中。液化石油气的主要成分是丙烷、丙烯、丁烷和丁烯等，常温、常压下为气体，在 0.8～1.5MPa 压力下即可液化为液体。

③ 可燃液体的蒸气　如甲醇、乙醚、酒精、苯、汽油等的蒸气，这些蒸气在燃烧液体表面上有较高的浓度，与空气的混合物容易发生燃烧或爆炸。

④ 分解爆炸性气体　如乙烯、乙炔、环氧乙烷、丙二烯等。这些气体最突出的特点是它们不需要与助燃气体混合，本身就会发生爆炸。

可燃气体是与外界的空气或氧发生燃烧或爆炸而释放能量的。这一点与炸药不同。军事上利用这些可燃气体本身不携带氧，靠周围环境中的氧释放能量这一优点，研究开发具有大面积杀伤破坏效应的燃料空气炸弹。

上述 4 类可燃性气体在特定条件下均可能发生气相爆轰。气相爆轰现象的发生不仅仅是单一因素决定的，它取决于很多因素：

① 气体种类　不同可燃气体的活化能不同，导致不同气体发生爆轰的难易程度存在差异，如氢气相较于甲烷更容易发生爆轰。

② 浓度范围　爆炸性混合气体的爆轰现象只发生在一定的浓度范围内，这个浓度范围叫爆轰范围。

③ 氧化剂　纯氧或氯气等强氧化剂会使反应加速，并发生爆轰现象。氯酸盐、高氯酸盐等氧化剂的存在会使可燃气体发生加速反应或爆炸性反应。

④ 催化剂　催化剂通常可以降低初始反应所需要的能量，并可导致反应加速。因此催化剂可以使更多的混合物通过施加一个引发源来开始反应，并使反应达到爆轰速度。

⑤ 初始压力　压力的增加也可以导致反应速度的增加。例如乙炔管线过热，导致乙炔分解，增大了气体压力从而使分解速度增大，并发展为爆轰。

⑥ 初始温度　混合气的初始温度对爆轰的传播速度影响较小。实验数据

表明，有些情况下，升高温度反而使爆轰速度有所下降，这是升高温度使气体密度减小所造成的。

⑦ 初始密度　通常混合气体的爆速随初始密度的增大而增大。

⑧ 反应热　如果在燃烧反应中放出的热量巨大，同样可能导致某些稳定混合物发生爆轰。

⑨ 约束条件　气体爆炸受到管径或容器的长径比、形状、强度等约束条件的影响。由于爆炸性混合气体在点火以后到形成爆轰有一段发展过程，在常压非扰动的初始条件下，在管子或小直径容器中爆轰的形成与管道或容器的长径比有关。大型容器即使长径比小，也不能因此认为不会引发爆轰。当有相当大的扰动产生，或存在能量很高的点火源时，也可使爆轰在大型容器中产生。另外，气体爆轰波的传播速度与存放气体管子的形状有关，与管子的放置方法（垂直、水平或倾斜）、起爆源的种类、引爆端是闭口还是开口等无关。

⑩ 惰性气体　加入惰性气体，对于较轻的惰性气体如 He，爆速增加；对于较重的惰性气体如 Ar，爆速减小。这是因为轻气体使得爆炸反应产物的平均分子量减小，重气体使得分子量增大。大分子量气体吸热导致爆温下降。

3.6.1.2　爆炸浓度极限及其确定方法

对于气体混合物，在一定的浓度范围内才能发生爆轰。这个浓度范围称为爆轰极限。在浓度极限的范围内，爆速随浓度的改变而改变，不同气体混合物的变化情况不同。

（1）气体爆炸浓度极限

通常情况下，气体混合物中可燃成分的浓度处于一定范围内时，才会发生爆炸现象，这个浓度范围称为爆炸浓度范围。能够发生爆炸的最低浓度叫作爆炸浓度下限，而能够发生爆炸的最高浓度叫作爆炸浓度上限。一些可燃气体的爆炸浓度极限如表 3-1 所示。

表 3-1　一些可燃气体的爆炸浓度极限

混合气体		爆炸浓度下限/%	爆炸浓度上限/%
可燃气体	空气或氧气		
一氧化碳	氧气	15.5	94.0
氨	氧气	13.5	79.0
乙炔	空气	1.5	82.0
乙炔	氧气	1.5	81.0
丙烷	氧气	2.3	55.0
乙醚	空气	1.7	36.0
乙醚	氧气	2.1	82.0

当可燃物含量很低或很高时，化学反应进行得很慢，单位时间内放出的总化学反应能量较小，就不能支持前沿冲击波去激发下层混合气体的化学反应。即使没有任何能量耗散，也不能使爆轰波稳定传播。

在混合气体的爆炸浓度范围内，存在一个最佳浓度，此时，爆速最大，压力和反应放热也最大。从安全角度看，最佳浓度时的威力最大，破坏效应也最严重。

爆炸浓度极限不是一个固定的物理常数，它与点火能、初始温度、压力等因素有关。

① 点火能　一般来说，点火能越大，传给周围可燃混合物的能量越多，引起邻层爆炸的能力越强，火焰越易自行传播，从而爆炸浓度范围变宽。但当点火能达到一定程度时，爆炸浓度范围的变化就不明显了。

② 初始温度　初始温度升高，会使化学反应的速度加快，在相同的点火能下，可燃气体混合物的初始温度越高，燃烧反应越快，于是单位时间放热越多，火焰越易传播，因而爆炸极限范围变宽。

③ 压力　混合气体压力提高，爆炸浓度范围扩大。处于高压下的气体，其分子比较密集，单位体积中所含混合气分子较多，分子间传热、传质发生化学反应比较容易，反应速度加快，而散热损失显著减少，因此爆炸浓度范围扩大。压力对爆炸浓度上限的影响较大。

表 3-2　初始压力对甲烷/空气混合气体爆炸浓度极限的影响

初始压力/10^2kPa	爆炸浓度下限/%	爆炸浓度上限/%
1	5.6	14.3
10	5.9	17.2
50	5.4	29.4
125	5.7	45.7

在减压的情况下，随着压力的降低，爆炸范围不断缩小。当压力降到某一数值时，上限浓度会和下限浓度重合。如果压力再继续下降，则混合气便不会爆炸了，这一压力称为爆炸极限的临界压力。

④ 惰性气体　在可燃混合气中添加惰性气体，可使混合气体的爆炸范围缩小。当惰性气体大于一定浓度时，混合气体便不能发生燃烧和爆炸。

（2）爆炸浓度极限的计算

① 按完全燃烧 1mol 可燃性气体所需的氧摩尔数 n_0 估算：

$$L_{\min}=\frac{1}{4.76(2n_0-1)+1}\times 100\%$$

$$L_{max}=\frac{4}{9.52n_0+4}\times 100\%$$

式中　L_{min}——可燃混合气体的爆炸下限；

L_{max}——可燃混合气体的爆炸上限。

② 按化学计量浓度估算　可燃混合物中的可燃物与氧燃烧时到刚好完全氧化且无氧剩余的浓度称为化学计量浓度。需要指出的是，在非纯氧条件下需要考虑其他不参与反应的气体对浓度的影响。

设可燃气体的分子式为 $C_aH_bO_c$，其反应式可写为：

$$C_aH_bO_c+n_0O_2 \longrightarrow aCO_2+\frac{b}{2}H_2O$$

则：

$$n_0=a+\frac{b}{4}-\frac{c}{2}$$

如果把空气中氧气的浓度取为 20.9%，则可燃气体在完全燃烧的情况下，空气中的化学计量浓度的计算式为：$L_0=\frac{0.209}{0.209+n_0}\times 100\%$

在氧气中，L_0 则为：$L_0=\frac{1}{1+n_0}\times 100\%$

于是，爆炸浓度极限可估算为：$L_{min}=0.55L_0$，$L_{max}=4.8\sqrt{L_0}$

该式可用来估算烷烃以及其他有机可燃气体的爆炸浓度极限，但不适用于乙炔以及氢、硫、氯等无机气体。

③ 多组分可燃气体混合物的爆炸浓度极限　如果多组分可燃气体的反应特性接近或为同系物时，它们与空气构成的爆炸性混合物的爆炸浓度极限可根据 L-C 法计算，即：

$$L_{mix}=\frac{100}{\frac{c_1}{L_1}+\frac{c_2}{L_2}+\frac{c_3}{L_3}\cdots+\frac{c_n}{L_n}}$$

式中　c_1，c_2，c_3，…，c_n——第 i 种组分在可燃物中的浓度；

L_1，L_2，L_3，…，L_n——第 i 种组分的爆炸浓度极限（下限或上限）。

上式需满足以下条件：

a. $c_1+c_2+c_3+\cdots+c_n=100$；

b. 各组分间不发生化学反应且爆炸时不发生催化作用；

c. 各组分的爆炸浓度极限已知。

3.6.1.3 气相爆炸典型事故案例及分析

2021 年 10 月 21 日，辽宁省沈阳市和平区某烧烤店发生管道燃气泄漏爆炸事故，造成 5 人死亡、3 人重伤、49 人轻伤，直接经济损失约 4425 万元。调查表明，事故直接原因是烧烤店燃气并网施工过程中，施工人员打开进户引入管阀门入口法兰，完成并网施工焊接作业后，未将该法兰有效密封，且在通气后未对该法兰口进行严密性检查，导致燃气通过法兰口泄漏，泄漏时长 3 小时 25 分钟。泄漏的燃气在烧烤店室内三层空间自然扩散，与空气混合后的浓度达到爆炸极限，遇室内二层电冰展示柜机械式温控器闭合或断开时产生的电火花发生爆炸。

2023 年 6 月 21 日，宁夏回族自治区银川市某烧烤店发生一起特别重大燃气爆炸事故，造成 31 人死亡、7 人受伤，直接经济损失 5114.5 万元。经调查，事故直接原因是液化石油气配送企业违规向烧烤店配送有气相阀和液相阀的“双嘴瓶”，店员误将气相阀调压器接到液相阀上，使用发现异常后擅自拆卸安装调压器造成液化石油气泄漏，处置时又误将阀门反向开大，导致液化石油气大量泄漏喷出，与空气混合达到爆炸极限，遇厨房内明火发生爆炸进而起火。由于没有组织疏散，唯一楼梯通道被炸毁的隔墙严重堵塞，二楼临街窗户被封堵并被锚固焊接的钢制广告牌完全阻挡，严重影响人员逃生，伤亡扩大。

利用气相爆轰基础理论，对上述气体爆炸事故进行分析。此类爆炸事故往往具有相似的灾害发生过程，即爆炸事故发生前出现易燃易爆气体泄漏，并在有限空间内聚集，达到易燃易爆气体的爆炸极限，此时一旦出现电火花、明火等点火源，便形成灾难性事故。可见，对于存在易燃易爆气体的场所，为避免爆炸事故发生，需要对空气中易燃易爆气体浓度进行监测，并加强通风，避免易燃易爆气体聚集，同时杜绝点火源，消除爆炸风险。

3.6.2 凝聚相爆轰

凝聚相爆轰即液相或固相的爆轰。凝聚相爆轰系统通常称为炸药。

相比气相爆轰，凝聚相爆轰通常具有更高的能量密度，能够产生更强的破坏力。实验与计算结果表明，目前常见的气相爆轰的爆速为 1500～4000m/s，爆压 1.5MPa 量级，温度能达到 2000～4000K；凝聚相（炸药）爆轰的爆速可达到 6500～9500m/s，爆压能够达到 20GPa 量级，温度在 3000～5000K。表 3-3 列出了一些液态和固态炸药的实测爆轰参量值。炸药的爆速通常随装药密度的增大而增大，一般成线性关系。炸药的爆速还随着药柱直径的增大而增大。

表 3-3 一些炸药的实测爆轰参量值

代号	状态	初始密度/(g/cm^3)	爆热/(kJ/g)	能量密度/(kJ/mL)	爆速/(m/s)	爆轰压/GPa
NM	液	1.135	4.44	5.04	6320	13.0
NG	液	1.60	6.19	9.90	7700	25.3
TNT	固	1.634	4.27	6.69	6930	19.1
CE	固	1.714	4.56	7.82	7640	26.8
PETN	固	1.77	5.73	10.14	8290	34.0
RDX	固	1.767	5.94	10.50	8700	33.8
HMX	固	1.890	5.73	10.83	9110	38.7

3.6.2.1 凝聚相爆轰反应区结构

爆轰波结构的 ZND 模型是针对气相爆轰而提出的，该模型将爆轰波看作由前沿冲击波和后随化学反应区所构成，而且它们以相同的速度沿炸药传播。对于凝聚相炸药，由于它们在爆轰波内所发生的变化比气态爆轰要复杂得多，爆轰生成的气体产物和未反应的凝聚相物质使反应区内存在着多相不均匀的结构，这种多相不均匀结构使凝聚相炸药的爆轰反应机理存在着差异。尽管如此，大量的实验结果均已表明，凝聚相炸药爆轰波结构仍可以用 ZND 模型来近似地予以描述。

实验所用的基本方法是测量与凝聚相炸药末端相接触的金属板上所形成的冲击波参数，即测量炸药爆轰后在金属板上所产生的冲击波速度和质点运动速度沿板厚的分布。也可用所得到的冲击波参数来推算凝聚相爆轰反应区的压力分布和反应区的宽度 X_0。

如果测定了爆轰反应区化学反应时间 τ 以及 CJ 爆轰面上爆轰产物质点的运动速度 u_1，则可以根据下式推算出爆轰波反应区的宽度 X_0：

$$X_0=(D-1.3u_1)\tau$$

反应区的宽度是随装药密度的降低而增大的。其原因是装药密度降低，使未反应的炸药所受到的冲击波压缩减弱，从而导致了反应区内化学反应减慢，并相应地增大了由径向膨胀所引起的能量损失。

3.6.2.2 凝聚相爆轰反应机理

爆轰波 CJ 模型和 ZND 模型都是以理想状态为前提条件。CJ 模型假设爆轰反应速度为无限大，爆轰波波阵面很薄，不考虑反应区的厚度，也不考虑反应区内所发生的化学反应历程；ZND 模型也是假设反应区内所发生的化学过程是均匀的，没有具体考虑爆轰反应的有关机理。因此，它们都不能完全解释爆轰波沿爆炸物（尤其是凝聚相炸药）传播过程中所出现的各种复杂现象。

一般来说，凝聚相炸药发生爆轰时，爆轰波中化学反应的速度很快，炸药在前沿冲击波的冲击压缩作用下，从反应开始到反应完成，其时间为 10^{-6}～10^{-8}s 量级。但是，由于炸药的化学组成以及装药的物理状态不同，爆轰波化学反应的机理不同。根据大量的实验研究，归纳出三种类型的凝聚相炸药爆轰反应机理：整体反应机理、表面反应机理和混合反应机理。

(1) 整体反应机理

整体反应机理又称均匀灼烧机理，它是指炸药在强冲击波的作用下，爆轰波波阵面的炸药受到强烈的绝热压缩，使受压缩炸药的温度均匀地升高，如同气体绝热压缩一样，化学反应是在反应区的整个体积内进行的。对于结构很均匀的固态炸药（如单质炸药）以及无气泡和无杂质的均匀液体炸药，它们在爆轰过程中所发生的高速化学反应的机理是整体反应机理。

依靠冲击波的压缩使压缩层炸药的温度均匀地升高而发生的整体反应，需要在较高的温度下才能进行，一般情况下应达到 1000℃左右。对于凝聚相炸药，由于压缩性较差，在受到绝热压缩时其温度的升高往往不明显，因此必须在较强的冲击波作用下才能引起整体反应。此外，凝聚相炸药随着密度的增加，其压缩性变差，这就需要更强的冲击波才能引起整体反应。例如，硝化甘油炸药在高速爆轰时，其冲击波压缩下炸药的薄层温度达到 1000℃以上，在这样高的温度下，硝化甘油被激发并发生剧烈的反应，并且在 10^{-6}～10^{-7}s 的时间内完成化学反应，其爆轰波的传播速度达到 6000～8000m/s。因此，在按照整体反应机理进行的爆轰反应中，炸药的爆速一般可达到 6000～9000m/s，其爆轰波波阵面上的压力高达 10GPa 量级，在冲击波的压缩下，炸药薄层的温度可突升到 1000℃左右。

(2) 表面反应机理

表面反应机理又称不均匀灼烧机理，它是指自身结构不均匀的炸药，如松散多孔隙的固体粉状炸药、晶体炸药和由这些粒状炸药压制成的药柱，以及含有大量气泡或杂质的液体炸药或胶质炸药等，在冲击波的作用下受到冲击波强烈压缩时，整个压缩层炸药的温度并不是均匀地升高，而是个别点状区域的温度升得很高，形成“起爆中心”或“热点”并首先发生化学反应，然后再传到整个炸药层。也就是说，化学反应首先是在炸药颗粒的表面以及炸药层中含有气泡的区域形成的“起爆中心”处进行的，因此，这种反应机理称作表面反应机理。

按照表面反应机理，发生爆炸反应的炸药在受到冲击波压缩时，炸药的颗粒之间便发生相互摩擦和变形，从而使颗粒间空隙中的气体由于受到绝热压缩形成了起爆“热点”，此外，也使得颗粒之间的气体产物发生流动并使与气体相接触的炸药表面局部温度升高，从而导致在炸药颗粒表面首先发生高速的化学反应，然后再向炸药颗粒内部扩展，直到反应结束。大量的实验研究表明，表面反应机理涉及的“起爆中心”的形成途径主要有以下三种：

① 炸药中含有的微小气泡（气体或蒸气）在受到冲击波压缩作用时绝热压缩；

② 由于冲击波经过时炸药的质点间或薄层间的运动速度不同而发生摩擦或变形；

③ 爆炸气体产物渗透到炸药颗粒间的空隙中从而使炸药颗粒表面加热。

按表面反应机理进行的爆轰反应所需要的冲击波强度虽然比按整体反应机理进行时所需要的冲击波强度低得多，但为了能激发炸药的快速反应，也必须有一定强度的冲击波对其进行作用，这主要是为了既使炸药颗粒的表面达到一定的温度，同时又使炸药颗粒的内部也能达到一定的温度。

例如，有人曾经对不含气泡的均匀硝基甲烷液体炸药进行起爆，实验表明，需要 8.5GPa 以上的冲击波压力才能实现爆轰；而含有直径大于 0.6mm 气泡作为“起爆中心”的硝基甲烷，只需要很小的冲击波压力即可实现爆轰。对于硝化甘油，气泡作为“起爆中心”的作用则更加明显。

(3) 混合反应机理

混合反应机理是物性不均匀的混合炸药，尤其是固态混合炸药所特有的一种爆炸反应机理。其特点是，反应不是在炸药的化学反应区整个体积内进行的，而是在一些分界面上进行的。

按照混合反应机理进行爆轰反应的炸药，其组成可以分为两类：一类是由几种单质炸药组成的混合炸药，它们在发生爆轰时，首先是各组分自身进行反应，放出大量的热，然后是各反应产物相互混合并进一步反应生成最终产物。在这种情况下，爆轰反应主要取决于各组分中的自身反应，因此这类炸药的爆轰反应规律与单质炸药的相同，其爆轰传播速度是组成混合炸药中各单质炸药爆速的算术平均值。严格地说，这类炸药的混合机理是不明显的。另一类是反应能力相差很悬殊的混合炸药，特别是由氧化剂和可燃剂，或者是由炸药与非炸药组分构成的混合炸药。它们在爆轰时，首先是氧化剂或炸药分解，分解产生的气体产物渗透或扩散到其他组分质点的表面并与之反应，或者是几种不同组分的分解产物之间相互反应。如硝铵炸药就是按这种方式进行化学反应的，其机理是硝铵炸药中的硝酸铵首先分解生成氧化剂 NO($2NH_4NO_3 \longrightarrow 4H_2O + N_2 + 2NO + 122.1kJ$)，然后 NO 与混合炸药中的其他还原性组分进行反应，并放出绝大部分的化学能。

对于按混合反应机理进行化学反应的炸药，其爆轰过程受各组分颗粒度的大小以及混合均匀程度的影响很大。各组分越细，混合均匀度越高，则越有利于反应的进行；反之，颗粒度越大，混合越不均匀，则越不利于化学反应的扩展，也会使爆速下降。此外，装药的密度过大，会使炸药各组分间的空隙变小，不利于各组分气体产物的渗透、扩散和混合，反应速度将下降。

综上所述，凝聚相炸药的爆轰反应可以按照炸药的化学组成以及物理结构的不同分为整体反应机理、表面反应机理和混合反应机理。应该注意的是，凝聚相炸药的爆轰反应并不都是按照上述三种反应机理中的某一种机理进行的，而往往是两种机理共同作用的结果，如绝大多数工业混合炸药以及由氧化剂和可燃剂、富氧成分或缺氧成分组成的混合物等。

3.6.2.3 影响凝聚相爆轰传播的因素

凝聚相炸药的爆轰过程一般要借助于热作用、机械作用，或依靠雷管或传爆药等起爆器材的作用来引发。凝聚相炸药爆轰主要取决于炸药的化学性质、起爆初始能量和装药条件等因素。

（1）炸药的化学性质

炸药的爆轰传播速度首先取决于其自身的化学性质，其中主要是炸药的能量。对于 $C_a H_b N_c O_d$ 类单质炸药来说，其爆热和比体积越大，爆轰反应区的压力和温度越高，爆速就越大。

由于炸药的临界直径与爆轰时化学反应区的宽度有密切关系，爆轰反应区窄则临界直径小，反应区宽则临界直径大。反应区宽窄又与化学反应速度有关，而化学反应速度又与炸药的化学性质有密切的关系。

（2）起爆初始能量

引发爆轰的第一个必要条件是起爆的冲击波速度必须高于被发装药的临界爆速，它取决于主发装药的性能和实验条件，如果起爆炸药的爆速很高，则很容易满足这个要求。引发爆轰的第二个必要条件是化学反应中所放出的能量使起爆冲击波波阵面保持必要的压力，它与被起爆装药的直径和外壳的性质有关。

另外，当冲击波的速度低于炸药的临界爆速时，虽然冲击波的作用不能直接引爆炸药，但由于存在起爆炸药爆轰产物的直接作用，有可能点燃被发装药，再由燃烧转变为爆轰。

（3）装药条件

① 装药直径　炸药的装药直径对爆轰的传播过程有很大影响，只有当炸药的装药直径达到某一临界值时，爆轰才有可能稳定传播。能够稳定传播爆轰波的最小装药直径为临界直径，对应于临界直径的爆速称为临界爆速；炸药装

药的爆速达到最大值时的最小直径为极限直径，对应于极限直径的爆速极大值称为极限爆速。对于单质炸药以及由它们组成的混合炸药，临界直径和极限直径都随装药密度的增大而减小，并且临界直径和极限直径之间相差的范围也随着装药密度的增大而减小。但当装药密度接近或达到炸药结晶密度时，则临界直径将增大。炸药颗粒尺寸越小，则临界直径和极限直径越小，且临界直径和极限直径之间的差值也越小。

② 装药密度　通常装药密度越大，爆轰波传播速度越大。在实践过程中，如果装药密度大到接近理论密度时，可能存在无法起爆或传爆的现象。

③ 约束条件　当装药有外壳时，由于外壳能够限制侧向稀疏波向化学反应区的传播，因此临界直径和极限直径均减小，且外壳强度越大，临界直径和极限直径就越小。

3.6.2.4　凝聚相爆炸典型事故案例及分析

2013 年 5 月 20 日 10 时 51 分许，位于山东省章丘市的某公司乳化震源药柱生产车间发生爆炸事故，造成 33 人死亡、19 人受伤，直接经济损失 6600 余万元。经调查，震源药柱废药在回收复用过程中混入了感度较高的单质炸药太安。太安在装药机内受到强力摩擦、挤压、撞击，瞬间发生爆炸，引爆了机内的乳化炸药，进而导致工房内其他炸药发生殉爆。

2019 年 3 月 21 日，位于江苏省盐城市响水县生态化工园区的天嘉宜化工有限公司发生特别重大爆炸事故，造成 78 人死亡，事故还造成 76 人重伤，640 人住院治疗，直接经济损失 19.86 亿元，以建筑物的破坏程度计算，此次爆炸事故的 TNT 当量为 400～500t。事故直接原因是：公司固废库内长期违法贮存的硝化废料持续积热升温导致自燃，燃烧引发硝化废料爆炸。

2020 年 8 月 4 日，黎巴嫩贝鲁特港口区发生剧烈爆炸（图 3-13）。截至当地时间 8 月 5 日 21 时，爆炸已造成 137 人死亡、5000 多人受伤。据估算，此次爆炸的损失超过 30 亿美元。根据黎巴嫩官方消息，此次爆炸是因为工作人员在对港区内存有炸药的仓库房门进行焊接维修时，焊接过程中产生的高温火花引燃仓库中的炸药，进而导致隔壁仓库中已经存放的 2750t 硝酸铵发生猛烈爆炸。

凝聚相爆炸物由于本身具有自持反应特性，其爆炸过程不需要消耗空气中的氧，爆炸过程比可燃气体爆炸具有更强的破坏性。如果爆炸物堆积数量大，在日常搬运、储存时若处理不当，将造成巨大的人员伤亡和财产损失。对于凝聚相爆炸物的储存、运输和使用，最重要的是避免撞击、跌落、火烧、静电、雷击等意外能量刺激，并注意堆放数量限制，避免自身缓慢热分解形成的热量累积，导致反应加速。

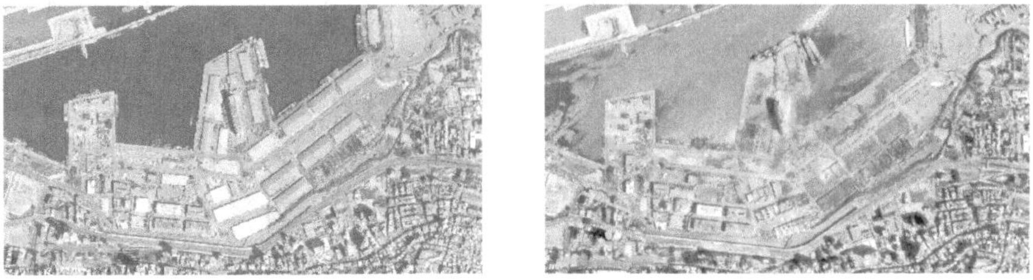

(a) 爆炸前　　(b) 爆炸后

图 3-13　黎巴嫩贝鲁特港口爆炸前后卫星图

3.7　多相爆轰

本书所述多相爆轰是指气相与液、固相中的一种或两种混合物的爆轰，至于液-固两相爆轰不在本书讨论范围内。工业上的爆炸灾害事故，绝大部分属于多相爆轰。

与凝聚相炸药相比，多相爆轰具有体积能量密度低，但单位质量燃料的能量高、爆轰强度高的特点，并且多相爆轰包括许多低速物理过程和机械过程，受管壁摩擦和传热影响大，同时液滴及粉尘的大小、液体燃料饱和蒸气压的高低、固体燃料的热容和热导率等都对爆轰参数有影响。

与气相爆轰相比，多相爆轰过程更为复杂，不但要考虑相与相之间的相互作用、液滴的破碎及雾化，还要考虑颗粒、液滴的非均相燃烧等复杂的物理化学过程。

气-液两相爆轰也称云雾爆轰，这是因为其结构和云雾一样，不同的是燃料液滴代替了水液滴，燃料液滴由于某些原因散布在空气中，形成空气与燃料液滴的混合介质。军事上的燃料-空气炸药将液体燃料抛撒出去形成这样的两相介质，经点火形成爆轰，而工业领域中的石油化工系统包含各种可燃液体的生产、运输和储存，这些过程均存在云雾爆轰的风险。如：2013 年 11 月 22 日，中石化青岛输油管道泄漏爆炸，造成 62 人死亡、136 人受伤，原因是青岛输油管道泄漏原油进入市政排水暗渠，油气在作为密闭空间的地下暗渠内积聚，遇火花发生爆炸。

气-固两相爆轰通常称为粉尘爆轰，其形式是可燃粉尘悬浮在空气或氧气中，形成可爆炸混合物，在一定条件下就能爆炸。军事领域中的温压武器毁伤过程和工业领域中的粉尘爆炸事故均是典型的粉尘爆炸（轰）现象。美国化学品安全与危险调查局（CSB）的调查数据显示，在 2006～2017 年期间，美国共发生 111 起粉尘爆炸事件，造成 66 人死亡、337 人受伤。我国粉尘爆炸事故也屡有发生，发生粉尘爆炸的主要粉尘为金属粉尘、木材粉尘、食品粉尘，产生这类粉尘的行业多为劳动密集型产业，例如：2024 年 1 月 20 日位于江苏省常州市武进区的某公司发生较大粉尘爆炸事故，造成 8 人死亡、8 人轻伤，直接经济损失 1483 余万元。经调查认定，该事故是一起相关企业为逃避监管而恶意隐瞒生产活动，未按生产设备的设计要求作业导致生产现场铝合金粉尘大量积聚，应急处置失当，加之属地管理和行业监管不到位，造成的较大生产安全责任事故。

多相爆轰的爆压、爆速与凝聚相炸药相比要小得多，但是它的爆源数量多，面积广，冲量和释放的总能量很大，爆炸源靠近建筑设施及人群，而且具有突发性，因此破坏效应很大。多相爆轰的反应区很宽，属于非理想爆轰，常常是不稳定的，受外界环境和限制条件的影响大，有必要充分认识多相爆轰的特征。

3.7.1 气-液两相爆轰

气-液两相爆轰是在气相爆轰基础上发展起来的，理论基础与气相爆轰有一定的相似之处。气-液两相爆轰主要涉及燃料液滴雾化、爆炸抛撒过程、蒸气云爆轰参数等方面，同时还要考虑液相雾化对气相组分的扰动和对整个体系氧平衡的影响。

燃料液滴悬浮在空气中的状态与云雾相似，故也称云雾爆轰。云雾爆轰发生的条件为：

① 燃料液滴与空气形成合适浓度的蒸气云；

② 燃料液滴与空气混合均匀，液滴颗粒不能太大；

③ 足够大的云雾尺寸；

④ 足够高的起爆能量。

云雾爆轰波的结构是很复杂的，在反应区内，液滴必须被粉碎、汽化，并与空气充分混合，才能形成爆轰。爆炸形成的冲击波驱动液体是一个气、液相间相互作用的过程，涉及液体的变形、破碎、雾化，有多种爆轰化学反应机理。

（1）受液滴极限汽化速度控制的爆轰机理

直径小于 10μm 的燃料液滴和气体氧化剂构成的云雾爆轰，主要受液滴在前沿冲击波作用条件下的极限汽化速度的控制。燃料液滴在前沿冲击波作用下，云雾的温度、压力等都产生强间断，云雾中燃料液滴以当时条件下的极限速度汽化，且与周围氧化性气体混合并实现爆轰，爆轰所放出的能量支持前沿冲击波的继续传播，由于液滴尺寸很小，在约 10^{-6}s 的时间内完成汽化，所以这类云雾与均匀气相混合物的爆轰极其相似。

(2) 受液滴剥离效应控制的多相爆轰机理

液滴尺寸为 100μm 量级的云雾，其液滴在受到爆炸形成的前沿冲击波作用后，气体立即获得与冲击波同方向的流动速度。而液滴由于有较大的惯性，获得的速度较小，故形成气流与液滴间的相对流动速度为 10^2～10^3m/s 量级。由于液滴的惯性、表面张力、黏滞性，在液滴表面层内形成逆气流方向的剪切力，将其逐层剥离而在尾部形成细雾，细雾迅速汽化，参加爆轰反应，释放化学能，不断支持爆轰波的传播。

(3) 液滴变形—破碎—局部爆炸的云雾爆轰机理

试验证明，液滴半径为 100～1000μm 的云雾可以实现自持爆轰。爆轰反应区内所发生的现象相当复杂，这种过程是单纯的液滴剥离机理不能解释的。一些研究者提出了一种新的云雾爆轰机理，可以归结为液滴变形—破碎—局部爆炸的云雾爆轰机制。即前沿冲击波通过后气流和液滴间产生较大的速度差，气流在液滴表面受到滞止，形成极高的滞止动压，此动压一方面使液滴加速运动，另一方面迫使液滴迅速向横向变形。从液体表面绕过去的气流对液滴起到一定的剥离作用，从而在液滴尾部形成细小的雾滴。雾滴迅速汽化并猛烈燃烧，导致液滴尾部发生局部爆炸，并向四周扩展。这种以二次冲击波的形式局部爆炸所释放的化学能，一部分向前补充给前沿冲击波，并促使前方的液滴继续进行变形、剥离和破碎；另一部分向后的冲击波能量则损失于产物中。粗颗粒的云雾爆轰可归结为上述液滴变形—破碎—局部爆炸的云雾爆轰机理。

根据以上所述的云雾爆轰机理，液滴尺寸越小，破碎越快，气流中碎液滴迅速汽化，与空气充分混合，发生局部爆炸和燃烧，爆炸产生的冲击波可以使被作用的液滴加速破碎，爆炸能量支持前沿冲击波推进，形成稳定的自持爆轰波。爆轰反应区的宽度为猛炸药的百倍，达到厘米量级。反应区越宽，热传导损失和黏性损失越大，反应热支持爆轰的作用越小，因此爆轰性能与液滴尺寸有很大的关系，例如二乙烯环已烷液滴与氧的云雾中：当液滴尺寸为 0.29mm 时，实测爆速比 CJ 模型爆速（完全反应）低 2%；尺寸为 0.94mm 时低 10%；尺寸为 2.6mm 时低 35%。

3.7.2 气-固两相爆轰与粉尘爆炸

气-固两相爆轰是粉尘最剧烈的化学反应形式，它是悬浮于空气中的含能颗粒粉尘与空气混合达到一定条件时，遇到点火源发生爆轰反应且产生巨大的破坏作用的一种现象。与云雾爆轰一样，粉尘颗粒直径对反应动力学过程有重大影响，大尺寸颗粒由于比表面积（单位质量颗粒的表面积）小，容易沉降，与空气混合后不易发展为爆轰；小尺寸颗粒的比表面积大，不易沉降，与空气混合后容易发展为爆轰。

日常生活与工业生产中通常将粉尘悬浮于空气中发生的剧烈化学反应统称为粉尘爆炸。粉尘的浓度通常以 g/cm^3 或 mg/L 计，浓度在爆炸上限和下限的范围内，混合物才能爆炸。粉尘爆炸的过程很复杂，粉尘颗粒在前沿冲击波作用下压缩加热，同时通过热辐射和热传导使表面温度迅速升高，使其熔化蒸发或分解出可燃气体，与周围空气混合发生化学反应，其中一部分能量支持爆轰波稳定推进。气-固混合物被点燃，能量不断释放，不断加强前沿压力波，如果条件具备，最后将发展为稳定的爆轰波。在许多情况下，无法发展到爆轰而处于爆燃阶段，但是已经能够产生强烈的破坏效应，在该过程中伴随着非定常的多相传热、传质、辐射以及多级多相化学反应的流体力学过程，其中伴有相变（蒸发）、两相扩散及湍流等过程，波阵面有显著的三维结构，如螺旋爆轰。

粉尘爆炸是粉尘云着火时，顷刻间完成燃烧过程，释放大量热能，使燃烧气体温度骤然升高，形成很高的膨胀压力，体积剧烈膨胀。一旦空间受限，即发生爆炸。密闭空间内粉尘爆炸也呈现两种不同的极端情况。一种是具有低长径比的密闭空间内的定容爆炸，它将引起密闭空间内压力极快增长；另一种是在具有大长径比的结构中发生火焰加速，致使火焰的有效传播速度很高，甚至转变到爆轰速度，从而造成严重的破坏。

粉尘爆炸事故普遍地发生在各类工厂之中，如面粉厂、炸药厂、铝制品磨光车间等。这些都是易产生粉尘聚集的高危场所，管理稍不慎就极易因可燃性粉尘触及明火或电火花等火源发生粉尘爆炸事故。

3.7.2.1 粉尘爆炸机理

粉尘粒子表面通过热传导和热辐射，从点火源获得能量，表面温度急剧升高，达到粉尘粒子的加速分解温度或蒸发温度，形成粉尘蒸气或分解气体。这种气体与空气混合后就能引起点火（气相点火）。另外，粉尘粒子本身从表面一直到内部（直到粒子中心点），相继发生熔融和气化，迸发出微小的火花，成为周围未燃烧粉尘的点火源，使粉尘着火，从而扩大了爆炸（火焰）范围。这一过程与气体爆炸相比，由于涉及辐射能而变得更为复杂。以铝粉在空气中爆炸为例，其反应过程见图 3-14。

粉尘爆炸时的氧化反应主要是在气相内进行的，从机理上讲与气体爆炸存在一定的相似性，不同的是粉尘爆炸氧化放热速率受到传质过程的制约，即颗

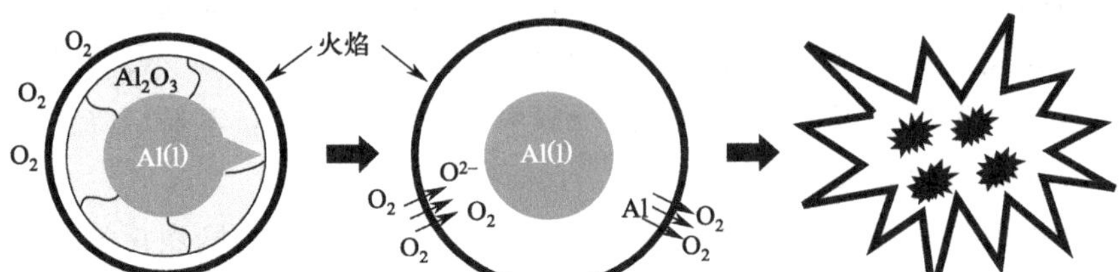

图 3-14　铝粉在空气中爆炸示意图

粒表面物质要向外界扩散，外界的氧也要向颗粒表面扩散，这个速度比颗粒表面氧化速度小得多，从而形成控制环节。因此，实际氧化反应放热消耗颗粒的速率最大等于传质速率。

3.7.2.2　粉尘爆炸特点、条件及相关参数

（1）粉尘爆炸特点

与气体爆炸一样，粉尘爆炸也是可燃物和氧化物（如空气中的氧）的快速化学反应。但是粉尘爆炸与气体爆炸的引爆过程不同，气体爆炸是预混合的分子反应，而粉尘爆炸是非预混合的扩散反应，因为粉尘粒子比分子大几个数量级。爆炸过程中粒子表面温度上升是其气化的条件，热传递在爆炸过程中起着重要作用。这也是粉尘爆炸比气体爆炸需要更大点火能量的原因。

粉尘爆炸和气体爆炸最大的区别在于可燃物形态和反应方式两个方面。一方面，气体爆炸的可燃物处于气态，只有在混合物中占有足够的体积（处于爆炸极限之内）才能发生爆炸；而粉尘爆炸的可燃物处于固态，在混合物中所占的体积极小，基本上可以忽略不计。此外，粉尘的粒径比气体分子大很多。另一方面，气体爆炸反应是气相反应，属于分子反应；而粉尘爆炸反应是一种表面反应，影响因素更多。粉尘爆炸的特点归纳如下：

① 燃烧速度或爆炸压力上升速度比气体爆炸要小，但燃烧时间长，产生的能量大，所以破坏程度大。

② 发生爆炸时有燃烧粒子飞出，如果飞到可燃物或人体上，会使可燃物局部严重炭化，人体严重烧伤。

③ 如图 3-15 所示，静止堆积的粉尘被风吹起悬浮在空气中时，如果有点火源就会发生第一次爆炸。爆炸产生的压力波又使其他堆积的粉尘扬起，而飞散的火花和辐射热可提供点火源，又引起第二次爆炸，最后使整个粉尘存在场所受到爆炸破坏。

④ 即使参与爆炸的粉尘量很小，但由于伴随有不完全燃烧，故燃烧气体

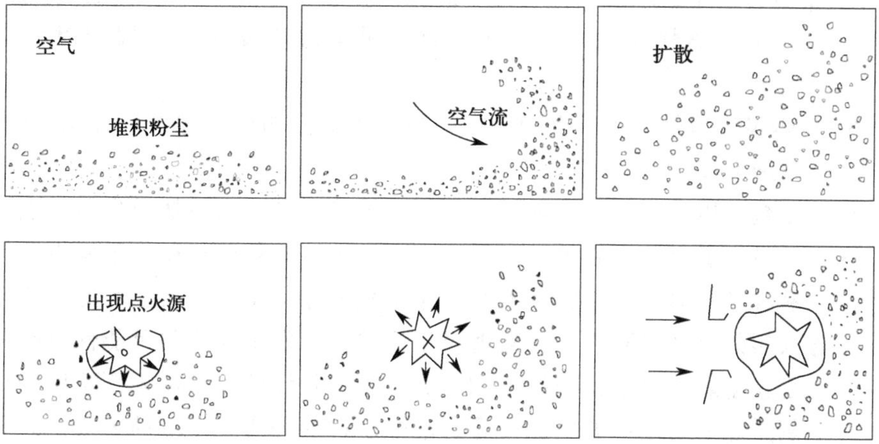

图 3-15　粉尘爆炸的扩展

中含有大量的 CO，所以会引起中毒。在煤矿中因煤粉爆炸而身亡的人员中，有一大半是由于 CO 中毒。

（2）粉尘爆炸条件

大量实验研究表明，粉尘发生爆炸必须同时具备以下 5 个基本条件：

① 可燃粉尘，更广泛一点说，是能够被氧化放热的粉尘；

② 氧化性物质，如空气中的氧气；

③ 粉尘呈悬浮状态，堆积状的粉尘不会发生爆炸，只有粉尘被卷扬起来呈悬浮状态并与空气充分混合时才能发生爆炸；

④ 点火源，其能量必须达到一定的数值；

⑤ 空间的相对密闭性。

描述粉尘发生爆炸的 5 个条件通常用“爆炸五边形”表示，如图 3-16 所示。

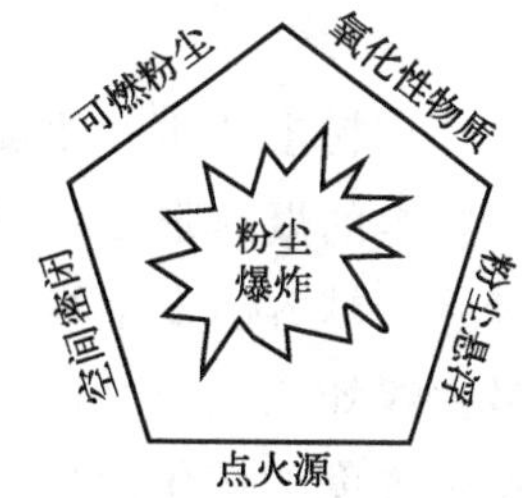

图 3-16　粉尘爆炸五边形

（3）粉尘爆炸参数

表征粉尘爆炸特性的参数主要有以下几种。

① 粉尘云最低点燃温度，指的是测试炉内粉尘云发生点燃时炉子内壁的最低温度。

② 粉尘层最低点燃温度，指规定厚度的粉尘层在热表面上能够点燃的热表面最低温度。

③ 粉尘云爆炸极限，包括粉尘云爆炸下限和粉尘云爆炸上限。由于粉尘在重力作用下会沉降，这种趋势随粉尘云浓度的增加而增大，名义上很高的粉尘云浓度依然会爆炸，所以通常实践中只有粉尘云爆炸下限才具有实际意义。

④ 粉尘云最小引燃能量，指能够点燃最敏感浓度粉尘云的最低火花能量。

⑤ 粉尘最大爆炸压力，指封闭容器内最敏感浓度粉尘云爆炸时的最大超压。

⑥ 粉尘最大爆炸压力上升速率，指封闭容器内粉尘云爆炸时压力-时间曲线上升斜率最大值。

以上参数总体上可以分为两类：一类是敏感度参数，包括粉尘最低点燃温度、粉尘云最小引燃能量和粉尘云爆炸下限，这些参数反映粉尘云发生动力学反应的难易程度；另一类是猛度参数，包括最大爆炸压力及其上升速率，反映粉尘云着火后的爆炸猛烈程度。前者对于评估粉尘发生爆炸的可能性具有重要意义，也是粉尘爆炸事故预防措施的依据；后者是评估爆炸后果严重度的重要参数，是制定爆炸防治措施，如泄爆、隔爆、抑爆等需要考虑的因素。

3.7.2.3 粉尘爆炸的影响因素

粉尘爆炸是多相流的爆燃过程，远比气体爆轰复杂得多，粉尘爆炸性参数并不是粉尘的固有特性，很多因素会影响粉尘爆炸发生的可能性和爆炸后果严重度。涉及的因素包括以下几个。

（1）粉尘粒度及形貌

粒度越细的粉尘其单位体积的表面积越大，分散度越高，爆炸下限越低。对于某些分散性差的粉尘，其粒度在一定范围内，随粒度的减小，其爆炸下限降低。

（2）粉尘性质和浓度

粉尘的爆炸强度在很大程度上取决于参与爆炸反应的粉尘的性质。粉尘活性越强，越容易发生爆炸，且爆炸威力越大。粉尘本身的性质对最大爆炸压力和最大爆炸压力上升速率的影响也很大。与气体爆炸类似，粉尘的爆炸强度也随粉尘浓度的变化而变化，当粉尘浓度达到某一值（最危险浓度）时，爆炸压力和压力上升速率会达到最大值。

（3）氧化剂浓度

对于一般工业粉尘来说，当氧气/氮气之比很低时，粉尘云不会发生爆炸；当氧气/氮气之比达到临界氧浓度之后，它对爆炸下限的影响不显著；但随着氧气/氮气之比的增大，爆炸上限迅速升高。当加入惰性粉尘时，由于其覆盖、阻隔、吸热等作用，从而起到阻燃、阻爆的效果，使爆炸下限升高。对能自身供氧的火炸药粉尘，因为它们能靠自身供氧使反应继续下去，所以空气中的氧浓度对粉尘爆炸极限的影响不大。

（4）点火能量

与气体爆炸一样，火花能量、热表面面积、火源与混合物的接触时间等对爆炸极限均有影响。对于一定浓度的爆炸性混合物，都有一个引起该混合物爆炸的最小能量。点火能量越高，加热面积越大，作用时间越长，则爆炸下限越低。

（5）含杂混合物的影响

含杂混合物是指粉尘/空气混合物中含有可燃气或可燃蒸气。工业上由含杂混合物引发的爆炸事故很多，煤矿瓦斯爆炸大多都属于这种情况。在这类爆炸事故中，可燃气或可燃蒸气的含量远远低于爆炸下限。研究表明，粉尘/空气混合物中含有可燃气或可燃蒸气时，其爆炸下限随可燃气（或蒸气）浓度的增大急剧地下降。

（6）初始压力

与可燃气体爆炸相似，粉尘最大爆炸压力和压力上升速率也与其初始压力 p_0 正相关。

（7）初始温度

与可燃气体爆炸相似，粉尘最大爆炸压力和压力上升速率也与其初始温度正相关。

（8）爆炸空间形状和尺寸

若忽略容器的热损失，密闭容器中粉尘爆炸的最大压力与容器尺寸、形状无关，只与反应初始状态有关。容器尺寸和形状对压力上升速率有很大影响。

（9）湍流度

湍流实质上是流体内部许多小的流体单元在三维空间不规则运动所形成的许多小涡流的流动状态。有以下 3 种情况：一是初始湍流，是在粉尘云开始点燃时流体的流动状态；二是如果粉尘发生爆燃，周围的气体就会膨胀，加剧了未燃粉尘云的扰动，从而使湍流度增大；三是粉尘云在设备中流动，由于设备有各种形态，也会增加粉尘云的湍流度。如果湍流度增大，粉尘中已燃和未燃部分的接触面积增大，从而加大了反应速度和最大压力上升速率。

3.7.2.4 粉尘爆炸典型事故案例及分析

粉尘爆炸事故的发生几乎遍及各个工业领域，而且随着经济的发展，发生频率显著增加，严重危害人们的生命和财产。

2014 年 8 月 2 日，江苏省昆山市某公司抛光二车间发生特别重大铝合金粉尘爆炸事故，造成 146 人死亡、114 人受伤，原因是事故车间除尘系统较长时间未按规定清理，铝粉尘积聚。除尘系统风机开启后，打磨过程产生的高温颗粒在集尘桶上方形成粉尘云。除尘器集尘桶锈蚀破损，桶内铝粉受潮，发生氧化放热反应，达到粉尘云的引燃温度，引发除尘系统及车间的系列爆炸，且没有泄爆装置，爆炸产生的高温气体和燃烧物瞬间经除尘管道从各吸尘口喷出，导致全车间所有工位操作人员直接受到爆炸冲击，造成群死群伤。从粉尘爆炸的5个条件进行分析，造成该事故的最主要原因在于：a. 除尘系统内可燃粉尘积聚，导致同时具备了可燃粉尘、氧气、粉尘的悬浮状态、空间密闭性4个条件；b. 除尘器内铝粉受潮放热，形成点火源，致使第5个条件成为压死骆驼的最后一根稻草。

2015年6月27日，台湾省新北市八里的八仙水上乐园舞台，在举办彩色派对活动最后5分钟发生粉尘爆炸意外，造成500余人受伤、12人死亡。起火原因是人群的跳跃、风吹，加上工作人员不断以二氧化碳钢瓶喷撒玉米粉，燃点较低的玉米粉接触到表面温度超过400℃的电脑灯，引发火势。对该爆炸事故的原因进行分析，喷撒着火点较低的玉米粉，同时爆炸现场有达到玉米粉燃点的热源是造成上述事故的核心因素。

上面列举的事故说明了粉尘爆炸的普遍性，也说明了粉尘爆炸事故的突发性和严重性。发生事故的最重要原因是易燃物与点火源的管控缺失。为了预防粉尘爆炸灾害，应该把以爆炸理论为基础的防爆技术应用贯彻到设计、生产和管理部门中去。

3.7.3 多相爆轰在军事中的应用

3.7.3.1 二次型云雾爆轰

云雾爆轰不同于气相爆轰和凝聚相爆轰，它是一种非均质的多相爆轰。云雾是由液体或固体燃料经过爆炸抛撒的方法散布在空气中，形成的气-液、气-固或气-液-固不均匀的可燃爆混合物云团，再由强冲击波或炸药爆炸产生的爆轰波对上述可燃爆混合物进行起爆，爆轰波在这种不均匀介质中传播的过程称为“二次型”云雾爆轰。

常见烃类燃料的燃烧热为50MJ/kg量级，而炸药的爆热为5MJ/kg量级，所以气体或粉尘爆炸源燃料的能量密度为炸药的10倍，这些燃料本身不携带氧，却可以在爆炸过程中利用空气中的氧反应释能。军事上利用这一点，研究开发出具有大面积杀伤破坏效应的燃料空气炸药。

燃料空气炸药不同于一般的传统炸药，它是以挥发性液体碳氢化合物或固体粉质可燃物为燃料，以空气中的氧气为氧化剂形成的非均相爆炸性混合物，具有能量高、爆炸范围大、原料来源广泛等特点，是一种新型爆炸能源。使用时，将燃料抛撒到周围空气中，燃料迅速扩散并与空气混合形成爆炸性云雾。然后，再将该云雾引爆，实现云雾爆轰，可产生具有较大覆盖面积的爆炸冲击波。从原理上来说，燃料空气炸药相当于人为制造的石油气爆炸灾害或煤矿、铝粉企业发生的粉尘爆炸灾害。由于燃料空气炸药的作用效果受使用地点气象条件和地理环境的影响很大，需要很高的抛撒与起爆技术以保证可靠的作用效果。

燃料空气炸药的作用机理是通过中心抛射装药爆炸，利用其形成的冲击波能使装有燃料的外壳解体，同时将燃料抛撒到空气中，燃料液滴在冲击波的作用下碎解、雾化并与空气充分混合形成可爆云雾。燃料抛撒过程如图 3-17 所示。

图 3-17　大体积云雾抛撒形态（云雾体积：70000m^3）

燃料空气炸药形成云雾爆轰需要满足以下 4 个条件：

① 燃料与空气混合得足够充分，燃料液滴尺寸足够小，充分蒸发，固态液滴尺寸足够小，分散充分。液滴粒径愈小，与空气的接触面愈大，则愈容易起爆，爆速愈接近理论值。

② 燃料与空气的比例应在能够爆炸的范围内，称为爆轰极限或爆炸极限，通常液态燃料以在混合物中的体积分数表示，固态燃料则以在单位体积混合物中的质量表示。

③ 足够大的混合物体积。

④ 足够大的起爆能量。

FAE（燃料空气炸药）的威力主要体现在冲击波、爆炸火球参数，这取决于燃料空气炸药是否发生了爆轰。FAE 引爆后形成的爆炸冲击波和火球如

图 3-18 所示。

图 3-18 云雾爆轰产生的冲击波和火球

3.7.3.2 一次型云雾爆轰

鉴于 FAE 应用过程中需要两次精准起爆带来的结构上和时序控制上的复杂性，研究人员开发了可实现一次型云雾爆轰的炸药，又称为温压炸药（thermal-baric explosive，TBX）。与“二次型”相对应，一次型云雾爆轰是指炸药作用过程中仅经历一次起爆，燃料便可以与空气混合形成云雾，并持续发生化学反应，直到爆轰反应完成。炸药爆轰过程中形成空气冲击波、高温爆炸火球对目标实现毁伤。

从组成上看，温压炸药主要是在高能单质炸药的基础上添加较高含量的镁、铝等可燃金属粉，高能单质炸药与可燃金属粉均匀混合，其中高能单质炸药主要起到将可燃金属粉抛撒至空气中，再将其引爆的双重作用。可燃金属粉在高温、高压环境中燃烧能够释放大量能量，从而使炸药的超高压效应和热毁伤效应大大增强。高温、高压爆炸会形成一系列的冲击波，可维持火球并将其持续时间延长至 10～50ms。随着气体的冷却，压力急剧下降，可能导致部分真空，其强度足以对人员和建筑物造成物理损坏。

研究人员基于大量的爆炸试验结果，认为温压炸药爆炸过程可能存在多个阶段的燃烧过程。研究人员建立了温压炸药能量输出的计算模型，得到的准静态压力与试验结果非常吻合。温压炸药的爆炸可以看作是三个独立过程的集合：

① 爆轰反应阶段　该阶段的持续时间一般仅为数微秒，并且不消耗环境中的氧气，主要是炸药内部的化学反应，以高能单质炸药的反应为主。该反应决定了炸药爆炸过程中的超高压力效应。

② 无氧燃烧阶段　该阶段的持续时间一般为数百微秒，也不消耗环境中的氧气，主要是温压炸药中高能单质炸药爆轰产物与铝粒子的氧化还原反应。

在冲击波向外传播的过程中，爆炸中心区域会形成一段负压区。此时爆炸区域内的空气量很少，爆炸反应产物的温度非常高，主要进行的是高温爆炸产物之间的放热化学反应。

③ 有氧燃烧阶段　该阶段的持续时间为数百微秒至数毫秒，主要是经过高温和高压活化的金属粒子与环境中氧气之间的反应。该反应持续时间较长，因此能够在一定程度上决定炸药冲击波的冲量值与爆炸火球的热效应，能够增强其对软目标的杀伤能力。

3.7.3.3　两种云雾爆轰的对比

图 3-19 列出了相同质量装药的 FAE、TBX 和 TNT 在实施近地空爆时的爆炸场超压 Δp 与距离 R 的一般关系曲线。

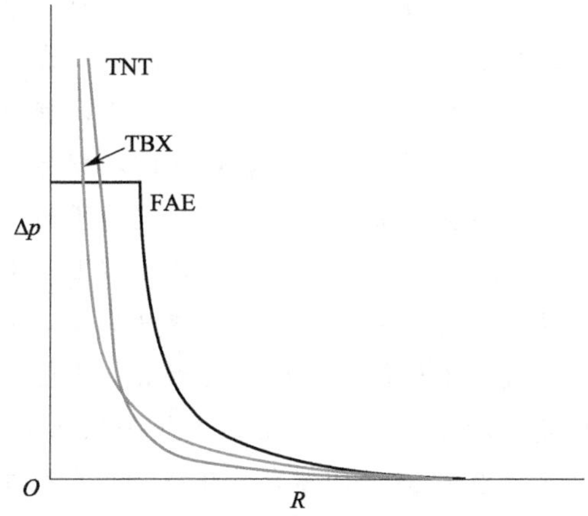

图 3-19　爆源爆炸超压与距离的关系曲线

三类爆炸源的爆炸场参数特点：

① FAE 主要利用云雾爆轰波及其引起的空气冲击波毁伤，具有覆盖面广的特征，对承受较低载荷即可破坏的软目标，毁伤面广而且效率高；但对坚硬目标基本没有毁伤效果。

② TNT 爆炸可视为点爆炸，只有与 TNT 装药接触或处于极近的距离时，才可产生强烈的猛炸作用。爆炸场冲击波超压在时间和空间两个方面均迅速衰减。

③ TBX 的爆炸场参数介于 TNT 和 FAE 之间。某些 TBX 药剂具有类似常规炸药的爆轰参数，但爆炸过程中利用铝粉后燃等效应，可进一步释放并加强空气冲击波，又有体积爆轰的特点，即其衰减速度在时、空两方面均比常规炸药的缓慢，但比 FAE 衰减快。

添加高能金属粉或高能燃料，以体积爆轰为主要功能的温压炸药，不仅为大幅度提高爆炸能量提供了可能，也为调节炸药爆炸能量输出结构创造了条件，对耐低载荷和燃烧敏感的目标，以及用于室内等有限空间中时，将发挥很有效的破坏作用。

思政小故事

中国爆震发动机改写全球动力格局

爆震发动机是一种通过爆震燃烧来提高热效率的空天动力装置，因高效和独特的燃烧模式，在航空航天领域备受关注。气态燃料的爆轰又称为爆震，与传统的燃烧方式不同，气态燃料的爆震以冲击波的形式进行超声速传播，能够在瞬间释放巨大的能量。这种燃烧方式属于等容燃烧，其特点是燃烧过程中释放的热量会导致温度和压力急剧上升，但燃烧室的容积却保持不变。基于上述原理设计的发动机称为爆震发动机，根据爆震形式的不同又分为旋转爆震发动机（RDE）、斜爆震发动机（ODE）和脉冲爆震发动机（PDE）。爆震发动机无需压气机、涡轮等复杂旋转部件，结构部件减少70%，维护成本降低60%，可实现0～16马赫宽速域自主运行。与传统内燃机（等压燃烧）相比，其最大优势是具有更高的热效率，可达50%以上，远超等压燃烧的30%～40%，比如传统涡扇发动机的热效率为27%，超燃冲压发动机的热效率为35%。

公开资料显示，2024年12月27日凌晨，由中国航天科技集团六院北京11所精心研制的氢氧旋转爆震火箭发动机成功完成了长时热试验。此次试验突破了氢氧旋转爆震燃烧室热防护技术这一关键难题，有力地验证了该发动机在长时工作状态下的可靠性。氢氧旋转爆震火箭发动机运用了先进的爆震燃烧方式，具有燃烧速率极快、能够实现自增压、熵增较小以及热循环效率高等显著特点，在火箭推进、宽域冲压推进以及组合推进等领域都有着广阔的应用前景，将为我国的太空探索、卫星发射、空间站建造以及深空探测等重大航天任务提供更可靠且强劲的动力支持，进一步提升我国在国际航天领域的竞争力。

复习思考题

1. 流体力学的爆轰理论的基本特点是什么？

2. 怎样由冲击波的基本关系式得出爆轰波的基本关系式？

3. 爆轰波的稳定条件是什么？

4. 试比较爆轰波与冲击波的有关性质。

5. 爆轰波的基本关系式有哪些？是怎样得出的？

6. 为什么凝聚相炸药的爆轰产物不能应用理想气体的状态方程？试写出适用于凝聚相炸药爆轰产物的状态方程。

7. 凝聚相炸药爆轰的化学反应机理主要分哪几种类型？它们分别适用于什么样的炸药？它们之间的区别是什么？

8. 什么叫炸药的临界直径、极限直径、临界爆速、极限爆速？

9. 简述 CJ 爆轰模型与 ZND 爆轰模型的区别与联系。

10. 多相爆轰技术在军事领域有什么应用？

第4章

爆轰参数的计算与测量

4.1 爆轰参数

炸药爆炸时将以快速放热的形式释放其化学能，并形成高温、高压的气体产物，从而导致产物迅速膨胀且对外做功。不同的炸药，其爆炸性能亦有差别。为表征炸药的爆炸性能优劣，采用如下五个特征数，即爆热、爆压、爆速、爆温和爆容。从理论和试验上定量地研究上述五个参数的确定方法，搞清楚它们的影响因素及相互关系，对炸药的设计与应用具有重要指导意义。

爆热是指单位质量炸药爆炸时所释放出的热量，用 Q_V 表示，其数值的大小表征了炸药爆炸对外做功的能力，因而是炸药的重要特征参数之一。爆热的量纲常采用 kJ/kg 或 kJ/mol。炸药爆热的理论计算是建立在热化学的盖斯定律基础上的。该定律指出："化学反应的热效应与反应的途径无关，只与系统的初始状态和终了状态有关。"也就是说，如果由同一物质经不同路径得到相同的最终产物，则在这些路径中热量变化是相等的。运用盖斯定律时，反应过程的条件必须是固定的，即或者是等压过程，或者是等容过程。可以用图 4-1 所示盖斯三角形予以说明。

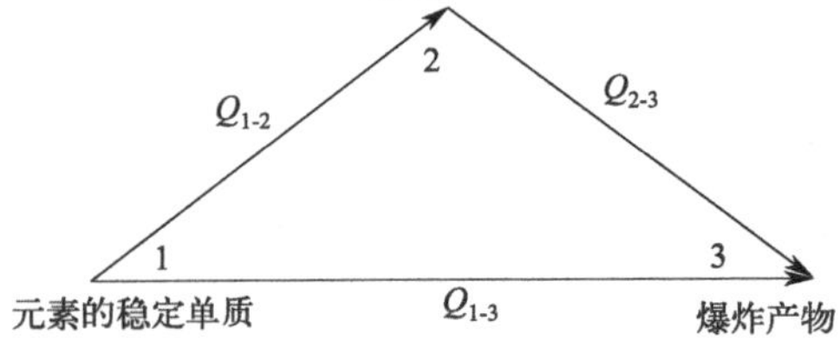

图 4-1 计算爆热的盖斯三角形

图 4-1 中状态 1 代表组成炸药元素的稳定单质，状态 2 代表炸药，状态 3 代表爆炸产物。设想从状态 1 到状态 3 有两条途径：一条是先由单质得到炸药，元素的稳定单质形成爆炸产物过程中放出（或吸收）热量 $Q_{1\text{-}2}$，然后炸药爆炸生成爆炸

产物并放出热量 Q_{2-3}（爆热）；另一条是由单质直接生成爆炸产物，同时放出热量 Q_{1-3}。根据盖斯定律，系统沿第一条途径转变时反应热的代数和应当等于沿第二条途径转变时的反应热。

爆压是指炸药爆轰时爆轰波波阵面的压力，也称 C-J（Chapman-Jouguet）压力，它与炸药装药密度的平方成正比。爆压较难测量，通常用经验公式进行计算。

爆速指爆轰波在炸药中的传播速度，单位为 m/s 或 km/s。炸药的爆速与炸药爆炸化学反应速度是本质不同的两个概念，爆速是爆轰波波阵面沿炸药传播的速度，而爆炸化学反应速度指单位时间内完成化学反应的物质的质量。炸药的爆速是衡量炸药爆炸性能的重要标志，也是爆轰参数中以现有技术能测得最准确的一个参数。爆速的精确测量为检验爆轰理论的正确性提供了依据，并且在炸药应用研究中具有重要的实际意义。爆速的测试原理分为两大类：第一类是利用各种类型的测试仪器或装置测定爆轰波从一点传到另一点所经历的时间间隔，然后除以两点间的距离，这样就可以得到爆速；第二类为高速摄影方法，它利用高速摄像机，借助于爆轰波波阵面的发光现象，将爆轰波沿装药传播过程的轨迹连续拍摄下来，再计算爆速值。

爆温是指炸药爆炸时所放出的热量将爆炸产物加热到的最高温度。爆温是炸药绝热等容爆炸瞬间产物的温度。爆温是炸药爆炸性能的主要标志量之一。爆温的高低主要取决于爆炸时放出的热量及爆炸产物的组成。使用炸药时，对爆温有一定要求。一般来说，炸药的爆温越高，气体产物的压力越高，做功能力越强。民用炸药也要求爆温低一些，以避免瓦斯与煤尘的爆炸。因此，对爆温的计算或测量具有重要的实际意义。

爆容是指 1kg 炸药爆炸后形成的产物在标准条件（0℃，101.325kPa）下所占有的体积，常用 V_0 表示。爆容或（比体积）是评定炸药爆炸做功能力的重要参数。炸药的爆容可由实验测定，也可用理论公式计算。由爆容的定义可以知道，爆容应为气体产物和固体产物体积之和。由于固体产物的体积与气体产物的体积相比很小，可以忽略，故爆容一般可用气体产物在标准状态下的体积来表示。

4.2 气相爆轰参数的理论计算

对于气相爆轰，一般爆压为 1.5MPa 量级，且爆轰波波阵面前后都是气体，可近似认为爆轰波波阵面前后气体均为完全气体，而且爆轰波波阵面前后的气体等熵指数 γ 值也相同。对完全气体有：

$$e=\frac{pv}{\gamma-1} \tag{4-1}$$

于是对于爆轰波的雨贡纽方程，当 $\lambda=1$ 时：

$$\frac{pv}{\gamma-1}-\frac{p_0v_0}{\gamma-1}=\frac{1}{2}(p+p_0)(v_0-v)+Q_V \tag{4-2}$$

利用爆轰波的雷利方程消去 v，式(4-2) 可变换为：

$$\frac{v_0}{2D}\times\frac{\gamma+1}{\gamma-1}(p-p_0)^2+\left[\frac{\gamma p_0v_0}{(\gamma-1)D}-\frac{D}{\gamma-1}\right](p-p_0)+\frac{D}{v_0}Q_V=0 \tag{4-3}$$

对式(4-3) 进行求解：

$$p-p_0=\frac{\gamma-1}{\gamma+1}\times\frac{D}{v_0}\left\{\left(\frac{D}{\gamma-1}-\frac{\gamma}{\gamma-1}\times\frac{p_0v_0}{D}\right)\pm\sqrt{\left[\frac{\gamma p_0v_0}{(\gamma-1)D}-\frac{D}{\gamma-1}\right]^2-\frac{2(\gamma+1)}{\gamma-1}Q_V}\right\} \tag{4-4}$$

式(4-4) 中的根式项取“＋”号时，为强爆轰；取“－”号时，为弱爆轰；取零时，则为 C-J 爆轰。

对于 C-J 爆轰有：

$$\left[\frac{\gamma p_0v_0}{(\gamma-1)D_{CJ}}-\frac{D_{CJ}}{\gamma-1}\right]^2=\frac{2(\gamma+1)}{\gamma-1}Q_V \tag{4-5}$$

式中　D_{CJ}——C-J 爆轰的爆速。

对式(4-4) 进行变换：

$$p-p_0=\frac{\gamma-1}{\gamma+1}\times\frac{D_{CJ}}{v_0}\left(\frac{D_{CJ}}{\gamma-1}-\frac{\gamma}{\gamma-1}\times\frac{p_0v_0}{D_{CJ}}\right) \tag{4-6}$$

即：

$$p=p_0+\frac{\rho_0D_{CJ}^2}{\gamma+1}\left(1-\frac{c_0^2}{D_{CJ}^2}\right) \tag{4-7}$$

$$c_0^2=\gamma\frac{p_0}{\rho_0}$$

式中　c_0——未反应炸药中的声速。

将式(4-6) 代入爆轰波的瑞利方程中得：

$$v_0-v_{CJ}=\frac{v_0}{\gamma+1}\left(1-\frac{c_0^2}{D_{CJ}^2}\right) \tag{4-8}$$

再根据动量守恒可得：

$$u_{CJ}=\frac{D_{CJ}^2}{\gamma+1}\left(1-\frac{c_0^2}{D_{CJ}^2}\right) \tag{4-9}$$

若忽略 p_0（当 $p>10p_0$ 时，可近似忽略 p_0），由式(4-5)、式(4-7)～式

(4-9)，可分别得到：

$$D_{CJ}=\sqrt{2(\gamma^2-1)Q_V} \tag{4-10}$$

$$p=\frac{1}{\gamma+1}\rho_0 D_{CJ}^2 \tag{4-11}$$

$$\rho_{CJ}=\frac{\gamma+1}{\gamma}\rho_0 \tag{4-12}$$

$$u_{CJ}=\frac{1}{\gamma+1}D_{CJ} \tag{4-13}$$

再由 C-J 条件（$D_{CJ}=u_{CJ}+c_{CJ}$），可得：

$$c_{CJ}=\frac{\gamma}{\gamma+1}D_{CJ} \tag{4-14}$$

由 C-J 爆轰产物（此处视为完全气体）状态方程：

$$p_{CJ}v_{CJ}=\frac{R}{M_{CJ}}T_{CJ} \tag{4-15}$$

和式(4-8) 得：

$$T_{CJ}=\frac{2\gamma M_{CJ}(\gamma-1)}{(\gamma+1)R}Q_V=\frac{M_{CJ}}{R}\times\frac{\gamma D_{CJ}^2}{(\gamma+1)^2} \tag{4-16}$$

式中　M_{CJ}——C-J 爆轰产物的平均摩尔质量；

　　　R——摩尔气体常数。

对于强爆轰，在忽略 p_0 时，由式(4-4) 和式(4-10) 得：

$$p_S=\frac{\rho_0 D_S^2}{\gamma+1}\left(1+\sqrt{1-\frac{D^2}{D_S^2}}\right) \tag{4-17}$$

式中　D_S——强爆轰时的爆速；

　　　p_S——强爆轰时的爆压。

引入因子：

$$z=\sqrt{1-\frac{D^2}{D_S^2}} \tag{4-18}$$

z 表示爆轰偏离 C-J 爆轰的程度，$0\leqslant z\leqslant 1$。当 $z=0$ 时，为 C-J 爆轰情形；当 $z=1$ 时，称为瞬时爆轰。

由式(4-17) 得：

$$p_S=\frac{\rho_0 D^2}{\gamma+1}\times\frac{1}{1-z}=\frac{p_{CJ}}{1-z} \tag{4-19}$$

由式(4-18) 得：

$$D_S=\frac{D}{\sqrt{1-z^2}} \tag{4-20}$$

由爆轰波动量守恒方程 $p=\rho_0 Du$ 得：

$$u_S=\frac{D_S}{\gamma+1}\sqrt{\frac{1+z}{1-z}}=u_{CJ}\sqrt{\frac{1+z}{1-z}} \tag{4-21}$$

由质量守恒方程 $\rho_0 D=\rho(D-u)$ 得：

$$\rho_S=\rho_{CJ}\frac{1}{1-\frac{z}{\gamma}} \tag{4-22}$$

由 $c^2=\gamma\frac{p}{\rho}$ 得：

$$c_S=c_{CJ}\sqrt{\frac{1-\frac{z}{\gamma}}{1-z}} \tag{4-23}$$

由爆轰状物状态方程 $pv=\frac{1}{M}RT$ 得：

$$T_S=\frac{2M_S(\gamma-z)(\gamma-1)Q_V}{R(\gamma+1)(1-z)} \tag{4-24}$$

弱爆轰时，由式(4-4) 和式(4-10) 得：

$$p_W=\frac{\rho_0 D^2}{\gamma+1}\times\frac{1}{1+z}=\frac{p_J}{1+z} \tag{4-25}$$

且有：

$$\rho_W=\rho_{CJ}\frac{1}{1+\frac{z}{\gamma}} \tag{4-26}$$

$$u_W=u_{CJ}\sqrt{\frac{1-z}{1+z}} \tag{4-27}$$

$$c_W=c_{CJ}\sqrt{\frac{1+\frac{z}{\gamma}}{1+z}} \tag{4-28}$$

$$T_W=\frac{2M_W(\gamma+z)(\gamma-1)Q_V}{R(\gamma+1)(1+z)} \tag{4-29}$$

对于瞬时爆轰，因其在弱爆轰支上，且对应的爆速 $D\to\infty(z\to 1)$，属于弱爆轰的极限情况，故由弱爆轰参数公式可得其参数为：

$$\begin{cases}\bar{p}=\frac{1}{2}p_{CJ},\bar{\rho}=\rho_0,\bar{u}=0\\ \bar{c}=D\sqrt{\frac{\gamma}{2(\gamma+1)}}\end{cases} \tag{4-30}$$

可见，瞬时爆轰时，产物来不及膨胀（$u=0$，$\rho=\rho_0$）。因此，瞬时爆轰也称为定容爆轰。瞬时爆轰时，产物中压力、密度、声速和质点速度等参数都是均匀分布的。

以上讨论的是理论上爆轰可能存在的几种情况。但是，正如上文所述，弱爆轰一般是不存在的；强爆轰是不稳定的，最终将变为稳定传播的 C-J 爆轰；而瞬时爆轰是不可能实现的，只是工程上作为近似处理时采用的一种假设。

用上述公式计算爆轰波参数，除了需知道爆轰反应前气体爆炸物的 p_0、$\rho_0(v_0)$ 外，还必须知道爆热 Q_V、爆轰产物（即 C-J 面处的爆轰产物）的平均摩尔质量 M_{CJ} 以及爆轰产物的等熵指数 γ。为了确定 Q、M_{CJ} 和 γ，还需知道炸药爆炸反应方程式。M_{CJ} 等于爆轰产物的总质量除以产物总物质的量，即：

$$M_{CJ}=\frac{\sum_{i=1}^{N} n_i M_i}{\sum_{i=1}^{N} n_i} \tag{4-31}$$

式中 n_i——爆轰产物各组分物质的量；

M_i——爆轰产物各组分物质的摩尔质量。

γ 值可由下式确定：

$$\gamma=\frac{\sum n\overline{c_{pi}}}{\sum n_i\overline{c_{Vi}}}=\frac{\sum n_i\overline{c_{Vi}}+\sum n_i R}{\sum n_i\overline{c_{Vi}}} \tag{4-32}$$

式中 n_i——爆轰产物各组分物质的量；

$\overline{c_{Vi}}$、$\overline{c_{pi}}$——爆轰产物各组分的平均定容比热容和平均定压比热容；

R——摩尔气体常数，8.314J/(mol・K)。

显然，只要确定了爆炸反应方程式，就可确定爆轰产物各组分物质的量 n_i 和爆热 Q_V，而 $\overline{c_{Vi}}$ 则可用卡斯特平均摩尔热容式及其求解方法求出。

【例 4-1】 化学计量比的甲烷和空气的混合物爆炸反应方程式：

$$CH_4+2O_2+8N_2 \longrightarrow CO_2+2H_2O+8N_2+803.6kJ$$

试计算初压为 98kPa 时的爆炸参数。

解：

利用卡斯特平均热容公式，可得爆轰产物定容比热容为：

$$\begin{aligned}\sum n_i\overline{c_{Vi}}&=\overline{c_{VCO_2}}+2\overline{c_{VH_2O}}+8\overline{c_{VN_2}}\\&=225.6+35.6\times10^{-3}T\end{aligned}$$

设 $T=2773K$，则：

$$\sum n_i\overline{c_{Vi}}=324.3J/K$$

$$\gamma=\frac{\sum n_i\overline{c_{Vi}}+\sum n_iR}{\sum n_i\overline{c_{Vi}}}=\frac{324.3+11\times 8.31}{324.3}=1.282$$

$$M_{CJ}=\frac{44+18\times 2+28\times 8}{1+2+8}=27.64\times 10^{-3}(\text{kg/mol})$$

$$Q_V=\frac{803.6}{16+32\times 2+28\times 8}\times 1000=2643.4(\text{kJ/kg})$$

$$\begin{aligned}T_{CJ}&=\frac{2\gamma(\gamma-1)M_{CJ}}{R(\gamma+1)}Q_V\\&=\frac{2\times 1.282\times(1.282-1)\times 27.64\times 10^{-3}}{8.31\times 10^{-3}\times(1.282+1)}\times 2643.4\\&=2786(\text{K})\end{aligned}$$

取 $T=(2773+2786)/2=2779.5\text{K}$，再次代入上式计算，循环，直到计算得到的 T_{CJ} 与设定的 T_{CJ} 相差不大于 2，此时，$T_{CJ}=2785\text{K}$，$\gamma=1.282$。于是可进一步求出其他参数。

根据式(4-10) 得：

$$D_{CJ}=\sqrt{2(\gamma^2-1)Q_V}=\sqrt{2\times(1.282^2-1)\times 2643.4\times 10^3}=1844(\text{m/s})$$

为了求 p_{CJ} 及 ρ_{CJ}，须先确定 ρ_0：

$$\rho_0=\frac{p_0M_0}{RT}=\frac{9.8\times 10^4}{8.31\times 298}\times\frac{16+32\times 2+28\times 8}{1+2+8}=1.094(\text{kg/m}^3)$$

由式(4-11) 计算 p：

$$p_{CJ}=\frac{1}{\gamma+1}\rho_0D^2=\frac{1}{1.282+1}\times 1.094\times 1844^2=1.630\times 10^6(\text{Pa})$$

由式(4-12) 计算 ρ：

$$\rho_{CJ}=\frac{\gamma+1}{\gamma}\rho_0=\frac{1.282+1}{1.282}\times 1.094=1.945(\text{kg/m}^3)$$

由式(4-13) 计算 u：

$$u_{CJ}=\frac{1}{\gamma+1}D=\frac{1}{1.282+1}\times 1844=808(\text{m/s})$$

由式(4-14) 计算 c：

$$c_{CJ}=\frac{\gamma}{\gamma+1}D=\frac{1.282}{1.282+1}\times 1844=1036(\text{m/s})$$

在上述计算过程中明显可以看出所有参数均可以由空气绝热指数和爆速计算得到，γ 主要受温度和压力影响，而对爆速来说，由式(4-16) 可得：

$$D = \frac{\gamma + 1}{\gamma}\sqrt{\frac{\gamma R}{M_{CJ}} T_{CJ}} \tag{4-33}$$

由式(4-33) 可见，气相爆轰产物的等熵指数 γ 以及平均摩尔质量 M_{CJ} 对爆速有重要影响。γ 和 M_{CJ} 取决于爆轰产物的组分，而产物的组分又与温度和压力密切相关。所以，在精确计算爆轰参数时，需要考虑在爆温 T_{CJ} 和爆压 p 条件下，爆轰产物各组分的离解和它们之间二次反应的化学平衡及其对 γ 和 M_{CJ} 的影响。

表 4-1 列出了考虑与不考虑爆轰产物离解时气相爆轰参数的计算结果。

表 4-1　含有掺合物的爆鸣气爆轰参数

气体混合物	$\frac{p}{p_0}$	$\frac{\rho_0}{\rho_{CJ}}$	u_{CJ}/(m/s)	T_{CJ}/K	计算值 D/(m/s)		实测 D/(m/s)
					未考虑离解	考虑离解	
$2H_2+O_2$	18.05	0.564	1225	3583	3278	2806	2819
$2H_2+O_2+N_2$	17.37	0.562	1040	3367	2712	2378	2409
$2H_2+O_2+3N_2$	15.63	0.572	870	3003	2194	2033	2055
$2H_2+O_2+5N_2$	14.39	0.570	797	2685	1927	1850	1822
$2H_2+O_2+O_2$	17.40	0.560	1013	3390	2630	2302	2319
$2H_2+O_2+3O_2$	15.30	0.575	818	2970	2092	1925	1922
$2H_2+O_2+2H_2$	17.25	0.564	1465	3314	3650	3627	3527
$2H_2+O_2+4H_2$	15.97	0.562	1590	2976	3769	3749	3532
$2H_2+O_2+1.5Ar$	17.60	0.580	890	3412	2500	2117	1950
$2H_2+O_2+3Ar$	17.11	0.587	788	3265	2210	1907	1800

可以看出，应用爆轰流体力学理论计算得出的气体爆速值与实测值十分接近。如果考虑爆轰产物的离解，则计算结果将与实测值吻合得更好。

4.3　凝聚相炸药爆轰参数的理论计算

与气相爆炸物相比，凝聚相炸药有较高的密度（一般大于 $1g/cm^3$），单位体积内所含的化学能远远大于气体爆炸物，而且爆速很高，化学能在爆轰时迅速释放，因而 C-J 状态的爆轰产物压强可达数十吉帕（GPa），温度达数千开（K），密度达 $2g/cm^3$ 以上（一般为原始炸药的 4/3 倍）。在这种状态下，产物分子平均占有的体积几乎与分子本身的体积相等。显然，这时产物已经不能当作完全气体了，产物分子间相互作用的势能对压力的影响已经十分显著，甚至起主导作用。因此，只考虑分子热运动产生热压强的完全气体状态方程已不再适用。为了计算凝聚相炸药的爆轰参数，必须建立相应的爆轰产物状态方程。

凝聚相炸药爆轰产物的状态方程是压力、密度和温度的复杂函数。由于产物处于高温、高压状态，爆轰瞬间各种产物分子之间还进行着复杂的化学动力学平衡过程，到目前为止，对爆轰产物的成分以及各成分间的相互作用势的统计和计算，都无法得到精确的结果。因此，类似于完全气体，从理论上精确地建立凝聚相炸药爆轰产物的状态方程是很困难的。目前使用的主要是经验的或半经验的状态方程。

4.3.1 状态方程

4.3.1.1 阿贝尔（Abel）余容状态方程

对于并不能忽略分子本身体积的实际气体，可以采用 Abel 余容状态方程，即：

$$p(v-\alpha)=nRT \tag{4-34}$$

或

$$p=\frac{\rho nRT}{1-\alpha\rho} \tag{4-35}$$

式中 p——爆压；

α——爆轰产物分子余容，此处视为常数；

ρ——爆轰产物密度；

n——$1/M$，M 为平均分子量；

R——摩尔气体常数。

用式(4-34) 计算高密度的真实气体的爆轰参数比较好，对于凝聚相炸药则只有在密度比较低的情况下，例如装药密度小于 0.5g/cm^3 时，计算结果才与实验数据比较符合；当装药密度较大时，余容 α 不能视作常数，用式(4-34) 计算时则会与实验数据有较大偏差。

Abel 余容状态方程的局限性主要是由于余容的变化。实验证明，余容是炸药初始密度的函数，如果将 α 表示为 p、v 的函数，即 $\alpha=\alpha(p,v)$，Abel 余容状态方程的应用就广泛了。库克（Cook）和琼斯（Jonse）对 Abel 余容状态方程进行了修正。Cook 对阿贝尔方程的修正式为：

$$p\left[v-\alpha(v)\right]=nRT \tag{4-36}$$

或

$$p=\frac{n\rho RT}{1-\rho\alpha(\rho)} \tag{4-37}$$

Cook 曾用此方程对太安和吉纳等炸药的爆轰参数进行了计算，结果与实验数据的符合程度有一定改进。Jonse 等人提出的变余容状态方程为：

$$\begin{cases} p\left[v-\alpha(p)\right]=nRT \\ \alpha(p)=bp+cp^2+dp^3 \end{cases} \tag{4-38}$$

式中　b，c，d——与炸药性质有关的常数。

用此式对太安爆轰参数计算的结果见表 4-2。

表 4-2　太安的爆轰参数

ρ_0(g/cm³)	D/(m/s)	p/GPa	v/(cm³/g)	T/K	u_{CJ}/(m/s)
0.25	3240	0.98	2.49	5110	1225
0.35	3510	1.52	1.84	4990	1250
0.50	3940	2.55	1.34	4870	1305
0.65	4400	3.87	1.06	4730	1365
0.72	4720	4.96	0.933	4630	1415
0.85	5040	6.23	0.832	4540	1470
1.00	5550	8.56	0.719	4400	1560
1.15	6090	11.40	0.635	4260	1640
1.25	6450	13.65	0.588	4160	1710

4.3.1.2　泰勒-维里型展开式

在马克思维尔-博尔茨曼（Maxwell-Boltzmamn）对光滑球分子的动力学理论和博尔茨曼对密度的展开式的基础上，泰勒（Tayler）采用了维里状态方程式，即：

$$\begin{cases} pV=nRT\left(1+\dfrac{b}{v}+0.625\dfrac{b^2}{v^2}+0.287\dfrac{b^3}{v^3}+0.193\dfrac{b^4}{v^4}\right) \\ p=\rho nRT(1+b\rho+0.625\rho^2b^2+0.287\rho^3b^3+0.193\rho^4b^4) \end{cases} \tag{4-39}$$

该式与变余容状态方程类似，其中分子余容 b 等于分子体积的 4 倍乘以阿伏伽德罗常数：

$$b=4VN_A \tag{4-40}$$

对于气体混合物的维里系数，用下式表示：

$$b=\sum n_ib_i \tag{4-41}$$

式中　n_i——第 i 种爆轰产物物质的量；

b_i——该爆轰产物的摩尔系数或第二维里系数。

在高温条件下计算出的一些爆轰产物的第二维里系数见表 4-3。

表 4-3　高温时一些爆轰产物的 b_i 值

气体	b_i/(cm³/mol)	气体	b_i/(cm³/mol)
NH_3	15.2	N	34.0
CO_2	63.0	NO	63.9
CO	33.0	$H_2O(g)$	7.9
H_2	14.0	CH_4	37.0
O_2	35.0		

在高温（2000～4000K）情况下，式(4-39）的使用也比较方便。但对PETN、RDX、TNT 和 NTG（硝酸甘油）等炸药的爆轰参数的计算结果偏差较大。

4.3.1.3　兰道-斯达纽柯维奇（Landau Starnucovich）状态方程

Landau Starnucovich 状态方程简称为 L-S 方程。凝聚相炸药爆轰时处于高压、高密度状态的产物具有固态物质在高压下所具有的双重物理本性。即一方面由于分子之间的相互作用而产生冷压强；另一方面，由于高温状态，分子的热运动（热振动）产生热压强。于是，其状态方程的一般形式为：

$$p=p_K(v)+p_T(T,v) \tag{4-42}$$

式中　$p_K(v)$——弹性压强（冷压强），只与物质的比体积有关；

$p_T(T,v)$——热压强，与物质的温度和比体积有关。

对于一般物质，分子之间既有引力作用，同时又有斥力作用，因此冷压强又可写为：

$$p_K(v)=AV^{-\gamma}-BV^{-m} \tag{4-43}$$

式中　$AV^{-\gamma}$——分子间的斥力；

BV^{-m}——分子间的引力。

由固体理论可知，分子间的相互作用势能 U 与分子间的距离 r 的关系如图 4-2 所示。由图可知，当 r 很大时，$U\to 0$，随着 r 的减小，U 为负值，即此时分子间引力占主导地位；当 r 进一步减小时，引力逐渐减小，当 $r<r_0$ 时，分子间斥力占主导地位。

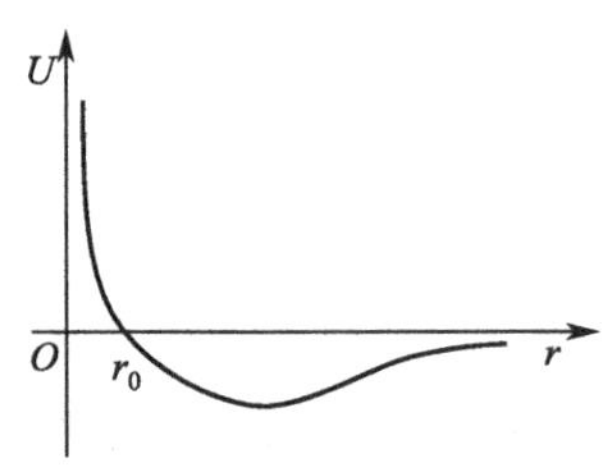

图 4-2　分子间相互作用的势能与分子间距的关系

由于凝聚相炸药爆轰产物的密度很大，即分子间距离 r 很小，引力项 BV^{-m} 可以忽略。因此式(4-42）可以写为：

$$p=AV^{-\gamma}+p_T(T,\rho) \tag{4-44}$$

且此时爆轰产物中的弹性压强冷压强 $AV^{-\gamma}$ 占主导地位，而热压强 $p_T(T,\rho)$ 与之相比可以忽略不计，于是式(4-44) 可以写为：

$$p = AV^{-\gamma} \tag{4-45}$$

或

$$p = A\rho^{\gamma} \tag{4-46}$$

式中，A 和 γ 是与炸药性质有关的常数。该式称为爆轰产物固体形式的状态方程，也称为凝聚相炸药爆轰产物的等熵方程。

4.3.1.4 JWL 状态方程

JWL 状态方程首先是由帕库（Packuu）提出的，他在 L-S 方程的基础上研究出了一种新形式的等熵方程，其形式为：

$$p_2 = A_1 v^{-\gamma} + A_2 v^{-(1+\omega)} \tag{4-47}$$

式中，A_1、A_2 均为待定常数；第二项显然是对 L-S 方程（第一项）的修正。虽然此修正项的确改善了炸药爆轰产物在低压区间的准确度，不过与实际试验结果相比，依然有着不小的误差。为了能够更精确地描述炸药爆轰产物的等熵膨胀规律，威尔金斯（Wilkins）等人通过半球爆轰驱动试验，对反应气体在不同压力区间的等熵膨胀规律进行了研究，通过对实验结果进行分析，在式(4-47) 的基础上进一步进行了修正，加入了 $C\overline{V}^{-(1+\omega)}$ 项，同时用相对体积 $\overline{V}$ 来代替比体积 v，从而有：

$$p_s(V) = Ae^{-R_1\overline{V}} + Be^{-R_2\overline{V}} + C\overline{V}^{-(1+\omega)} \tag{4-48}$$

式中，A、B、C、R_1、R_2 和 ω 为待定常数；e 为比内能。

相较于式(4-47)，式(4-48) 增加了 $Be^{-R_2\overline{V}}$ 项，用来对中压段进行补充。Wilkins 在等熵方程式(4-47) 基础上，提出了用 Gruneisen 状态方程描述膨胀气体的一般运动，得到了式(4-49) 和式(4-50)：

$$p = p_s(\overline{V}) + \frac{\Gamma}{\overline{V}}(E - E_s) \tag{4-49}$$

$$E_s = -\int_1^{\overline{V}} R_s(\overline{V})\,d\overline{V} \tag{4-50}$$

Wilkins 将 Gruneisen 系数 Γ 假设为一个定常数，将式(4-48) 和式(4-50) 代入式(4-49) 中最终就得到了完整的状态方程：

$$p = \alpha\overline{V}^{-Q} + B\left(1 - \frac{\omega}{R\overline{V}}\right)e^{-R\overline{V}} + \frac{\omega E}{\overline{V}} \tag{4-51}$$

其中，系数 $\alpha = A(Q-1)/(Q-1-\omega)$。

然而，后人 Lee 等人通过使用一号无氧铜做圆筒试验时，发现式(4-51) 对炸药爆轰低压产物的物性变化的计算结果并不精确。因此，Lee 等人在大量试验研究及理论验证的基础上进行了进一步的完善，用式(4-52) 来描述炸药爆轰产物的等熵膨胀方程：

$$p_s(V)=Ae^{-R_1\overline{V}}+Be^{-R_2\overline{V}}+C\overline{V}^{-(1+\omega)} \tag{4-52}$$

将式(4-51) 与式(4-52) 进行对比，可以看出，Lee 将式(4-51) 的第一项修改为指数函数形式，而这将会使试验结果曲线的拟合准确度更高。由式(4-50) 的等熵方程可计算得出；

$$E_s(\overline{V})=\int_1^V p_s \mathrm{d}\overline{V}=\frac{A}{R_1}e^{-R_1\overline{V}}+\frac{B}{R_2}e^{-R_2\overline{V}}+\frac{C}{\omega}\overline{V}^{-\omega} \tag{4-53}$$

将式(4-52) 和式(4-53) 代入 Gruneisen 方程式(4-49) 中，其中假设 $\Gamma=\omega$，最终得出：

$$p=p(\overline{V,E})=A\left(1-\frac{\omega}{R_1\overline{V}}\right)e^{-R_1\overline{V}}+B\left(1-\frac{\omega}{R_2\overline{V}}\right)e^{-R_2\overline{V}}+\frac{\omega E}{\overline{V}} \tag{4-54}$$

上面几个公式中，A、B、C、R_1、R_2 和 ω 为状态参数。

Lee 为了表示对先前研究工作者的尊敬，将式(4-54) 命名为 Jones-Wilkins-Lee 状态方程，即标准 JWL 状态方程。后人大量试验研究的结果证明，在爆炸力学及爆炸工程领域，JWL 状态方程的认可度最高，适用范围最广。

4.3.1.5 BKW 状态方程

BKW 状态方程是涉及爆轰产物成分的状态方程。建立这种形式的状态方程时，一般假设爆轰产物为分子的混合物，且爆轰产物在 C-J 状态处于化学平衡。从这两个前提出发，先对产物中每种分子组分用某种方法建立一种状态方程；再利用混合法则以及“每种元素的原子数是固定的”这一约束条件，对爆轰产物所有的可能组分建立各种状态方程；最后，再根据混合物自由能的计算，求出具有最小自由能的组成，得出在化学平衡下爆轰产物的状态方程。

在涉及化学组分的状态方程中，BKW 状态方程的应用最为广泛，该状态方程的形式为：

$$\begin{cases}\dfrac{pV_m}{RT}=1+\omega e^{\beta\omega}\\[2ex]\omega=\dfrac{k\sum b_i x_i}{V_m(T+\theta)^{\alpha}}\end{cases} \tag{4-55}$$

式中 V_m——气体产物的摩尔体积；

R——摩尔气体常数；

T——爆轰产物的温度；

b_i——产物中第 i 种气体产物的摩尔余容；

x_i——第 i 种气体的物质的量分数；

α、β、k、θ——经验常数，其中 α、β、k 根据炸药爆速-密度曲线进行选择，θ 为指定值。

C. L. Mader 曾用 BKW 状态方程对多种炸药的爆轰参数进行了计算。在计算中以 5 种高度精确的实验数据为准选定 α、β、θ、k 的值，这 5 种实验数据是：密度为 $1.8g/m^3$ 的 RDX 的爆压，密度为 $1.0g/m^3$ 和 $1.8g/m^3$ 的 RDX 的爆速，密度为 $1.0g/m^3$ 和 $1.6g/m^3$ 的 TNT 的爆速。由于应用一套参数难以同时满足上述 5 种数据，因而选用了两套参数，一套用于 RDX 或与 RDX 相近的炸药，另一套用于 TNT 或与 TNT 相近的炸药。在用 BKW 状态方程时所选用的两套参数及爆轰产物各主要成分的摩尔余容分别见表 4-4 和表 4-5。

表 4-4　BKW 状态方程的参数

参数	α	β	k	θ
用于 RDX 类炸药的参数	0.50	0.16	10.91	400
用于 TNT 类炸药的参数	0.50	0.09585	12.865	400

表 4-5　爆轰产物几种主要成分的摩尔余容

组分	b_i	组分	b_i	组分	b_i
H_2O	250	NO	386	H_2	180
CO_2	600	CH_4	528	O_2	350
CO	390	NH_3	476	N_2	380

采用 BKW 状态方程计算爆轰参数的精度较高，尤其对于爆速的计算，其计算值与实测值的相对偏差一般不超过 3%。

4.3.2　理论计算

对凝聚相炸药爆轰参数进行计算，首先必须选定某个具体形态的状态方程，然后根据爆轰参数方程组中的 5 个方程进行计算。计算采用尝试法（又称试差法），即先假定某一对参数值，通过一系列的计算后，将该假定值与已知条件中的给定值相比较，如果两值相符，则用假定的参数值计算其他的未知参数值；如果两值不相符，则必须重新假定，再通过相应的计算和比较，直到计算值与已知条件中的给定值相符为止。具体的步骤如下。

（1）根据炸药的初始密度 ρ_0 计算其爆轰产物的雨贡纽方程

先假定一对参数 p 和 T 的值，根据已知的状态方程运用炸药热化学的有关方法确定爆轰产物的组成及各成分的物质的量 n_i、爆热 Q_V 和比内能 e。由

于 e 包括热内能和弹性内能两部分，它可以表示为比体积 v 和温度 T 的函数，即 $e=e(v,T)$，因此有：

$$\mathrm{d}e=\left(\frac{\partial e}{\partial T}\right)_V \mathrm{d}T+\left(\frac{\partial e}{\partial v}\right)_T \mathrm{d}v=c_V \mathrm{d}T+\left(\frac{\partial e}{\partial v}\right)_T \mathrm{d}v \tag{4-56}$$

根据热力学第一定律得到：

$$\mathrm{d}e=T\mathrm{d}S+p\mathrm{d}v \tag{4-57}$$

因此：

$$\left(\frac{\partial e}{\partial v}\right)_T=T\left(\frac{\partial S}{\partial v}\right)_T+p \tag{4-58}$$

根据自由能函数的定义：

$$F=e-TS \tag{4-59}$$

微分得到：

$$\mathrm{d}F=\mathrm{d}e-T\mathrm{d}S-S\mathrm{d}T=p\mathrm{d}v-S\mathrm{d}T \tag{4-60}$$

由此可以得到：

$$\left(\frac{\partial F}{\partial v}\right)_T=p \tag{4-61}$$

$$\left(\frac{\partial F}{\partial T}\right)_T=-S \tag{4-62}$$

$$\left(\frac{\partial p}{\partial v}\right)_T=-\frac{\partial^2 F}{\partial v\partial T}=\left(\frac{\partial S}{\partial v}\right)_T \tag{4-63}$$

故有：

$$\left(\frac{\partial e}{\partial v}\right)_T=-T\left(\frac{\partial p}{\partial T}\right)_V+p \tag{4-64}$$

将式(4-64) 代入式(4-57) 中，得到：

$$\mathrm{d}e=c_V\mathrm{d}T+\left[-T\left(\frac{\partial p}{\partial T}\right)_V+p\right]_T\mathrm{d}v \tag{4-65}$$

积分可以得到：

$$e_1=\int_{T_0}^{T_1}c_V\mathrm{d}T+\int_{v_0}^{v_1}\left[-T\left(\frac{\partial p}{\partial T}\right)_V+p\right]_T\mathrm{d}v \tag{4-66}$$

式(4-66) 右边的第一项为热内能，第二项为弹性内能。

$$\int_{T_0}^{T_1}c_V\mathrm{d}T=\overline{c_V}(T_1-T_0)=(T_1-T_0)\left(\sum_{i=1}^{m}n_i\overline{c_{Vi}}+n_C\overline{c_{V_C}}\right) \tag{4-67}$$

式中 $\overline{c_{Vi}}$——气体爆轰产物第 i 组分的平均定容比热容；

$\overline{c_{V_C}}$——产物中固体碳的平均定容比热容；

n_i——第 i 种气态产物的物质的量；

n_C——固体碳的物质的量；

m——气态产物的种类。

在爆轰产物状态方程已知的条件下，可以确定表达式$-T\left(\frac{\partial p}{\partial T}\right)_V+p$ 的具体形式并进行具体的计算。

（2）确定爆轰产物的体积

根据炸药爆轰产物的组成，将生成的气态产物的物质的量代入状态方程，就可以计算出气态产物的比体积 v。由于每摩尔原子碳的比体积为 $v_C=5.4cm^3/mol$，故产物的体积应为气态成分体积与固态成分体积之和，即：

$$v_1=v+v_C=v_1+5.4n_C \tag{4-68}$$

（3）计算 v_0

如果忽略 e，将 e_1、Q_V 代入爆轰波雨贡纽方程，就可以计算出 v_0。

$$v_0=\frac{2(e_1-Q_V)}{p_1}+v_1 \tag{4-69}$$

如果计算出的 v_0 值与给定炸药的由初始 ρ_0 计算的比体积（$\rho_0=M/v_0$）不一致，则需要重新假定参数（p，T）的值，然后再按照上面的步骤重复进行计算，直到计算出的 v_0 值与给定炸药的由初始 ρ_0 计算的比体积相符合时为止。

（4）作图

按照上面的方法可以计算出一系列满足雨贡纽方程的 p、v 值，并在 p-v 图上作出雨贡纽曲线。如图 4-3 所示，以始状态点（$p_0=0$，v_0）为起始点作雨贡纽曲线的切线，得到 C-J 点。

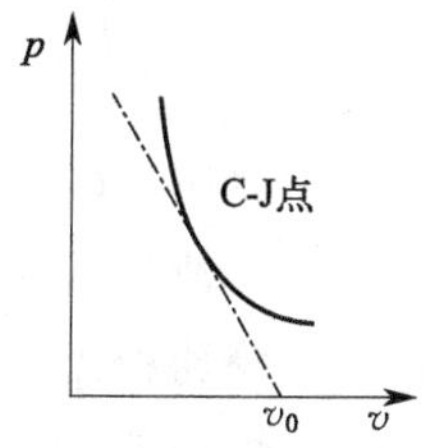

图 4-3 根据计算作出的爆轰产物的雨贡纽线以及确定的 C-J 点

曲线—计算点的连线，即产物的雨贡纽曲线；斜线—瑞利线

（5）计算 D 和 u_{CJ}

根据 C-J 点对应的压力 p_{CJ}，计算爆轰波的速度 D 和产物质点速度 u_{CJ}。

（6）求 c_{CJ}

应用 C-J 条件关系式：

$$D=u_{CJ}+c_{CJ} \tag{4-70}$$

可求出 C-J 点所对应产物的声速 c_{CJ}。

（7）计算 T_{CJ} 和 e_{CJ}

将 p_{CJ}、c_{CJ} 代入状态方程可计算出爆温 T_{CJ}，将 p_{CJ}、v_{CJ}、v_0、Q_V 代入爆轰波雨贡纽方程可以计算出相应爆轰产物的比内能 e_{CJ}。

通过上面的计算，可以确定爆轰波的 5 个参数：p_{CJ}、v_{CJ}、u_{CJ}、T_{CJ}和 e_{CJ}。

4.4 凝聚相炸药爆轰参数的工程计算

在凝聚相炸药爆轰参数理论计算的过程中，所寻求的爆轰产物状态方程具有很大的近似性，有的偏差很大。于是，人们通过实验提出了一些爆轰参数的工程计算公式。其中主要是关于爆轰实际应用中经常遇到的两个重要爆轰参数——爆速和爆压的计算公式。

4.4.1 Kamlet 法

康姆莱特（Kamlet）和雅可布（Jocobs）对装药密度 $\rho_0>1\text{g/cm}^3$ 的 C-H-N-O 型的凝聚相炸药的爆速和爆压进行了大量分析，提出了一个工程计算公式，该公式表明炸药的爆速、爆压与装药密度、炸药组分、炸药的化学反应热有关，即：

$$\begin{cases} p=0.762\varphi\rho_0^2 \\ D=706\varphi^{1/2}(1+1.3\rho_0) \\ \varphi=NM^{1/2}Q^{1/2} \end{cases} \tag{4-71}$$

式中 p——爆压，GPa；

D——爆速，m/s；

ρ_0——装药密度，g/cm^3；

φ——炸药特性值；

N——每克炸药爆炸所生成气体的物质的量，mol/g；

M——爆轰产物气体组分的平均摩尔质量，g/mol；

Q——炸药的爆炸化学反应热，J/g。

Kamlet 发现，组成 φ 的三个因子 N、M、Q 对爆轰产物在化学平衡时的组成不敏感，因此，N、M、Q 可以由炸药爆炸反应的最大放热原则，即 H_2O-CO_2 分解定则进行计算。对于 $C_aH_bN_cO_d$ 炸药，按照炸药含氧量可以分三种情况计算 N、M、Q。

① 当 $d\geqslant 2a+\dfrac{b}{2}$时：

$$C_aH_bN_cO_d \longrightarrow \frac{b}{2}H_2O+aCO_2+\left(\frac{d}{2}-\frac{b}{4}-a\right)O_2+\frac{c}{2}N_2$$

$$
\left\{\begin{aligned}
N&=\frac{\dfrac{b}{2}+a+\left(\dfrac{d}{2}-\dfrac{b}{4}-a\right)+\dfrac{c}{2}}{12a+b+16d+14c}=\frac{b+2c+2d}{48a+4b+56c+64d}\\
M&=\frac{18\times\dfrac{b}{2}+44a+32\left(\dfrac{d}{2}-\dfrac{b}{4}-a\right)+28\times\dfrac{c}{2}}{\dfrac{b}{2}+a+\left(\dfrac{d}{2}-\dfrac{b}{4}-a\right)+\dfrac{c}{2}}=\frac{48a+4b+56c+64d}{b+2c+2d}\\
Q&=\frac{\left(241.8\times\dfrac{b}{2}+393.5a\right)\times10^{3}+\Delta H_{f}}{12a+b+14c+16d}=\frac{(393.5a+120.9b)\times10^{3}+\Delta H_{f}}{12a+b+14c+16d}
\end{aligned}\right.
\tag{4-72}
$$

② 当 $2a+\dfrac{b}{2}>d\geqslant\dfrac{b}{2}$ 时：

$$
C_aH_bN_cO_d\longrightarrow\frac{b}{2}H_2O+\frac{1}{2}\left(d-\frac{b}{2}\right)CO_2+\left(a-\frac{d}{2}+\frac{b}{4}\right)C+\frac{c}{2}N_2
$$

$$
\left\{\begin{aligned}
N&=\frac{\dfrac{b}{2}+\dfrac{1}{2}\left(d-\dfrac{b}{2}\right)+\dfrac{c}{2}}{12a+b+16d+14c}=\frac{b+2c+2d}{48a+4b+56c+64d}\\
M&=\frac{18\times\dfrac{b}{2}+44\times\dfrac{1}{2}\left(d-\dfrac{b}{2}\right)+28\times\dfrac{c}{2}}{\dfrac{b}{2}+\dfrac{1}{2}\left(d-\dfrac{b}{2}\right)+\dfrac{c}{2}}=\frac{56c+88d-8b}{b+2c+2d}\\
Q&=\frac{\left[241.8\times\dfrac{b}{2}+393.5\times\dfrac{1}{2}\left(d-\dfrac{b}{2}\right)\right]\times10^{3}+\Delta H_{f}}{12a+b+16d+14c}\\
&=\frac{\left[120.9b+393.5\left(\dfrac{d}{2}-\dfrac{b}{4}\right)\right]\times10^{3}+\Delta H_{f}}{12a+b+14c+16d}
\end{aligned}\right.
\tag{4-73}
$$

③ 当 $d<\dfrac{b}{2}$ 时：

$$
C_aH_bN_cO_d\longrightarrow dH_2O+\left(\frac{b}{2}-d\right)H_2+aC+\frac{c}{2}N_2
$$

$$
\left\{\begin{aligned}
N&=\frac{d+\left(\dfrac{b}{2}-d\right)+\dfrac{c}{2}}{12a+b+16d+14c}=\frac{b+c}{24a+2b+28c+32d}\\
M&=\frac{18d+2\left(\dfrac{b}{2}-d\right)+28\times\dfrac{c}{2}}{d+\left(\dfrac{b}{2}-d\right)+\dfrac{c}{2}}=\frac{2b+28c+32d}{b+c}\\
Q&=\frac{241.8d\times10^{3}+\Delta H_{f}}{12a+b+14c+16d}
\end{aligned}\right.
\tag{4-74}
$$

式中，ΔH_f 表示炸药的生成焓，J/mol。

几种典型炸药的生成焓见表 4-6。

表 4-6　几种典型炸药的生成焓

炸药类型	生成焓 ΔH_f/(kJ/mol)	炸药类型	生成焓 ΔH_f/(kJ/mol)
TNT	−74.5	TNP	−227.6
RDX	61.5	NQ	−75.5
HMX	74.9	DATB(1,3-二氨基-2,4,6-三硝基苯)	−26.5
CE	19.7	TATB	−155.0
PETN	−523.4		

用 Kamlet 法计算炸药的爆速、爆压时，只需知道炸药的分子式、生成焓和装药密度即可。通过与大量实测数据进行对比发现，爆速计算值与实测值的偏差大多在 3%以内，爆压计算值与实测值的相对偏差大约在 5%以内。

4.4.2　ω-k 法

ω-k 法是吴雄在理论公式的基础上，引入势能因子 ω 和爆轰产物绝热指数 k 的计算方法，计算结果与实验值的符合性较好。

$$\begin{cases} D=\alpha Q^{1/2}+\beta\rho_0\omega \\ p=\dfrac{\rho_0 D^2}{10^6(k+1)} \\ Q=\dfrac{-\left(\sum\limits_{i=1}^{N}n_i\Delta H_i-\Delta H_f\right)}{M} \\ \omega=\dfrac{\sum\limits_{i=1}^{N}n_i b_i}{M} \\ k=\gamma+k_0(1-e_0^{-0.546\rho_0}) \\ k_0=\dfrac{\sum\limits_{i=1}^{N}n_i}{\sum\limits_{i=1}^{N}\dfrac{n_i}{k_{0i}}} \end{cases} \tag{4-75}$$

式中　D——炸药爆速，m/s；

p——炸药爆压，GPa；

Q——炸药爆热，J/g；

ω——势能因子；

k——爆轰产物绝热指数；

α，β——常数，分别为 33.0 和 243.2；

ρ_0——炸药装药密度，g/cm^3；

ΔH_i——爆轰产物第 i 组分的生成焓（见表 4-7）；

ΔH_f——炸药的生成焓（见表 4-6）；

M——炸药的摩尔质量，g/mol；

b_i——爆轰产物第 i 组分的余容（见表 4-7）；

n_i——爆轰产物第 i 组分物质的量，mol；

γ——视爆轰产物为理想气体的等熵指数，1.25；

k_0——爆轰产物绝热指数与密度有关部分；

k_{0i}——爆轰产物第 i 组分的绝热指数（见表 4-7）。

式(4-75) 中用到的部分参数见表 4-7。

表 4-7 爆轰产物生成焓、余容和绝热指数

爆轰产物	H_2O	CO_2	CO	CH_4	H_2	O_2	N_2	C（固）
ΔH_i/(kJ/mol)	−241.8	−393.5	−110.5	−74.5	0	0	0	41.8
b_i	250	600	390	528	214	350	380	46
k_{0i}	1.68	3.10	2.67	2.93	3.40	3.35	3.80	3.50

在计算爆热 Q、势能因子 ω 和绝热指数 k 时，需知道爆轰产物的组成。通过对炸药爆轰产物的理论计算和实验结果的分析，可得 $C_aH_bN_cO_d$ 类炸药的爆炸反应方程式以及 Q、ω、k 的计算公式：

① 当 $d \geqslant 2a+\frac{b}{2}$ 时：

$$C_aH_bN_cO_d \longrightarrow \frac{b}{2}H_2O + aCO_2 + \left(\frac{d}{2}-\frac{b}{4}-a\right)O_2 + \frac{c}{2}N_2$$

$$\left\{\begin{aligned} Q &= \frac{10^3(393.5a+120.9b)+\Delta H_f}{12a+b+14c+16d} \\ \omega &= \frac{250a+37.5b+190c+175d}{12a+b+14c+16d} \\ k_0 &= \frac{0.25b+0.5c+0.5d}{0.0241a+0.223b+0.1316c+0.1493d} \end{aligned}\right. \tag{4-76}$$

② 当 $2a+\frac{b}{2}>d>a+\frac{b}{2}$时：

$$C_aH_bN_cO_d \longrightarrow 0.43bH_2O+\left(\frac{d}{2}-\frac{b}{4}\right)CO_2+0.07bCO+0.035bCH_4+\left(a-\frac{d}{2}+0.145b\right)C+\frac{c}{2}N_2$$

$$\begin{cases} Q=\dfrac{(9.88b+217.65d-41.8a)\times10^3+\Delta H_f}{12a+b+14c+16d} \\ \omega=\dfrac{46a+9.95b+190c+277d}{12a+b+16d+14c} \\ k_0=\dfrac{a+0.43b+0.5c}{0.02857a+0.2549b+0.1316c+0.0184d} \end{cases} \tag{4-77}$$

③ 当 $d<a+\frac{b}{2}$且 $d>a$ 时：

$$C_aH_bN_cO_d \longrightarrow 0.35bH_2O+\left(\frac{d}{2}-\frac{b}{4}\right)CO_2+0.15bCO+0.075bCH_4+\left(a-\frac{d}{2}+\frac{b}{40}\right)C+\frac{c}{2}N_2$$

$$\begin{cases} Q=\dfrac{(7.37b+217.65d-41.8a)\times10^3+\Delta H_f}{12a+b+14c+16d} \\ \omega=\dfrac{46a+36.75b+190c+277d}{12a+b+14c+16d} \\ k_0=\dfrac{a+0.35b+0.5c}{0.2857a+0.2166b+0.1316c+0.0184d} \end{cases} \tag{4-78}$$

④ 当 $d\leqslant\frac{b}{2}$且 $d>a$ 时：

$$C_aH_bN_cO_d \longrightarrow (d-a)H_2O+aCO+\left(\frac{b}{2}-d+a\right)H_2+\frac{c}{2}N_2$$

$$\begin{cases} Q=\dfrac{(241.8d-131.3a)+\Delta H_f}{12a+b+14c+16d} \\ \omega=\dfrac{354a+107b+190c+36d}{12a+b+14c+16d} \\ k_0=\dfrac{a+0.5b+0.5c}{0.0734a+0.1471b+0.1316c+0.3011d} \end{cases} \tag{4-79}$$

⑤ 当 $d\leqslant\frac{b}{2}$且 $d\leqslant a$ 时：

$$C_aH_bN_cO_d \longrightarrow 0.54d\,H_2O+0.46d\,CO+0.23d\,CH_4+(a-0.69d)C+\frac{c}{2}N_2$$

$$\begin{cases} Q=\dfrac{(227.4d-41.8a)\times 10^3+\Delta H_f}{12a+b+14c+16d} \\ \omega=\dfrac{46a+107b+190c+190d}{12a+b+14c+16d} \\ k_0=\dfrac{a+0.5b+0.5c-0.46d}{0.2857a+0.1471b+0.1316c+0.081d} \end{cases} \tag{4-80}$$

对于 $C_aH_bN_cO_d$ 炸药，如果缺少其中某种元素时，可按下列情况进行修正：

① 当 $a=0$ 时，$\omega'=1.25\omega$，$k_0'=1.25k_0$；

② 当 $b=0$ 时，$\omega'=1.06\omega$，$k_0'=0.70k_0$；

③ 当 $c=d=0$，且 $d\leqslant\frac{b}{2}$，$d>a$ 时，$\omega'=1.04\omega$；

④ 当 $c=d=0$，且 $d\leqslant\frac{b}{2}$，$d\leqslant a$ 时，$\omega'=1.06\omega$。

4.4.3 体积加权法

如前文所述，混合炸药是指由几种单质炸药混合而成的，或者在单质炸药中加入少量惰性添加物或金属的炸药。混合炸药的应用非常广泛，因此计算混合炸药的重要爆轰参数爆速和爆压非常重要。

（1）体积加和法计算混合炸药的爆速

通过对多种混合炸药实测爆速的分析，发现混合炸药的密度等于结晶密度（即混合炸药内不存在空隙）时的爆速，等于炸药中各组分的密度等于各组分结晶密度时的爆速与其体积分数乘积的累加，即：

$$D_{max}=\sum_{i=1}^{n}D_i\varepsilon_i \tag{4-81}$$

式中 D_{max}——混合炸药在结晶密度 ρ_{max} 时的爆速；

D_i——混合炸药中某组分 i 在结晶密度时的爆速，亦称为特性爆速，若为非爆炸组分则称为特性传爆速度；

ε_i——混合炸药中组分 i 在结晶密度时的体积分数。

$$\varepsilon_i=\frac{V_i}{\sum V_i}$$

$$V_i=\frac{m_i}{\rho_i}$$

式中，V_i 为混合炸药中组分 i 在结晶密度 ρ_i 时所占的体积；m_i 则为组分

i 的质量。

实际上，任何炸药装药都不可能达到结晶密度，通常把实际密度 ρ_0 的炸药装药看作是密度为结晶密度的炸药与空气的混合物。其爆速公式为：

$$D=D_a\varepsilon_a+D_{max}(\sum\varepsilon_i) \tag{4-82}$$

式中 D_a 和ε_a——炸药中空气隙的特性传爆速度和体积分数；

D_{max} 和$\sum\varepsilon_i$——结晶密度（不含空气隙）时混合炸药的爆速和体积分数。

$$\sum\varepsilon_i=\frac{V_{max}}{V_0}=\frac{\rho_0}{\rho_{max}} \tag{4-83}$$

式中，V_{max} 和 V_0 分别代表密度为结晶密度 ρ_{max} 时混合炸药的体积和任意密度 ρ_0 时混合炸药的体积。

因为：

$$\varepsilon_a+\sum\varepsilon_i=1 \tag{4-84}$$

故有：

$$\varepsilon_a=1-\frac{\rho_0}{\rho_{max}} \tag{4-85}$$

将式(4-85) 代入式(4-82) 中可得：

$$D=D_a\left(1-\frac{\rho_0}{\rho_{max}}\right)+D_{max}\frac{\rho_0}{\rho_{max}} \tag{4-86}$$

空气隙的特性传爆速度一般约为：

$$D_a=\frac{1}{4}D_{max} \tag{4-87}$$

将式(4-87) 代入式(4-86) 中得：

$$D=D_{max}\left(\frac{1}{4}+\frac{3}{4}\times\frac{\rho_0}{\rho_{max}}\right) \tag{4-88}$$

$$\rho_{max}=\frac{\sum m_i}{\sum V_i}$$

式中 m_i——混合炸药中 i 组分的质量；

V_i——混合炸药 i 组分在密度为结晶密度ρ_i 时的体积。

部分炸药及添加物的 ρ_i、D_i 值见表 4-8。

表 4-8 部分炸药及添加物的 ρ_i、D_i 值

物质	ρ_i/(g/cm³)	D_i/(m/s)	物质	ρ_i/(g/cm³)	D_i/(m/s)
TNT	1.650	6970	Al 粉	2.70	6850
RDX	1.810	8800	Mg 粉	1.74	7200

续表

物质	ρ_i/(g/cm³)	D_i/(m/s)	物质	ρ_i/(g/cm³)	D_i/(m/s)
HMX	1.900	9150	石蜡	0.90	6500
CE	1.730	7660	硬脂酸	0.87	6500
PETN	1.770	8280	聚醋酸乙烯酯	1.16	5400
DNT	1.520	6200	尼龙	1.24	5400
NC	1.570	6700	聚乙烯	0.93	5400
NQ	1.720	7740	聚苯乙烯	1.05	5400
2#炸药	1.840	8970	PTFE(聚四氟乙烯)	2.15	5400
4#炸药	1.780	8748	Viton A(氟橡胶)	1.82	5400
DINA	1.630	7708	H_2O	1.00	5400

(2) Kamlet 法计算混合炸药爆压

混合炸药中的惰性添加剂主要起黏结和钝感作用，不参与爆轰过程中的化学反应，尽管铝粉等可燃物质在爆轰中参与了化学反应，但反应是在爆轰波化学反应区之后进行的二次反应，反应放出的能量对爆轰波的作用可以忽略。因而可以认为混合炸药中的惰性添加物和铝粉等可燃物对爆压不起作用。

在忽略添加物对混合炸药爆压的影响时，对式(4-71) 加以修正可以得到混合炸药的爆压公式：

$$\begin{cases} p = 0.762\varphi\rho_0^2 \\ \varphi = \sum_{i=1}^{n}\varphi_i w_i \end{cases} \tag{4-89}$$

式中 p——混合炸药密度ρ_0 时的爆压，GPa；

φ——混合炸药的特性值；

φ_i——混合炸药第 i 爆炸组分的特性值；

w_i——混合炸药第 i 爆炸组分的质量分数。

几种炸药的 φ 值见表 4-9。

表 4-9 几种炸药的 φ 值

炸药	TNT	RDX	HMX	CE	PETN	TNP	NQ	DATB	TATB
φ	9.911	13.876	11.528	13.940	13.940	10.539	11.555	10.696	10.169

(3) ω-k 法计算混合炸药的爆速和爆压

ω-k 法不仅可以计算 $C_aH_bN_cO_d$ 类单质炸药的爆速和爆压，还可以用于计算含氟、氯炸药以及混合炸药的爆速和爆压。对于混合炸药，通过质量加和

的方法求出总的 Q、ω 和 k，然后再利用 ω-k 公式计算爆速和爆压，其计算公式归纳如下：

$$\begin{cases} D=33Q^{\frac{1}{2}}+243.2\rho_0\omega \\ p_J=\dfrac{\rho_0 D^2}{10^6(k+1)} \\ k=1.25+k_0(1-e^{-0.546\rho_0}) \\ Q=\displaystyle\sum_{i=1}^{n} w_i Q_i \\ \omega=\displaystyle\sum_{i=1}^{n} w_i \omega_i \\ k_0=\dfrac{\displaystyle\sum_{i=1}^{n}\dfrac{w_i}{M_i}}{\displaystyle\sum_{i=1}^{n}\dfrac{w_i}{k_{0i}M_i}} \end{cases} \tag{4-90}$$

式中　D——混合炸药的爆速，m/s；

p_J——混合炸药的爆压，GPa；

Q——混合炸药总爆轰热，J/g；

ω——混合炸药总势能因子；

k——混合炸药爆轰产物总绝热指数；

k_0——混合炸药爆轰产物总绝热指数与密度有关部分；

ρ_0——混合炸药装药密度，g/cm^3；

w_i——混合炸药第 i 组分的质量分数；

M_i——混合炸药第 i 组分的摩尔质量；

Q_i——混合炸药第 i 组分的爆轰热，J/g；

ω_i——混合炸药第 i 组分的势能因子；

k_{0i}——混合炸药第 i 组分的爆轰产物绝热指数与密度有关部分。

如果混合炸药中某炸药组分是正氧平衡的，对爆轰热需进行如下修正：

$$Q'=Q+146.4\times10^3\frac{n}{M} \tag{4-91}$$

式中　n——该组分单独反应的产物中除了水和氧化物之外的氧原子数目；

M——该组分的摩尔质量，g/mol。

部分炸药及添加物的 Q、ω、k_0 见表 4-10。

表 4-10 部分炸药及添加物的 Q、 ω 、k_0

炸药或添加物	M/(g/mol)	Q/(J/g)	ω	k_0
TNT	227	4298	12.061	2.856
RDX	222	5794	14.236	2.650
HMX	296	5770	14.236	2.650
CE	287	5244	13.904	2.893
PETN	316	6198	12.643	2.477
TNP	229	4660	15.519	2.961
NQ	104	2661	12.641	2.826
DATB	243	4385	15.519	2.875
TATB	258	3660	12.641	2.836
TNB	213	5297	12.785	2.980
DNT	182	3260	12.292	2.778
NG	227	6226	14.310	2.478
NC	262.5	4080	13.579	2.587
AN	80	1485	16.484	2.729
苦味酸铵	246	3700	11.157	2.753
R 盐	174	4803	12.990	2.749
硝基甲烷	61	5054	13.680	2.310
四硝基甲烷	196	2184	14.758	3.438
Al 粉	27	15520	−1.0	4.0
石墨	12	0	3.83	4.0
硬脂酸	284	−2518	17.80	3.30
聚醋酸乙烯酯	86	−1518	14.00	2.78
聚苯乙烯	104	−1155	16.93	3.45
聚异丁烯	56	−2980	18.50	3.45
邻苯二甲酸二辛酯	390	−238	15.20	3.22
蜡	14	−2980	18.60	3.45
油	14	−1674	18.50	3.45
有机玻璃	100	−1724	14.64	2.92
尼龙	339	−1318	16.20	3.26
磷酸三酯	285	−1880	14.0	2.80
合成橡胶	413	2090	8.0	2.50
维通 A(Viton A)	187	3350	9.0	2.60
埃克森	179	2930	10.0	2.40
埃斯坦	100	1535	13.9	2.99

4.4.4 氮当量法

氮当量法和修正氮当量法适用于含 C、H、O、N、F、Cl 元素的炸药，与其他工程计算方法相比，使用范围广，并且计算准确性也很好。

（1）氮当量法计算公式

氮当量法认为，炸药的爆速、爆压除与炸药的装药密度有关之外，还与爆轰产物的组成有关，并且不同组分对爆轰产物的影响程度也不相同。以爆速实测数据为基础，确定爆轰产物各组分对爆速的贡献，取氮产物对爆速的贡献为1，其他产物对爆速的贡献与氮的贡献相比，所得比值为氮当量的系数。对于爆压，爆轰产物各组分的贡献按爆速的二次方关系进行处理。

氮当量计算公式：

$$\begin{cases} D=(690+1160\rho_0)\sum N \\ p=1.092\left(\rho_0\sum N\right)^2-0.574 \\ \sum N=\dfrac{100}{M}\sum\limits_{i=1}^{N}n_iN_i \end{cases} \tag{4-92}$$

式中 D——炸药爆速，m/s；

p——炸药爆压，GPa；

ρ_0——炸药装药密度，g/cm^3；

n_i——爆轰产物第 i 组分物质的量，mol；

N_i——爆炸产物第 i 组分氮当量系数；

M——炸药的摩尔质量，g/mol；

$\sum N$——炸药氮当量，定义为 100g 炸药爆轰时各产物组分的物质的量与其氮当量系数乘积之和。

对于含 C、H、O、N、F、Cl 元素的炸药，氮当量法规定，形成爆轰产物的次序如下：F 最先与 H 作用，形成 HF；有多余的 F 时，F 与 C 作用形成 CF_4；有多余 H 时，H 与 O 作用形成 H_2O；有多余 O 时，O 与 C 化合生成 CO；仍有多余 O 时，CO 被氧化成 CO_2；再有多余 O 时，则以 O_2 存在；F、O 不足以将 H 全部氧化时，H 则以 H_2 存在；F、O 不足以将 C 全部氧化时，C 则以固体 C 存在；Cl 不作用，形成 Cl_2；N 不作用，形成 N_2。

（2）修正氮当量法计算公式

在氮当量法计算炸药爆速、爆压的基础上，通过大量实测数据的处理，进一步考虑炸药化学键和官能团的影响，并且调整了爆轰产物的氮当量系数，得到修正氮当量法计算公式：

$$
\begin{cases}
D=(690+1160\rho_0)\sum N' \\
p=1.106(\rho_0\sum N')^2-0.840 \\
\sum N'=\dfrac{100}{M}\left(\sum_{i=1}^{N}n_iN_i+\sum_{j=1}^{B}B_jN_{\mathrm{B}j}+\sum_{k=1}^{G}G_kN_{\mathrm{G}k}\right)
\end{cases}
\tag{4-93}
$$

式中 D——炸药爆速，m/s；

p——炸药爆压，GPa；

ρ_0——炸药装药密度，g/cm^3；

n_i——爆轰产物第 i 组分物质的量，mol；

N_i——爆炸产物第 i 组分修正氮当量系数；

B_j——第 j 种化学键在炸药分子中出现的次数；

$N_{\mathrm{B}j}$——第 j 种化学键的修正氮当量系数；

G_k——第 k 种基团在炸药分子中出现的次数；

$N_{\mathrm{G}k}$——第 k 种基团的修正氮当量系数；

M——炸药的摩尔质量，g/mol；

$\sum N'$——炸药修正氮当量，定义为 100g 炸药爆轰时各产物组分的物质的量与其氮当量系数乘积的累加。

4.5 爆轰参数的测量

4.5.1 炸药的爆热

炸药的爆热是指一定量的炸药在一定条件下爆炸时放出的热量，其单位通常是 kJ/mol 或 kJ/kg。这里的一定条件是指测量爆热时炸药所处的状态，如环境条件（温度、压力）和炸药自身条件（长径比、约束条件、密度）等。爆热有定压爆热与定容爆热之分。

由于炸药的爆轰过程极为迅速，可以认为该过程是定容的，爆热一般指炸药定容爆炸反应的热效应。

炸药的爆炸反应过程实质上就是一种特殊燃烧过程。由此可知，炸药的爆热在化学本质上就是炸药进行爆炸反应放出的热，可用热化学知识从理论上进行计算。但是爆热与化学中学过的燃烧热是有区别的：燃烧热是指物质与氧气进行完全氧化所放出的热量，因此测量燃烧热需要加氧，而炸药的这种特殊燃烧是不需要外界供氧的，测量爆热时也不需要加氧。

炸药的爆热是一个总的概念，按照俄罗斯学者的观点，可分为三类，即爆轰热、爆破热与最大爆热，这三个爆热概念和炸药的其他爆炸性质有密切联系。

a. 爆轰热，是爆轰波波阵面上或爆轰波化学反应区放出的热量，与炸药爆速密切相关，实测十分困难。爆轰热这一概念是与爆轰的流体力学理论相联系的。

b. 爆破热，是指炸药爆轰中进行的一次化学反应的热效应与气体爆炸产物绝热膨胀时所产生的二次平衡反应热效应的总和，是炸药爆炸时实际做功能力的一种衡量。

c. 最大爆热，又称为理想爆热，是指炸药爆炸时放出的最大能量，亦称为理论爆热，具有理论意义，实际爆炸过程达不到此值，可以通过理论假设进行计算。

爆热的测量原理是将一定质量的炸药试样吊放在厚壁惰性外壳制成的量热弹中，用特定方式起爆，放出的热量被弹体及量热计中的蒸馏水吸收，测定弹体或蒸馏水的温升，利用预先标定好的量热系统的热容值（水当量），即可求出单位质量炸药爆炸放出的热量。

爆热的测量方法有恒温法和绝热法两种。恒温法对环境温度要求苛刻，需要很高的试验条件，推广应用受到限制。绝热法是现在普遍使用的爆热测试方法，其原理和一般燃烧热的测试原理相同，只是爆热弹的内桶需要具有一定抗爆强度，同时爆炸是在真空或惰性气体保护下进行的。

炸药爆热的试验研究伴随着19世纪40年代炸药的广泛应用而得到了迅速发展，初期主要用于评价炸药的能量。19世纪60年代，俄罗斯科学院化学物理研究所设计了液体量热装置，核心器件为一个2L或5L的爆热弹，采用水作为量热液体。图4-4所示的是使用最为广泛的5L的爆热弹，可以开展最大100g药量炸药爆热的试验测量。

美国利弗莫尔实验室在俄罗斯设计爆热量热装置的同一时期，设计了如图4-5所示的球形爆热弹量热系统，进行了一系列炸药爆热的测量，该装置爆热弹内部空腔的体积为5.24L，炸药装药的壳体为金或铜。一次完整的炸药爆热量热试验耗时1h左右，测试精度可以达到0.3%。

图4-6所示爆热弹为国内外广泛使用的爆热测试装置。该装置具有操作简便、测量精度高等特点。

4.5.2 炸药的爆压

(1) 水箱法

测定药柱端面与水相接触的分界面处水中的冲击波速度，由水的雨贡纽方

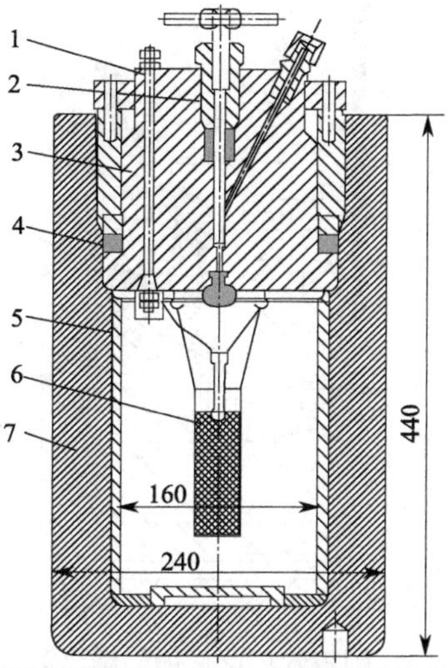

图 4-4 俄罗斯科学院的 5L 爆热弹（单位：mm）

1—起爆电缆；2—阀门；3—密封盖；4—密封圈；5—可更换金属衬垫；6—装药；7—爆热弹壳体

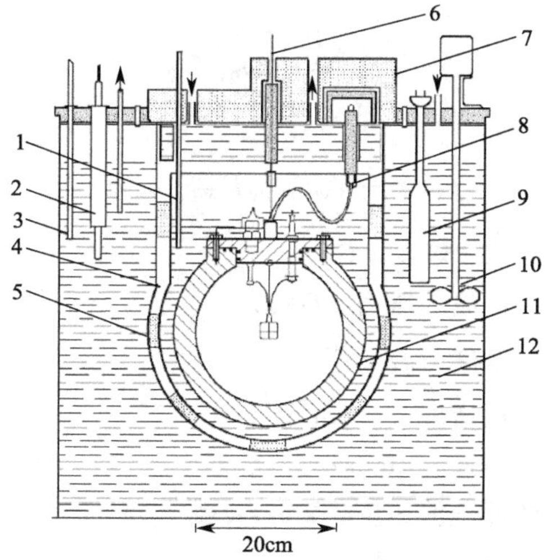

图 4-5 利弗莫尔实验室爆热量热装置

1—热敏电阻传感器；2—电阻温度计；3—水银温度计；4—量热器套筒；5—泡沫支柱；6—调整绳；7—泡沫绝缘；8—电极；9—加热器；10—混合器；11—爆热弹；12—恒温外壳

程求出水的质点速度，就可以推算出炸药的爆压。

根据爆轰流体力学原理，利用界面上压力和质点速度连续的条件及声学近似理论，可以得到炸药爆轰波与水相互作用的界面上的冲击阻抗方程：

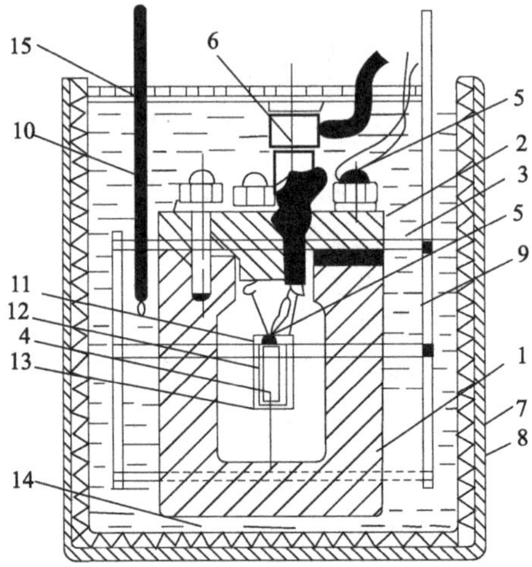

图 4-6　国内外广泛使用的爆热测试装置

1—弹体；2—弹盖；3—铅垫；4—炸药试样；5—导电杆；6—阀；7—量热容器；8—绝热层；9—搅拌器；10—温度计；11，13—玻璃杯；12—铅杯；14—支架；15—量热筒盖

$$p_{CJ}=p_W\left(\frac{\rho_{0W}D_W+\rho_0 D}{2\rho_{0W}D_W}\right) \tag{4-94}$$

或

$$p_{CJ}=\frac{1}{2}u_W(\rho_{0W}D_W+\rho_0 D) \tag{4-95}$$

式中　p_{CJ}——炸药的 C-J 爆压，GPa；

p_W——水中冲击波的压力，GPa；

ρ_0——炸药的密度，g/cm^3；

ρ_{0W}——水的初始密度，g/cm^3；

D——炸药的爆速，km/s；

D_W——水中的冲击波速度，km/s；

u_W——水的质点速度，km/s。

当水中冲击波的压力 $p_W \leqslant 45$GPa 时，水的雨贡纽方程为：

$$D_W=1.483+25.306\lg\left(1+\frac{u_W}{5.19}\right) \tag{4-96}$$

只要测出炸药在水中爆轰后所形成的冲击波的初始速度D_W，就可以求出水的质点速度u_W。将D_W、u_W 代入式(4-95) 中，即可求得被测炸药的 C-J 爆轰压 p_{CJ}。

水箱法测定爆压装置见图 4-7。

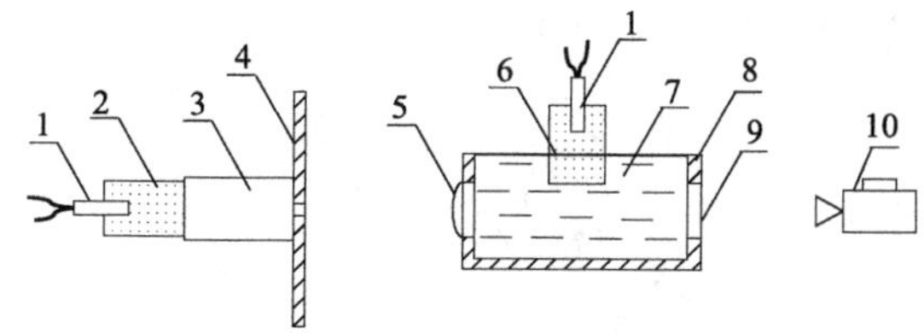

图 4-7 水箱法测定爆压装置示意图

1—雷管；2—光源药柱；3—纸筒；4—木板；5—透镜；6—试验药柱；7—蒸馏水；8—水箱；9—观察窗；10—高速扫描摄像机

(2) 电磁波法

该方法是将一个或多个金属箔式传感器直接嵌入炸药柱内，以测试爆轰波C-J面上的产物质点速度，然后利用动量守恒定律计算被测炸药的爆轰压。

动量守恒定律为：

$$p=\rho_0 Du \tag{4-97}$$

由式(4-97) 可以看出，只要能直接测出爆轰波C-J面上的产物质点速度u，炸药的C-J爆压就可由上式直接得到，因为爆速D是容易准确测出的。由法拉第电磁感应定律得知，当金属导体在磁场中运动切割磁力线时，与导体两端相接的电路中将会产生感应电动势，电动势的大小由下面的公式确定：

$$E=HLv \tag{4-98}$$

式中 E——感应电动势，V；

H——磁感应强度，T；

L——切割磁力线部分导体的长度，mm；

v——导体的运动速度，km/s。

如果将厚度为0.01～0.03mm的金属箔做成矩形传感器并嵌入炸药试样内，再将炸药试样放在均匀的磁场中，则当爆轰波传播到传感器处时，矩形传感器就和产物质点一起运动。由于传感器的质量很小，所以它的惯性也小，因此，可以假定传感器的运动速度v和C-J面上的产物质点速度u相等，即$v=u$，代入式(4-98) 中，可得：

$$u=\frac{E}{HL} \tag{4-99}$$

再代入式(4-97) 中，就得到被测炸药的C-J爆压：

$$p_{CJ}=\frac{\rho_0 DE}{HL} \tag{4-100}$$

由此可知，电磁法测量爆压就是测定感应电动势E，再由式(4-99) 计算出被测炸药的爆压p_{CJ}。

电磁波法试验装置示意图见图 4-8。

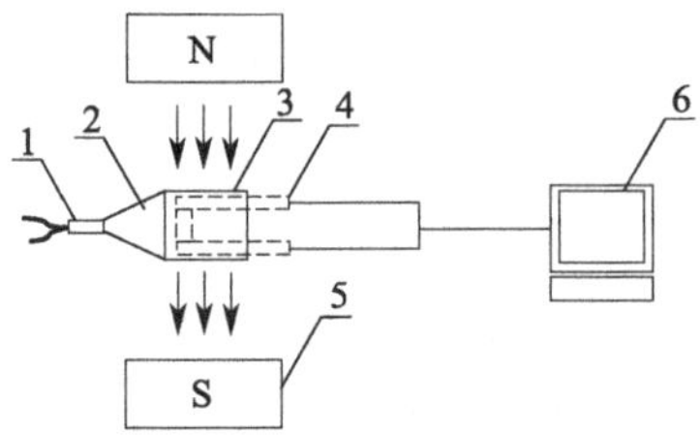

图 4-8 电磁波法试验装置示意图

1—雷管；2—平面波发生器；3—试验药柱；4—箔式传感器；5—均匀磁场；6—示波器

4.5.3 炸药的爆速

炸药爆轰过程是爆轰波沿炸药装药进行自持传播的过程。从本质上讲，爆轰波就是沿炸药传播的强冲击波。爆轰波与一般冲击波的区别主要在于爆轰波传播时，炸药受到高温、高压作用而产生高速爆轰化学反应，放出巨大能量，放出的部分能量又支持爆轰波对相邻未反应的炸药进行强烈冲击压缩，因而爆轰波可以持续地传播下去。在一定条件下，爆轰波以一定的速度进行传播。爆轰波在炸药中传播的速度叫作爆轰速度，简称爆速，其单位是 m/s。

（1）测时仪法（电测法）

测试装置如图 4-9 所示。测试时在被测炸药试样中 A、B 位置各布置一根探针，该探针初始状态为断开。当爆轰波沿被测炸药试样传播至 A 点时，爆轰波波阵面上的爆轰产物在高温、高压作用下发生电离，使该探针接通，获得初始时间 t_0；爆轰波继续沿炸药试样传播，到达 B 点的情形与 A 点相同，获得终止时间 t_1。用电子测时仪记录上述 t_0 和 t_1，获得 $\Delta t = t_1 - t_0$，从而利用 A、B 两点间距离 L_{AB} 与 Δt 计算得到炸药试样的爆速。

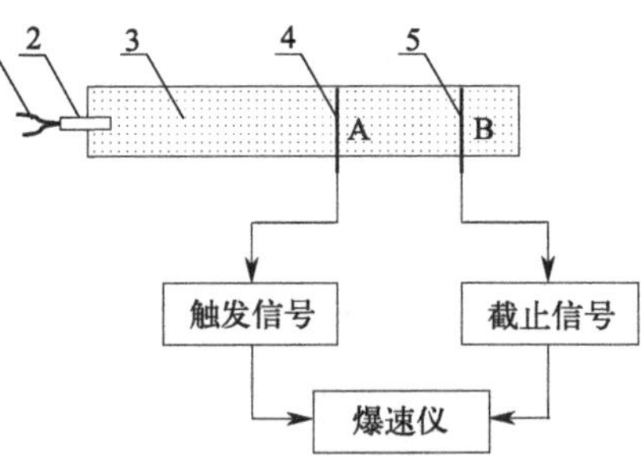

图 4-9 电测法爆速测试装置示意图

1—雷管脚线；2—雷管；3—炸药试样；4—探针Ⅰ；5—探针Ⅱ

（2）导爆索法（Dautriche 法）

用已知爆速的导爆索测定炸药的爆速，装置如图 4-10 所示。当炸药由雷管引爆后，爆轰波传至 A 点时，引爆导爆索的一端，同时继续沿炸药试样传播，当到达 B 点时，导爆索的另一端也被引爆。在某一时刻，导爆索中沿两个方向传播的爆轰波相遇于 D 点，在铝板或铅板上记录爆轰波相遇时碰撞的痕迹。根据爆轰波相遇时所用的时间相等的原理，炸药的爆速可按式(4-101)计算：

$$D=\frac{L_{AB}}{2L_{CD}}D_c \tag{4-101}$$

式中 D——被测炸药试样爆速，m/s；

L_{AB}——炸药试样上导爆索间距，mm；

D_c——导爆索的爆速，m/s；

L_{CD}——导爆索中点 C 与爆轰波相遇点 D 间距，mm。

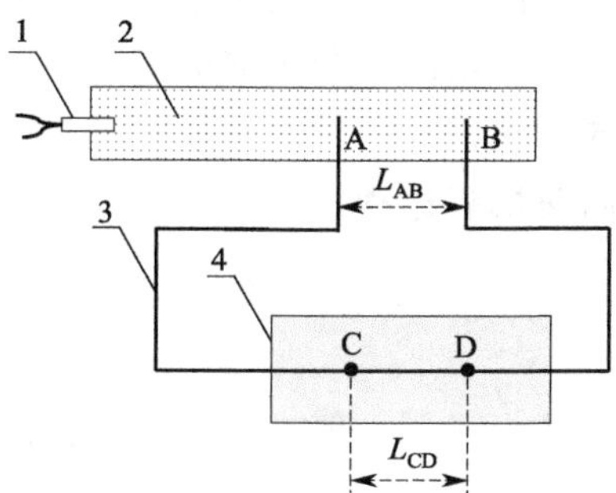

图 4-10　导爆索法爆速测试装置示意图

1—雷管；2—炸药试样；3—导爆索；4—见证板

（3）连续爆速探针法

在装药中纵向插入连续爆速探针，通过导向装置保证连续爆速探针与炸药试样轴线平行，如图 4-11 所示。若炸药试样外壳为非金属，则需要安装两根平行的探针；炸药试样外壳若为金属，则仅需要安装一根探针，炸药试样金属外壳充当另一根探针。测试时，爆轰波的电离作用令两根探针导通，通过测试两探针之间的电阻随时间的变化即可获得炸药的爆速。

该方法适用于测试爆速不断变化的试样，特别是研究不定常爆轰。

（4）埋入式压力探针法

有些特殊情况下，炸药爆轰波的导电特性较差，电测法、连续爆速探针法等均不适用，这时可采用埋入式压力探针法。

压力探针通常为管式复合结构，由直径约 1mm 的套管和轴线上的一根电

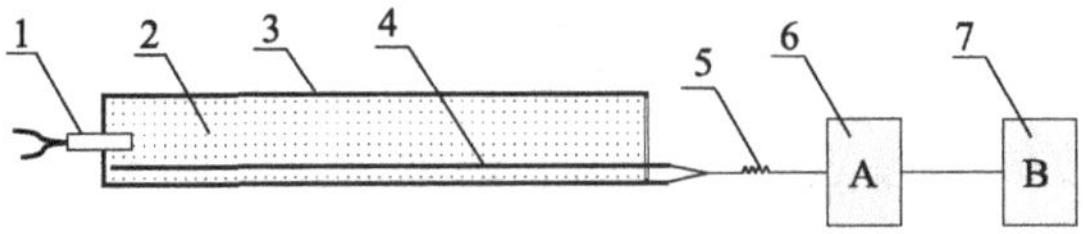

图 4-11　连续爆速探针法示意图

1—雷管；2—炸药试样；3—金属外壳；4—探针；5—信号线；6—恒流源；7—数据采集与记录系统

阻丝构成，套管通常为铝管或铜管。使用时，将压力探针沿炸药试样轴向插入，炸药试样爆轰时，压力探针套管被压缩，套管壁与电阻丝接触形成回路，通过测量回路电阻值随时间的变化，即可获得炸药试样的爆速。

由于该方法可实现连续爆速的测试，因此该方法广泛应用于不稳定爆轰及殉爆过程的研究。

(5) 高速摄影法

当炸药试样爆轰时，将爆轰过程发出的光通过狭缝投射到胶片上，同时令胶片以垂直于爆轰传播的方向运动，上述两个速度叠加，可以在胶片上获得一条曲线，根据曲线的斜率即可求出炸药试样的爆速。

高速摄影法分转鼓式和转镜式两种。转鼓式主要适用于低速燃烧或爆燃过程，转镜式主要适用于高速爆轰过程。

4.5.4　炸药的爆温

爆温是炸药的重要参数之一，一般来说，所提到的“爆温”概念为以下 3 种情形之一：

① 炸药爆炸所释放的热量将爆炸产物所能加热到的最高温度，实际为绝热爆炸火焰温度，可在一定假设条件下进行计算；

② 爆轰的 C-J 温度，由流体力学理论与爆轰产物状态方程得出的温度，可以按照爆轰的流体动力学理论和爆轰产物状态进行理论计算得到；

③ 爆轰反应区附近的平均温度，该温度是在凝聚态炸药爆轰波前沿之后不到 1mm 空间范围内的平均温度，该温度是实测得到的。

炸药爆温的试验测定是一件十分困难的工作，因为爆轰时的温度很高，温度达到最大值后，又在极短的时间内迅速下降，而且伴随着爆轰的破坏效应，这些特性决定了常规方法无法测得爆温，直到 20 世纪中叶，爆温测试技术才获得突破。主要有以下几种方法。

(1) 色光法

阿宾（А. Я. АПИН）等人用色光法测定了一系列炸药的爆温。这种方法是将炸药爆轰产物看作是对光具有一定吸收能力的灰体，它辐射出连续光谱，通过测定光谱的能量分布或两个波长的光谱亮度的比值计算炸药的爆温。测温系统见图 4-12。

波长为 λ 的绝对黑体的相对光谱亮度可以用普朗克公式表示：

$$b_{\lambda T}=c_1\lambda^{-5}\left[e^{c_2/(\lambda T)}-1\right]^{-1} \tag{4-102}$$

式中，$c_1=3.7\times10^{-12}$，$J\cdot cm^2/s$；$c_2=1.4cm\cdot K$。

当 $T<6000K$ 时，光谱的可见光部分有 $e^{c_2/(\lambda T)}\gg1$，因而有：

$$b_{\lambda T}=c_1\lambda^{-5}e^{-c_2/(\lambda T)} \tag{4-103}$$

假设爆轰产物为辐射率为 a 的灰体，因而有：

$$b_{\lambda T}=ac_1\lambda^{-5}e^{-c_2/(\lambda T)} \tag{4-104}$$

所以可得：

$$T=\frac{c_2\dfrac{\lambda_1-\lambda_2}{\lambda_1\lambda_2}}{\ln\left(\dfrac{b_{\lambda_1}T}{b_{\lambda_2}T}\right)-5\ln\left(\dfrac{\lambda_1}{\lambda_2}\right)} \tag{4-105}$$

试验时，为了消除空气冲击波的发光，固态炸药要压到接近理论密度，然后放入水中，液体炸药则放置在有透明底的有机玻璃容器中，爆轰时发出的光经过狭缝后被半透明玻璃分光，再经过滤光片得到一定波长的光束，经光电转换成电信号后，由示波器进行记录。此种方法测量结果的误差为：液体炸药±150K，固态炸药±300K。试验结果见表 4-11。

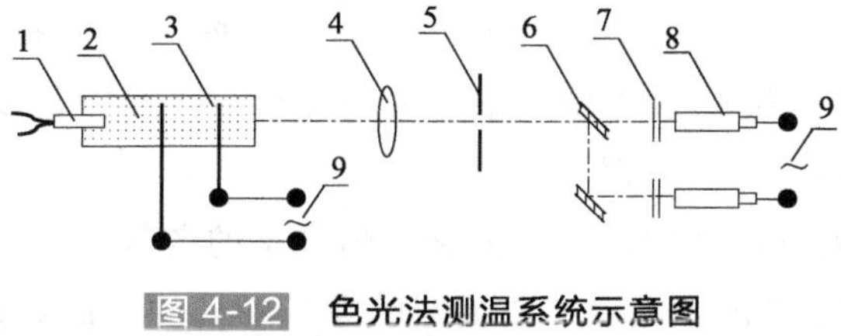

图 4-12 色光法测温系统示意图

1—雷管；2—炸药试样；3—触发探针；4—透镜；5—狭缝；6—分光器；7—滤光器；8—光电传感器；9—接示波器

表 4-11 色光法试验结果

炸药代号	密度/(g/cm³)	爆温/K
RDX	1.80	3700
PETN	1.77	4200
NM	1.14	3700
NG	1.60	4000

(2) 瞬时光电比色法

瞬时光电比色法的原理是利用光导纤维传输爆轰中形成的光辐射信号，对光信号进行光电转换后获得炸药的爆温。测量系统见图 4-13。

光导纤维的一端插入试样中，接收和传导爆轰的光辐射，传出的光被分光器分成二束窄光谱的光束，经光电变换后的信号用存储示波仪记录，根据两光谱带输出电压之比，按下式计算爆温：

$$\ln \frac{U_i}{U_j} = a + b\left(\frac{1}{T}\right) \tag{4-106}$$

式中 U_i，U_j——两个光谱带辐射亮度产生的电压，V；

a，b——试验确定的常数；

T——爆温，K。

每次试验前，用标准温度灯对测温装置进行标定，采用标准温度灯作标准光源，调节稳流器给出一定的电流，对应于此电流值的标准温度灯有一确定的温度值，在 2000～2500K 范围内标准温度灯有六个分度值，可得到六组 T、U_i、U_j 数据。

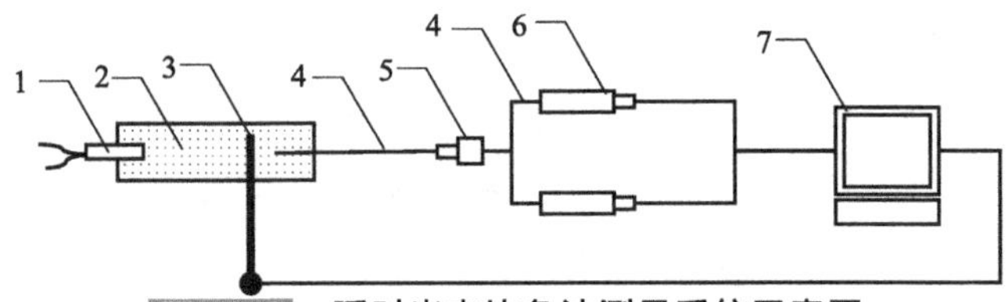

图 4-13 瞬时光电比色法测量系统示意图

1—雷管；2—炸药试样；3—触发探针；4—光纤；5—分光器；6—光电转换器；7—示波器

用 ln（U_i/U_j）和 $1/T$ 作图可求出式(4-106) 中的常数 a 和 b，由爆轰时测得的 U_i 和 U_j 即可求出爆温。

固态炸药应进行预处理，除去夹杂在药柱中的空气后，才可以测定固态炸药的爆温。表 4-12 给出了用该方法测定的典型炸药的爆温数据。

表 4-12 典型炸药的爆温

炸药名称	密度/(g/cm³)	爆温/K
TNT	1.489	2514
	1.560	2587
	1.607	2589
Tetryl	1.559	2933
	1.631	3054
	1.700	3248

续表

炸药名称	密度/(g/cm^3)	爆温/K
HMX	1.763	3038
PETN	1.700	3816

4.5.5 炸药的爆容

所谓炸药的爆容，是指 1kg 炸药爆炸后形成的气态爆炸产物在标准状况（温度 273.15K，压力 101.325kPa）下的体积，常用 V_0 表示，其单位为 L/kg。从定义上看，爆容的大小反映出炸药爆炸生成气体量的多少，而气体介质是炸药爆炸做功的工质，所以爆容是评价炸药做功能力的重要参数。通常炸药的爆容越大，炸药做功效率越高。在爆炸产物中可能含有固体物质，如炭黑、盐类等，由于所占的体积和气体产物相比很小，常忽略不计。爆容通常根据爆炸反应方程式来计算：

$$V_0=\frac{22.4n}{M} \tag{4-107}$$

【例 4-2】 计算 TNT 的爆容。已知其爆炸反应方程式为：

$$C_7H_5O_6N_3 \longrightarrow 2.5H_2O+3.5CO+1.5N_2+3.5C$$

解： $n=2.5+3.5+1.5=7.5\text{mol}$，$M=0.227\text{kg/mol}$

$$V_0=\frac{22.4\times7.5}{0.227}=740(\text{L/kg})$$

炸药的爆容也可通过实验测定，使用的仪器是大型量热弹，也可与爆热同时进行测定。不过此时测试得到的是炸药的干比体积（即水为液态），应将其换算成全比体积，即实际爆容。与爆热一样，爆容与装药的密度、起爆条件、约束条件等因素有关，因此给出炸药的爆容值时需要注明测试条件。表 4-13 列出了几种常用炸药的爆容实测值。

表 4-13 常用炸药的爆容实测值

炸药	ρ_0/(g/cm^3)	V_0/(L/kg)	摩尔比（CO/CO_2）
TNT	0.85	870	7.0
	1.50	750	3.2
CE	1.00	840	8.3
	1.55	740	3.3
RDX	0.95	950	1.75
	1.50	890	1.68

续表

炸药	ρ_0/(g/cm^3)	V_0/(L/kg)	摩尔比（CO/CO_2）
PETN	0.85	790	0.5～0.6
	1.65	790	0.5～0.6
RDX/TNT(50/50)	0.90	900	6.7
	1.68	800	2.4
TNP	1.50	750	2.1
NG	1.60	690	—
阿玛托 80/20	0.90	880	—
	1.30	890	—

从表 4-13 也可看出，对负氧平衡炸药，如 TNT、Tetryl、RDX 等，密度减小，爆容增大，导致这种现象的原因可以用化学反应平衡来解释：当炸药密度减小时，其爆轰压力减小，因此上述两个二次反应就向气态产物增加的方向移动，即平衡向左移动，所以炸药的爆容增加。

$$2CO \rightleftharpoons CO_2 + C + 172.47kJ$$

$$CO + H_2 \rightleftharpoons H_2O + C + 124.63kJ$$

思政小故事

重庆菜园坝火车站标志性建筑华铁宾馆爆破拆除

精细爆破，即通过定量化的爆破设计和精心的爆破施工，进行炸药爆炸能量释放与介质破碎、抛掷等过程的精密控制，既达到预定的爆破效果，又实现爆破有害效应的有效控制，最终实现安全可靠、绿色环保及经济合理的爆破作业。从爆炸理论的角度看，其内涵是利用爆炸力学、岩石动力学、结构力学、材料力学和工程爆破等相关学科的最新研究成果，根据结构破坏临界能量需要，调节炸药爆轰参数，避免多余的能量用于震动、抛掷等爆破次生危害。

中国是发明黑火药的文明古国，对人类文明与进步有过重大贡献。新中国成立 70 多年来，特别是改革开放 40 多年来，我国在爆破基础理论与技术领域不断取得进展，加之高精度、高安全性的爆破器材的生产和应用，工程爆破技术在矿山、铁路、交通、水利水电、城市基础建设和厂矿企业改扩建等工程建设中发挥了重要作用，我国的工程爆破事业取得了举世瞩目的成就，使得我国工程爆破行业的整体实力和国际影响显著提高。

2025 年 5 月 25 日，重庆菜园坝火车站标志性建筑——华铁宾馆在精准控制下向西定向倒塌，扬起的烟尘中，这座承载山城记忆的建筑完成了历史使命。作为新中国成立后第一条自主设计建设的铁路——成渝铁路的始发终到站，菜园坝火车站在历史上具有重要的地位。它不仅是重庆与外界联系的重要通道，更是连接重庆与全国各地的重要桥梁。2022 年 6 月 20 日，为满足连接成渝铁路、渝湘高铁的重要综合交通枢纽建设需要，这座火车站正式关停。

华铁宾馆爆破难度大，具体表现在：a. 超近距保护目标密集。待拆华铁宾馆（25 层，高 84m）周边 16m 内有旅游集散中心、婚纱喜糖渔具城、地下商场及人防设施；50m 内存在地铁、轻轨、菜园坝大桥立交及城市主干道，且涉及密集的电力、燃气、通信管网。b. 建筑结构强韧特殊。大楼采用钢筋卵石混凝土框架＋核心筒结构，剪力墙厚度大、钢筋密度高，抗剪强度远超普通钢筋混凝土，导致钻孔与预处理难度剧增。占地面积仅 $800m^2$（高宽比超 1∶10），属于“弱支撑、强结构”类型，需精准设计切口才能确保定向倒塌的稳定性。c. 预处理与钻孔技术挑战。为削弱结构刚度，需对 1～5 层非承重墙进行大规模预处理，但密集钢筋网大幅降低机械切割效率，且需避免扰动核心承重体。大楼共钻 3800 余个炮孔，布置 3900 余发雷管，钻孔深度与角度要求毫米级精度，以匹配复杂结构。

针对上述问题，施工方重庆市爆破公司精准设计爆破参数，运用毫秒级定向倒塌控制、电子雷管数智赋能、四维立体降险体系等精细爆破技术成功实现了爆破拆除。

复习思考题

1. 为什么要建立炸药的爆炸反应方程？有几种建立炸药爆炸反应方程的方法？爆炸反应方程与反应的条件有没有关系？

2. 请结合 Kamlet 法写出黑索金的爆炸反应方程式。

3. 炸药的爆热是如何定义的？如何利用盖斯定律计算爆热？

4. 炸药的爆热为什么常用 Q_V 表示？Q_p 和 Q_V 是什么关系？

5. 炸药的氧平衡对炸药的爆热有何影响？

6. 试分析提高炸药爆热的途径。

7. 计算 TNT 的爆热。

8. 一种钝黑铝炸药的组成为 95%黑索金，5%石蜡，外加 20%铝粉，计算它的爆热。

9. 什么是炸药的爆温？为什么计算爆温时要假定爆炸过程是定容绝热过程？

10. 如何测试炸药的爆速？

第5章

炸药的爆炸作用与安全性

炸药爆炸时对周围物体的各种机械作用统称为炸药的爆炸作用，常以威力和猛度表示。炸药的爆炸作用与炸药的装药量、炸药的性质、炸药装药形状以及炸点周围介质的性质等因素有关。通过对炸药的爆炸作用进行研究，可以为各种装药设计提供必要的理论依据，有助于人们正确地评定炸药的爆炸性能，合理地使用炸药，从而充分发挥炸药的效能。

炸药的安全性通常是指炸药在非应用场景下保持安定的能力，包括物质本身的安全性和在外界能量刺激下的安全性。本章主要讨论表征炸药安全性的两个典型参数，即相容性和感度。相容性是评估炸药组分间或接触材料间不发生有害化学反应或物理变化的能力，相容性高意味着安全性好。炸药的感度泛指炸药对外界机械、光、电、热等刺激能量的敏感程度，感度越高说明炸药越敏感，安全性越低。炸药的安全性直接决定了炸药的生产、储存、运输、使用等条件，其重要性不言而喻。

5.1 炸药爆炸威力

5.1.1 做功能力与爆炸能量

炸药爆炸对周围介质所做功的总和称为总功，又称为炸药的爆炸威力或爆力。需要注意的是，总功只是炸药总能量的一部分，而非炸药爆炸过程释放的全部能量。炸药所做的总功以多种形式体现，对不同介质的作用形式也存在差别，例如将一个埋在土壤中的炸药包引爆，其爆炸作用形式主要有：

① 与炸药包直接接触的介质（包装、土、岩）发生变形和破碎。

② 与炸药不直接接触，但与炸药相距不远的介质（土、岩）发生压缩、变形、破碎和松动。

③ 部分土壤被抛出并形成抛射漏斗坑（炸药埋深不大时）。

④ 在土壤中产生弹性波（地震波）。

⑤ 空气冲击波的产生和传播（炸药埋深不大时）。

由此可见，炸药爆炸做功的形式具有明显的多样性。

炸药的做功能力是评价炸药性能的一个重要参数，用下式表示：

$$A=A_1+A_2+A_3+\cdots+A_n=\eta E \tag{5-1}$$

式中 A——炸药的做功能力；

A_1，A_2，…，A_n——各项爆炸作用所做的功；

η——做功效率；

E——炸药爆炸的总能量。

当爆炸条件改变时，其总功变化一般不大，但具体到某一种特定的功可能有很大的不同。为了充分利用炸药的能量，希望有用功的占比尽可能大，这就需要充分理解炸药的爆炸作用机制并创造合适的条件，这也是炸药应用研究的核心问题之一。

5.1.2 做功能力的理论表达式

与爆轰过程一样，炸药爆炸做功的过程也是极其迅速的，因此可以假设炸药爆轰生成的高温、高压气体进行绝热膨胀做功。根据热力学第一定律：系统内能的减小等于系统放出的热量和系统对外所做功的总和。其数学表达式为：

$$-\mathrm{d}U=\mathrm{d}Q+\mathrm{d}A \tag{5-2}$$

根据上述假设，爆炸产物的膨胀过程是绝热的，故 $\mathrm{d}Q=0$，则上式可写为：

$$-\mathrm{d}U=\mathrm{d}A=-\overline{c_V}\mathrm{d}T \tag{5-3}$$

产物由 T_d 膨胀到 T 所做的功，即上式对温度的积分：

$$A=\int_{T_\mathrm{d}}^{T}-\overline{c_V}\mathrm{d}T=\overline{c_V}(T_\mathrm{d}-T)=\overline{c_V}T_\mathrm{d}\left(1-\frac{T}{T_\mathrm{d}}\right) \tag{5-4}$$

式中 T_d——爆温，K；

T——产物膨胀终了时的温度，K；

$\overline{c_V}$——爆炸产物的平均定容比热容。

又因为爆热有以下关系式：

$$Q=\overline{c_V}(T_\mathrm{d}-T_0)=\overline{c_V}T_\mathrm{d}-\overline{c_V}T_0 \tag{5-5}$$

式中　T_0——室温，K。

对于一般凝聚相炸药，通常有：

$$\overline{c_V}T_0/(\overline{c_V}T_d)\approx 3\%\sim 5\% \tag{5-6}$$

则可近似取：

$$Q\approx \overline{c_V}T_d \tag{5-7}$$

所以式(5-4) 可以写为：

$$A=Q(1-\frac{T}{T_d}) \tag{5-8}$$

当具体计算爆炸产物膨胀过程所做的功时，最终温度 T 很难确定，所以常用膨胀时体积和压力的变化代替温度的变化。爆炸产物的膨胀过程近似为等熵绝热过程，则压力和比体积有以下关系：

$$pv^k=\text{常数} \tag{5-9}$$

式中　k——爆轰产物的绝热指数。

设爆炸产物性质符合理想气体，则有：

$$\frac{T}{T_d}=\left(\frac{v_d}{v}\right)^{k-1} \tag{5-10}$$

或

$$\frac{T}{T_d}=\left(\frac{p}{p_d}\right)^{\frac{k-1}{k}} \tag{5-11}$$

式中　p_d，p——爆轰产物初、终态的压力；

v_d，v——爆轰产物初、终态的比体积。

则式(5-4) 可以写成：

$$A=\overline{c_V}T_d\left(1-\frac{T}{T_d}\right)=\overline{c_V}T_d\left[1-\left(\frac{p}{p_d}\right)^{\frac{k-1}{k}}\right]=\overline{c_V}T_d\left[1-\left(\frac{v_d}{v}\right)^{k-1}\right] \tag{5-12}$$

或

$$A=Q\left[1-\left(\frac{p}{p_d}\right)^{\frac{k-1}{k}}\right]=\eta Q \tag{5-13}$$

$$A=Q\left[1-\left(\frac{v_d}{v}\right)^{k-1}\right]=\eta Q \tag{5-14}$$

式中　η——做功效率。

为了对各种炸药的做功能力进行比较，确定以初始压力为 1.013×10^5 Pa (1atm) 时相应的做功能力（A 值）为理论做功能力。其物理意义是炸药的爆炸产物在绝热条件下膨胀到 1.013×10^5 Pa 压力时所做的最大功。利用式(5-14) 计算得到的几种炸药的理论做功能力见表 5-1。

表 5-1 几种炸药的理论做功能力

炸药名称	密度 ρ /(g/cm^3)	爆热 Q /(kJ/kg)	k	效率 η/%	做功能力 A/(kJ/kg)	TNT 当量	Q/Q_{TNT}
AN	0.9	1.590	1.30	86.2	1373	0.39	0.38
TNT	1.5	4.226	1.23	83.3	3528	1.00	1.00
RDX	1.0	5.314	1.25	84.5	4494	1.28	1.26
	1.6	5.440	1.25	86.6	4710	1.34	1.29
AN/TNT (79/21)	1.0	4.310	1.24	83.7	3570	1.01	1.02
PETN	1.6	5.690	1.215	82.7	4725	1.34	1.35
AN/Al (80/20)	1.0	6.611	1.16	72.4	4788	1.36	1.56
NG	1.6	6.192	1.19	79.7	4956	1.40	1.47

综合上述分析可知，爆热是决定炸药做功能力的最基本因素，因此提高爆热是提高炸药做功能力最有效的措施。此外，做功能力还与产物的膨胀程度及绝热指数有关。很显然，炸药的爆热越大，爆炸产物的膨胀比越大，则做功能力越大；当爆热和产物的膨胀程度相同时，则绝热指数越大，做功能力也越大。图 5-1 为不同绝热指数时做功效率与膨胀程度的关系。

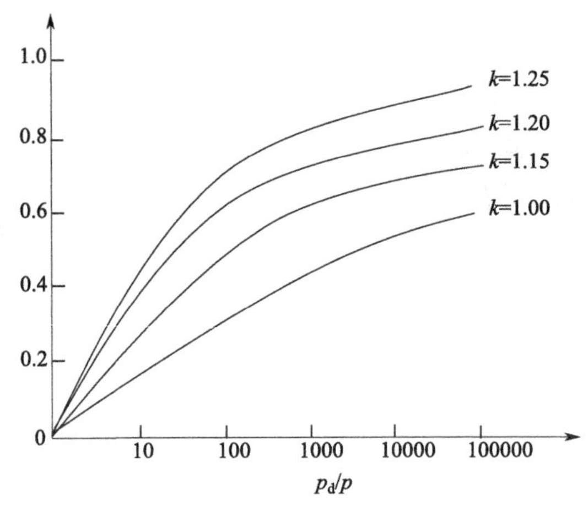

图 5-1 不同绝热指数时做功效率与膨胀程度的关系

因 $k=1+R/c_V$，产物的 c_V 越小，k 值越大，则做功效率越大。产物的热容与成分有关，一般气体分子中原子个数越多，其定容比热容值越大，如双原子气体（CO、N_2、H_2、O_2）比三原子气体（CO_2、H_2O）的定容比热容值约小 50%。如果爆炸产物中有凝聚相产物，如 C（固）、Al_2O_3、NaCl 等，则绝热指数较小，因此这种炸药的做功效率较低。

炸药的爆热和爆炸产物组成取决于炸药的氧平衡，因而炸药的做功能力与氧平衡也有密切的关联。

当炸药为零氧平衡时，爆热大；当轻微负氧时，产物中双原子气体分子增多。这两种情况下炸药做功能力均较大。图 5-2 为炸药做功能力与氧平衡的关系，炸药做功能力以 TNT 当量表示。

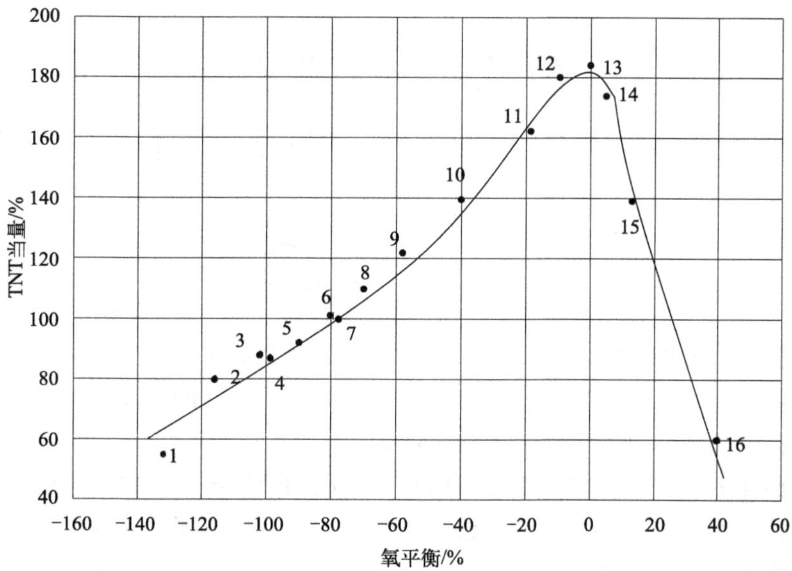

图 5-2 炸药做功能力与氧平衡的关系

1—二硝基间二甲苯；2—地恩梯；3—三硝基萘；4—三硝基乙基戊烷；5—二硝基苯；6—三硝基二甲苯；7—梯恩梯；8—四硝基萘；9—三硝基苯；10—乙烯二硝胺；11—黑索金；12—太安；13—硝化甘油；14—硝化甘露糖醇；15—肌醇六硝酸酯；16—四硝基甲烷

由表 5-1 的数据还可以看出，对于大部分炸药，相对做功能力（A/A_{TNT}）与相对爆热（Q/Q_{TNT}）的值基本上是一致的，但对于正氧平衡的硝化甘油和含铝炸药，其相对做功能力比相对爆热小得多，主要原因是这两种炸药的绝热指数较小。表 5-1 中所列的做功效率是根据理想气体膨胀规律计算得到的，实际上炸药的做功效率要比这一数值小得多，而相对做功能力却变化不大。为了比较各种炸药的爆炸作用，可以按理想气体计算的相对做功能力进行衡量和评判。

5.1.3 做功能力测试方法

5.1.3.1 铅铸扩张法

铅铸扩张法为澳大利亚的特劳茨（Trautz）提出的，后来确定为测定炸药做功能力的国际标准方法，因此又称特劳茨试验法。铅铸扩张法是目前最简单、最常用的做功能力试验方法，其原理是以一定量的炸药在铅铸中央内孔中爆炸，爆炸产物膨胀将内孔扩张，爆炸前后孔的体积的增量作为判断和比较做功能力的尺度。

铅铸为圆柱体，用高纯度铅熔铸而成，外部尺寸 ϕ200mm×200mm，中央有一个 ϕ25mm×125mm 的圆柱形内孔。铅铸扩张法试验原理如图 5-3 所示。

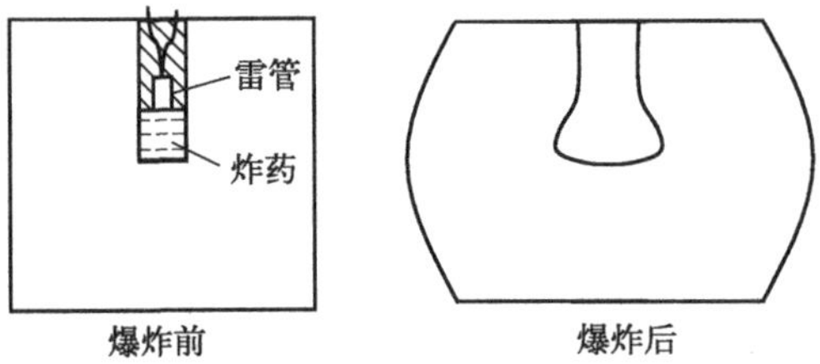

图 5-3 铅铸扩张法试验原理图

试验时将准备好的炸药试样准确称取（10±0.01）g，放在用锡箔卷成的圆柱筒内，装上雷管后放入铅铸的内孔中，放入炸药后的孔隙用一定颗粒度的干燥石英砂填满，以减少炸药产物飞散。

炸药在铅铸中爆炸时，产物对内孔壁造成剧烈冲击，使铅孔发生变形，形成梨形孔。爆炸能量主要消耗在铅的压缩变形上，对周围介质（空气）做的功可以忽略不计。测量爆炸前后铅铸内孔的体积差，用此值表征炸药的做功能力。显然，体积差越大，炸药的做功能力越大。铅铸扩张试验值的计算式如下：

$$\Delta V=V_2-V_1 \tag{5-15}$$

式中 ΔV——铅铸扩张试验值，mL；

V_1——爆炸前铅铸的内孔容积，mL；

V_2——爆炸后铅铸的内孔容积，mL。

试验规定在 15℃下进行，如果试验在其他温度下进行，由于铅的硬度和强度不同会造成偏差，因此应将测定结果按式(5-16) 和表 5-2 进行修正。

$$V_L=(1+V_A)\Delta V \tag{5-16}$$

式中 ΔV——铅铸扩张试验值，mL；

V_L——炸药的做功能力（铅铸扩张值），mL；

V_A——铅铸扩张修正量。

表 5-2 铅铸扩张试验值修正量

温度t/℃	修正量V_A/%	温度t/℃	修正量V_A/%
−30	+18	5	+3.5
−25	+16	8	+2.5
−20	+14	10	+2.0
−15	+12	15	0.0
−10	+10	20	−2.0
−5	+7	25	−4.0
0	+5	30	−6.0

引爆用的雷管也参与了扩孔的作用，因此也要予以修正。雷管扩孔值的修正可以用上述试验方法做一次空白试验，即引爆不带炸药试样的雷管，然后测定其扩孔值。铅铸扩张值是用于判断和比较炸药的做功能力的，若仅用于比较，则采用同样的标准雷管试验时，可以不进行雷管的修正。

常用炸药的铅铸扩张值见表 5-3。

表 5-3 常用炸药的铅铸扩张值

炸药名称	V_L/mL	炸药名称	V_L/mL
TNT	285	RDX/TNT/Al(41/41/18)	475
DNT	240	RDX/TNT(60/40)	388～390
RDX	480～495	RDX/TNT(50/50)	365～368
HMX	486	RDX/TNT(30/70)	315～353
PETN	490～525	RDX/TNT(10/90)	300～316
NG	515～550	AP/Al(90/10)	435
NC	420	AP/Al(75/25)	500
TNP	315	PETN/TNT(90/10)	480
NQ	305	AP/Al(82/18)	565
TNB	325	AN/Al(82/18)	506
AN	180	TNT/Al(85/15)	460
AP	195	AN/TNT(80/20)	350
CE	340	PETN/TNT(40/60)	390
硝基甲烷	400	PETN/TNT(10/90)	295
苦味酸铵	280	AN/TNT/Al(80/15/5)	400
硝酸肼	408	B炸药	370
硝酸脲	270	C_2 炸药	333
二氨基胍硝酸盐	350	钝黑铝-1	554

5.1.3.2 威力摆法

威力摆法是一种评定炸药相对做功能力的方法，试验原理图如图 5-4

所示。

威力摆是一沉重的钢制炮体（约 300kg），悬挂在支架上，炮体有互相连通的爆炸室和膨胀室，爆炸室内装有带雷管的 10g 被试炸药，膨胀室在爆炸前装有钢质弹丸（约 10kg）。炸药爆炸后，高温、高压的爆炸气态产物充满膨胀室，当产物继续膨胀并推出弹丸时，产物对外做功。弹丸飞出后，产物向空气中膨胀，做功便停止，与此同时炮体向后摆动。

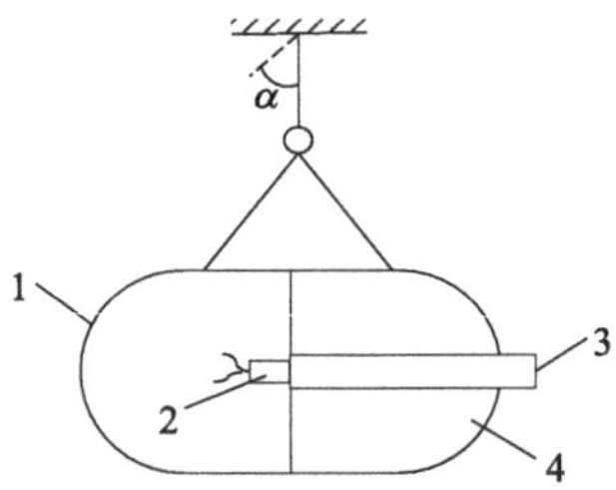

图 5-4 威力摆法原理图

1—爆炸室；2—被试炸药；3—钢制弹丸；4—膨胀室

爆炸所做的功主要由两部分组成：一部分是弹丸抛射出去获得的动能；另一部分是炮体后摆的动能和位能。这两部分所做功之和用于表示炸药的做功能力，即：

$$A=A_1+A_2 \tag{5-17}$$

式中 A——炸药的做功能力；

A_1——使炮体摆动 α 角所做的功，在数值上相当于使炮体的重心上升 h 高度所做的功；

A_2——发射弹丸所做的机械功。

$$A_1=m_pgh=m_pgl(1-\cos\alpha) \tag{5-18}$$

式中 m_p——炮体的质量；

g——重力加速度；

l——炮体重心到悬挂支点的距离；

α——炮体摆动的最大角度。

设威力摆在摆动过程中无能量损耗，则摆体开始摆动瞬间的动能等于摆动结束瞬间的位能，即：

$$\frac{1}{2}m_pu_p^2=m_pgh \tag{5-19}$$

式中 u_p——炮体摆动的初速。

$$A_2=\frac{1}{2}m_du_d^2 \tag{5-20}$$

式中 A_2——发射弹丸所做的机械功，它等于弹丸离开炮体时的动能；

m_d——弹丸的质量；

u_d——弹丸离开炮体的速度。

根据动量守恒原理，弹丸的动量与炮体的动量相等，即：

$$m_du_d=m_pu_p \tag{5-21}$$

由式(5-21)得：

$$u_d=\frac{m_p u_p}{m_d} \tag{5-22}$$

则有：

$$A_1=m_p gh=m_p gl(1-\cos\alpha) \tag{5-23}$$

$$A_2=\frac{1}{2}m_d u_d{}^2=\frac{1}{2}\times\frac{m_p{}^2}{m_d}u_p{}^2=\frac{m_p}{m_d}m_p gl(1-\cos\alpha) \tag{5-24}$$

因此：

$$A=A_1+A_2=\left(1+\frac{m_p}{m_d}\right)m_p gl(1-\cos\alpha) \tag{5-25}$$

对于每一个威力摆，m_p、m_d、l 均为定值，因此令 $C=\left(1+\frac{m_p}{m_d}\right)m_p gl$，称为威力摆结构常数。由式(5-25)可得：

$$A=C(1-\cos\alpha) \tag{5-26}$$

因威力摆结构常数 C 已知，可由摆角直接计算出炸药的做功能力。一般以 TNT 为标准，其他炸药的做功能力与 TNT 的做功能力A_{TNT}之比称为该炸药的威力 TNT 当量。炸药做功能力的威力 TNT 当量（A_{re}）用式(5-27)表示：

$$A_{re}=A/A_{TNT} \tag{5-27}$$

5.1.3.3 圆筒试验法

圆筒试验主要用来评定炸药做功能力以及确定爆轰产物 JWL 状态方程参数。现在圆筒试验已发展成标准的系列试验。按圆筒直径不同，有 25mm、50mm 和 100mm 等不同规格的圆筒试验。圆筒试验的原理是把炸药试件装填在标准金属管内，从一端起爆金属管内的炸药试件，圆筒壁在爆轰产物作用下径向膨胀，在圆筒特定位置上测定圆筒壁径向膨胀距离与时间的变化关系，计算圆筒壁的膨胀速度和比动能，用于评价炸药的做功能力。

对于炸药在圆筒中爆炸所产生的能量释放效应，用格尼（Gurney）能可进行较好的描述。Gurney 能由炸药爆轰产物膨胀的动能和被驱动圆筒的动能两部分组成。适用于 Gurney 方程的几何形状见图 5-5。

下面以常用的圆柱形壳体结构为例导出 Gurney 公式。

为便用计算，需要做出如下假设：

① 爆轰是瞬时的；

② 炸药能量除了转变为壳体动能和爆轰产物动能外，还有残留在爆轰产物中的内能；

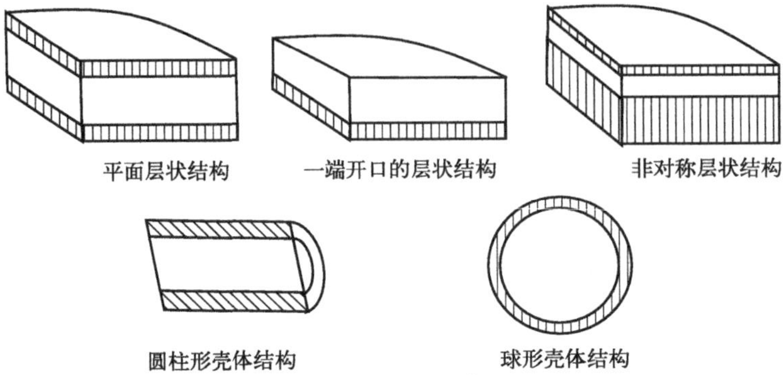

图 5-5 适合于 Gurney 方程的几何形状

③ 爆轰产物的膨胀速度按线性分布。

按照上述假设，装药爆炸过程中的能量守恒方程为：

$$E_0-E_s=E_m+E_g \tag{5-28}$$

式中 E_0——炸药爆炸过程中释放的总能量；

E_s——爆轰产物内能；

E_m——壳体获得的动能；

E_g——爆轰产物动能。

① 壳体动能 E_m 壳体在炸药爆炸作用下形成一系列的破片，以 q_1、q_2、…、q_n 代表各个破片的质量，对于预制破片战斗部，近似有 $q_1=q_2=\cdots=q_n$。以 u_{01}、u_{02}、…、u_{0n} 代表相应破片的初速，则可得到以下关系：

$$u_{01}=u_{02}=\cdots=u_{0n}=u_0 \tag{5-29}$$

因此：

$$E_m=\frac{q_1}{2}u_0^2+\frac{q_2}{2}u_0^2+\cdots+\frac{q_i}{2}u_0^2 \tag{5-30}$$

设炸药爆炸时被推动壳体的质量为 m_m，则：

$$m_m=q_1+q_2+\cdots+q_n=\sum_{i=1}^{n}q_i \tag{5-31}$$

故：

$$E_m=\frac{1}{2}\sum_{i=1}^{n}q_iu_0^2=\frac{1}{2}m_mu_0^2 \tag{5-32}$$

② 爆轰产物动能 E_g 球形、圆柱形和平面壳体飞散时，爆轰产物动能可用下式表示：

$$E_g=\frac{mu^2}{\Psi} \tag{5-33}$$

式中　m——炸药质量；

Ψ——壳体形状函数。

对于球形壳体：

$$\Psi=\frac{2(2N+3)}{3}$$

对于圆柱形壳体：

$$\Psi=2N+2$$

对于平面壳体：

$$\Psi=2(2N+1)$$

式中，N 为系数，表示爆轰产物的流动速度沿径向（r 的方向）的变化规律，即：

$$u=\varphi(t)r^{N} \tag{5-34}$$

式中　u——爆轰产物在离轴心 r 处的流动速度，m/s；

$\varphi(t)$——时间函数。

式(5-33) 的物理意义是，可以把爆轰产物的动能看作爆轰产物的虚拟质量 m_1 和破片初速度 u_0 条件下的动能，即：

$$E_g=\frac{m_1u_0^2}{2} \tag{5-35}$$

对于球形、圆柱形和平面壳体，爆轰产物的虚拟质量 m_1 分别为：

$$m_1=\frac{3}{5}m;m_1=\frac{1}{2}m;m_1=\frac{1}{3}m \tag{5-36}$$

上式是在把爆轰产物的流动速度 u 沿着径向分布当作线形关系（$N=1$）的条件下得到的。

爆轰产物的动能公式可表示为：

a. 球形壳体：

$$E_g=\frac{3}{10}mu_0^2$$

b. 圆柱形壳体：

$$E_g=\frac{1}{4}mu_0^2$$

c. 平面壳体：

$$E_g=\frac{1}{6}mu_0^2$$

对于圆柱形壳体，式(5-28) 变为：

$$E_0-E_s=\frac{1}{2}m_m u_0^2+\frac{1}{4}m u_0^2 \tag{5-37}$$

定义$E_G=E_0-E_s$，从而获得破片初速公式：

$$u_0=\sqrt{2E_G}\times\sqrt{\frac{1/m_m}{1+\frac{1}{2}\times\frac{m}{m_m}}} \tag{5-38}$$

式中　$\sqrt{2E_G}$——Gurney 系数，$kg^{1/2}\cdot km/s$。

显然，m、m_m 是与装药初始条件有关的已知量，如果已知$\sqrt{2E_G}$值，就可以计算出破片初速。

由于爆轰产物加速破片后，残留在爆轰产物中的内能是无法确定的，因而直接由 E_0-E_s 计算 E_G 很困难。通常采用工程计算方法，把$\sqrt{2E_G}$与炸药初始参数联系起来，进行$\sqrt{2E_G}$的计算。

按照计算爆压和爆速的 Kamlet 公式，可以把爆压和爆速写成炸药的特性值 φ 和装药密度ρ_0 的函数，即：

$$\begin{cases} p=K\varphi\rho_0^2 \\ D=a\varphi^{1/2}(1+b\rho_0) \end{cases} \tag{5-39}$$

对于$\sqrt{2E_G}$来说，它表示炸药化学能转变成有效动能的部分，与炸药的标志量 p 和 D 一样，必然也能表示为 φ 和ρ_0 的函数。

按照式(5-39) 中第一个表达式可以得到：

$$\sqrt{\varphi\rho_0}=\sqrt{\frac{p}{K\rho_0}} \tag{5-40}$$

经量纲分析后发现，此式恰好具有速度的量纲。由于$\sqrt{\varphi\rho_0}$的量纲与$\sqrt{2E_G}$的量纲相同，可近似把$\sqrt{2E_G}$处理成$\sqrt{\varphi\rho_0}$的线性函数：

$$\sqrt{2E_G}=A+B\sqrt{\varphi\rho_0} \tag{5-41}$$

利用最小二乘法，通过对 60 种单质炸药和混合炸药的计算，确定系数：

$$A=0.739, B=0.435$$

因而 Gurney 系数可按下式计算：

$$\sqrt{2E_G}=0.739+0.435\sqrt{\varphi\rho_0} \tag{5-42}$$

式(5-42) 中的 φ 可按照下列方法计算，即对于 $C_aH_bO_cN_d$ 炸药：

$$\varphi=NM^{1/2}Q^{1/2} \tag{5-43}$$

具体计算过程见第 4 章凝聚相炸药爆轰参数的工程计算——Kamlet 法。

综上，当已知炸药的组分、密度、质量以及壳体质量后，就可以利用以上各式计算出弹丸爆炸后所形成破片的初速。

5.1.4 提高炸药做功能力的途径

根据炸药做功能力的理论表达式式(5-8)，炸药做功能力的最大值是其爆热值，在数值上等于爆轰产物无限绝热膨胀时所做的功，但爆轰产物的膨胀是有一定限度的，因此总是存在着一个做功效率的问题。炸药的做功效率与爆炸产物的膨胀比和绝热指数有关。显然，爆炸产物的膨胀比越大，则绝热指数越大，做功效率也越大。

提高炸药的爆热能有效地提高炸药的做功能力。试验研究表明：在固定比体积值时，做功能力随爆热的增加而增加。

从某种意义上来说，增加爆热和比体积的途径均可以使做功能力有所提高，主要方法有：

① 改善炸药氧平衡　由于炸药在零氧平衡时，爆炸反应完全，放出的热量最大，因而炸药的做功能力最大。实践证明这种做法对于单质炸药或非金属化混合炸药比较有效。

② 在炸药配方中加入铝、镁等金属粉　该方法可以增加混合药剂的爆热，从而改善炸药做功能力。通常认为含铝炸药中铝粉加入量在10％～30％时较为有利，由于含铝炸药具有二次反应的特点，铝粉与爆轰产物中的二氧化碳和水反应，甚至还可以与产物中的氮气反应生成氮化铝，实现对爆热的提升。

③ 增加炸药的比体积　如在TNT中加入硝酸铵，可以增加比体积，同时也达到了提高炸药做功能力的目的。

5.2 炸药爆炸的猛度

炸药与其他做功源相比，最大的特征是它具有极大的功率。炸药爆炸时对外做功作用时间短，压力突跃十分剧烈，使与其直接接触或附近的物体在短时间内受到非常高的压力和冲量的作用，从而粉碎和破坏。

炸药对与其接触的物体进行粉碎和破坏的能力称为炸药的猛度。与炸药做功能力（威力）不同，猛度反映的是炸药的瞬时做功能力，即炸药的做功功率。因此，炸药爆轰达到压力峰值的快速性（时间）可作为猛度的衡量标准。研究表明，炸药的猛度与炸药密度、爆速有关，密度越高、爆速越大则炸药的猛度越高。

局部破坏作用也可以称为爆炸的直接作用或猛炸作用，它是指爆轰产物对与其接触的物体或周围物体的强烈破坏作用。弹丸爆炸形成碎片、破甲弹的破甲作用、爆炸高速抛掷物体、爆炸切割钢板和破坏桥梁以及对矿体、岩体、土壤、混凝土等的猛炸作用，均是炸药局部破坏的例子。炸药的猛度对于武器设计、爆破工程均具有实际意义。在爆破工程中，岩体或矿体的坚硬程度以及性质不同，为了获得一定块度的矿岩，就应根据矿岩的性质来选用不同猛度的炸药，否则就有可能造成不利于资源利用的过度粉碎，或形成不便于装载运输，甚至需要二次爆破的大块矿岩。

爆炸的直接作用只表现在离爆心极近距离的范围内，因为只有在极近距离的范围内，爆轰产物才能保持足够高的压力，破坏与它相接触的物体。流体力学爆轰理论指出，凝聚相炸药爆轰产物在膨胀的开始阶段，服从下面的状态方程：

$$pv^k = 常数 \tag{5-44}$$

式中　k——爆轰产物的绝热指数，$k \approx 3$。

对于一般猛炸药，当爆轰产物膨胀半径为原装药半径的1.5倍时，压力已经下降到200MPa左右，这时对于金属等高强度物体的作用已经很微小了。因此，爆轰产物的直接作用只有在炸药与目标接触极近距离时才可以体现，炸药猛度的理论表示或试验测定都是以直接接触的爆炸为前提。

5.2.1　炸药猛度测试方法

5.2.1.1　铅柱压缩法

铅柱压缩法为赫斯（Hess）于1876年提出的，因此又称为赫斯法。铅柱压缩法示意图如图5-6所示。

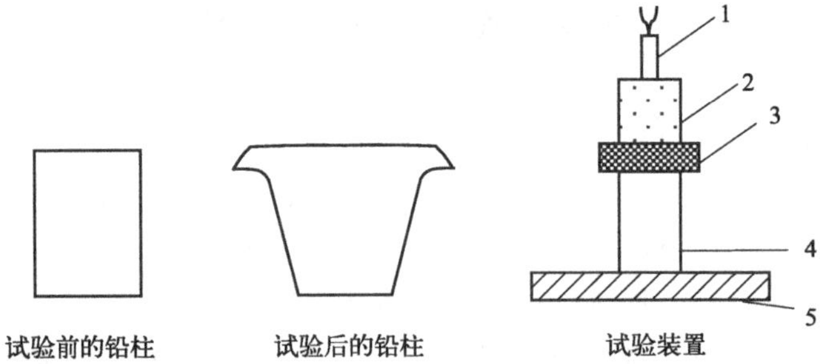

图 5-6　铅柱压缩法示意图

1—雷管；2—炸药；3—钢片；4—铅柱；5—厚钢板

在一个厚钢板上放置一个由高纯铅制成的圆柱，该铅柱的外部尺寸为ϕ40mm×60mm。在铅柱上放置一块直径为ϕ41mm×10mm的钢片，它的作用是将炸药的爆轰能量均匀地传递给铅柱，使铅柱仅发生塑性变形。

在钢片上放置装药试样，装药质量为 50g。粉状试样可装在直径 40mm 的纸筒中，用细线将装药试样及铅柱固定在钢板上，试样纸筒、钢片和铅柱要处于同一轴线上。

试验前，铅柱的高度要经过精确测量。炸药爆炸后，铅柱被压缩成型，高度减小，用卡尺测量压缩后的铅柱高度（在四个对称位置依次测量，取平均值），用试验前后铅柱的高度差 Δh 表示炸药的猛度，也称为铅柱压缩值。

铅柱的质量和铸造工艺对压缩值的影响很大，必须严格控制其质量，每批铅柱必须抽样用标准炸药试验进行标定。炸药装药形状、密度和雷管在炸药装药中的位置对试验结果均有一定的影响，因而试验时必须严格控制条件。

几种常用炸药的铅柱压缩值见表 5-4。

表 5-4　几种常用炸药的猛度（铅柱压缩值）

炸药名称	密度 ρ / (g/cm^3)	猛度 Δh/mm	试样药量/g
TNT	1.0	16±0.5	50
CE	1.0	19	50
TNP	1.2	19.2	50
RDX	1.0	24	25
PETN	1.0	2	25

铅柱压缩法的优点是设备简单、操作方便。它是产品质量控制，特别是工业炸药产物检测中的一种广泛应用的方法。

该方法的缺点、局限性与改进措施如下：

① 随着 Δh 的增加，铅柱变粗，变形阻力提高，当铅柱受到过分压缩而接近破碎时，阻力又变小，因而压缩值和变形功不成线性关系，如压缩值从 10mm 增加到 20mm 时，压缩铅柱的变形功增加接近两倍。

② 试验结果在很大程度上取决于炸药的爆轰能力和临界直径。当炸药试样的临界直径大于 40mm 时，不能达到理想的爆速，因此测试结果偏低。

③ 该方法只适用于低密度、低猛度炸药的测试，对于高密度、高猛度炸药，试验时钢板将被炸裂，铅柱也被炸裂或炸碎。为了克服这一缺点，有时采用更厚的钢板（20mm）或将试验药量减小到 25g，但试验结果与正常条件下的数据无法进行比较。因此，该方法一般不适用于测试高密度、高猛度的炸药。

④ 本法只能得到相对数据，试验的平行性较差。

5.2.1.2　铜柱压缩法

该方法是 1893 年由卡斯特（Kast）首先提出的，故称为卡斯特法。该方法虽然不如铅柱法应用普遍，但是比较准确，而且可测试猛度较大的炸药。

试验所用装置如图 5-7 所示。在钢底座上放置空心钢质圆筒，圆筒内安置一个淬火钢活塞，活塞外部尺寸为 ϕ38mm×80mm，与圆筒滑动配合，活塞下方放置铜柱，活塞上方放一厚 30mm 的镍铬钢垫块，垫块上放两块 ϕ38mm×4mm 的铅板，铅板上放置装有雷管的炸药试样。垫块和铅板的作用是保护活塞免受爆炸产物的破坏。卡斯特猛度仪安放在 500mm×500mm×20mm 的钢板上，每一个炸药试样进行六次平行试验，测定压缩平均值后求出相应的猛度。

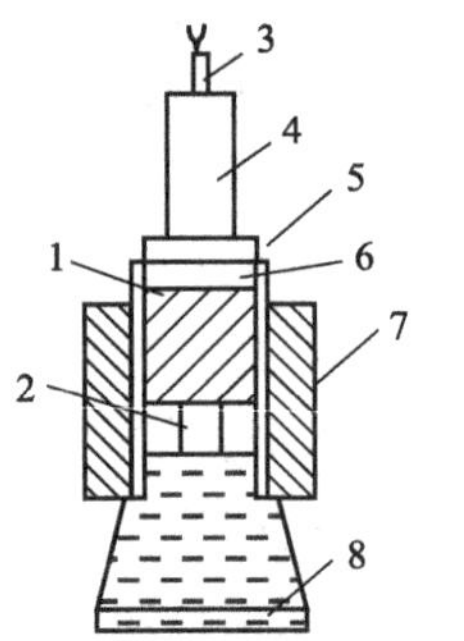

图 5-7　卡斯特猛度仪

1—活塞；2—铜柱；3—雷管；4—炸药试样；5—铅板；6—垫块；7—圆筒；8—底座

炸药试样直径为 21mm，高为 80mm，装药密度应严格控制并精确测定。低密度炸药可用纸筒或薄壁外壳。

常用的测压铜柱规格 ϕ7mm×10.5mm，用电解铜制作，也可采用其他规格的铜柱。试验前后精确测定铜柱的高度，并用试验前后铜柱的高度差来衡量待测炸药猛度。

表 5-5 列出了几种炸药的铜柱压缩值（ϕ7mm×10.5mm）。

表 5-5　几种炸药的铜柱压缩值

炸药名称	铜柱压缩值	炸药名称	铜柱压缩值
爆胶	4.8	NC	3.0
NG	4.6	TNT/Al(60/40)	2.9
PETN	4.2	TNT/Al(50/50)	2.5
TNP	4.1	TNT/Al(40/60)	2.1
TNT	3.6	TNT/AN(30/70)	1.6
二硝基苯	2.9	62%代那买特	3.9

铜柱压缩法的优点是不需要贵重的仪器设备，操作方便，但灵敏度较低，对于极限直径大于 20mm 的炸药，测得的猛度值明显偏低。

与铅柱压缩试验一样，铜柱的压缩值与猛度不成线性关系，因此以铜柱的压缩值直接表示炸药的猛度不够准确。

国际炸药测试方法标准化委员会规定铜柱压缩法为工业炸药的标准测试方法。试样装在内径为 21.0mm、高为 80mm、壁厚为 0.3mm 的锌管中，装药密度为使用时的密度，用 10g 片状苦味酸作为传爆药（ϕ21mm×20mm，ρ=

1.50g/cm^3）放在锌管上面，并采用装有 0.6g 太安的雷管引爆。

5.2.1.3 猛度弹道摆试验

猛度弹道摆可以测定炸药爆炸作用的比冲量。这种试验方法测出的数值可以较合理地反映炸药的猛度。猛度弹道摆测试装置如图 5-8 所示。

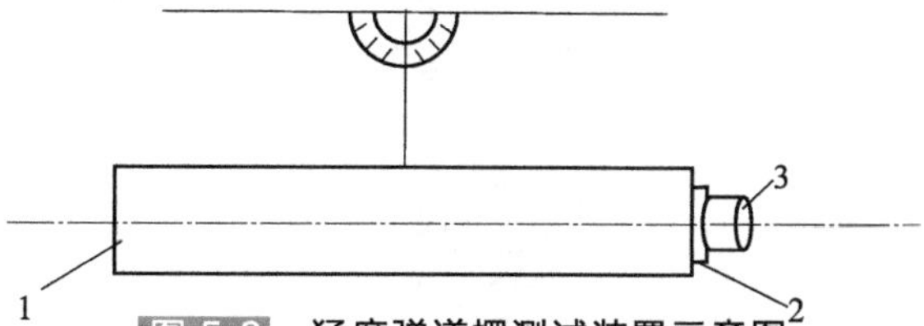

图 5-8 猛度弹道摆测试装置示意图

1—摆体；2—钢片；3—炸药

猛度弹道摆是一个悬挂在旋轴上的长圆柱形实心摆体，质量为几十千克。试验时将一定质量的炸药压成药柱。将药柱贴放在摆端部的钢片端面处，并使药柱轴线与摆体的轴线重叠。雷管起爆装药后，爆炸产物的冲击下摆体以初速 u 开始摆动，当摆动到最高位置时，摆体的重心升高 h，这时摆体摆动角度为 α。根据能量守恒定律，摆体摆动初期的动能等于摆体重心升高到 h 的位能，即：

$$\frac{1}{2}mu^2=mgh \tag{5-45}$$

又因为：

$$h=l(1-\cos\alpha) \tag{5-46}$$

故：

$$u=\sqrt{2gh}=\sqrt{2gl(1-\cos\alpha)}=2g\sqrt{\frac{l}{2g}(1-\cos\alpha)} \tag{5-47}$$

摆体的摆动周期为：

$$T=2\pi\sqrt{\frac{l}{g}} \tag{5-48}$$

则：

$$2\sqrt{\frac{l}{g}}=\frac{T}{\pi} \tag{5-49}$$

又因为：

$$\sqrt{\frac{1}{2}(1-\cos\alpha)}=\sin\frac{\alpha}{2} \tag{5-50}$$

所以：

$$u=g\frac{T}{\pi}\sin\frac{\alpha}{2} \tag{5-51}$$

炸药爆炸结束的瞬间，爆轰产物给摆的总冲量等于摆在开始摆动瞬间的动量，即：

$$L=mu \tag{5-52}$$

则有：

$$mu=mg\frac{T}{\pi}\sin\frac{\alpha}{2} \tag{5-53}$$

令：

$$C=\frac{mgT}{\pi} \tag{5-54}$$

则：

$$i=\frac{C}{S}\sin\frac{\alpha}{2} \tag{5-55}$$

式中 i——比冲量；

α——弹道摆摆体摆动的最大角度；

l——弹道摆的臂长；

S——接受冲量的面积；

C——弹道摆常数；

T——弹道摆的周期；

m——弹道摆的质量；

h——弹道摆上升的高度。

炸药的比冲量不仅受到装药密度的影响，而且还受到装药几何尺寸的影响。因此，在比较冲量时，试验用的药柱密度和几何形状要一致。图 5-9 给出了用弹道摆测定的不同密度的梯恩梯与钝化黑索金炸药的比冲量。

5.2.2 影响炸药猛度的因素

根据对炸药猛度的分析，猛度值（比冲量）主要是由装药密度和爆速确定的，同时还受装药直径和长度的影响。

5.2.2.1 装药密度对猛度的影响

炸药的爆速与密度有如下关系：

$$D=A+B\rho \tag{5-56}$$

式中 D——炸药的爆速；

ρ——装药密度；

A，B——与炸药种类有关的常数。

而比冲量（猛度值）与密度有如下关系：

$$i=K(A\rho+K\rho^2) \tag{5-57}$$

式中　K——与炸药装药条件有关的系数。

上式说明炸药的比冲量与其密度成抛物线关系。图 5-10 给出了用铜柱压缩法测定的 TNT、RDX 及 TNT/RDX（50/50）混合炸药的相对冲量与密度的关系。假定 $\rho=1.68\mathrm{g/cm^3}$ 的 TNT/RDX（50/50）混合炸药的冲量为 100。

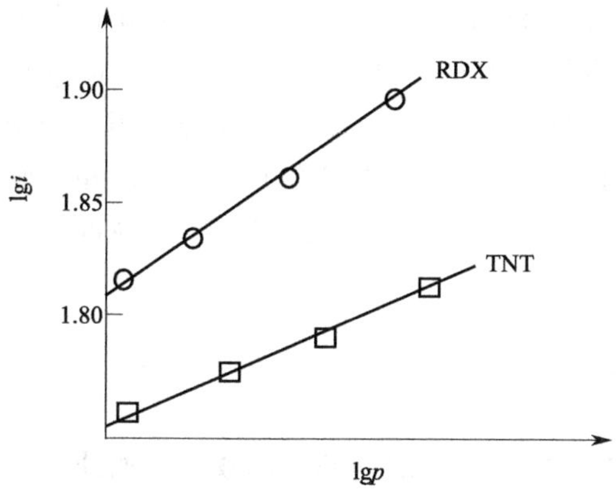

图 5-9　不同密度炸药的比冲量

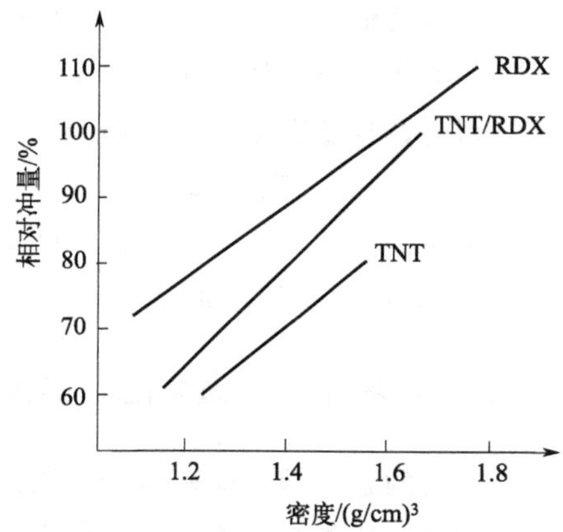

图 5-10　几种炸药相对冲量与密度的关系

可见，炸药的相对冲量与密度之间成线性关系，这是因为当密度在 1.2～1.8g/cm³ 范围内时，式(5-57) 几乎呈直线。

对于单质炸药，提高其装药密度对增加猛度是十分有效的。

对于多数工业炸药来说，当密度较低时，猛度将随密度的增加而提高；而当密度达到一定数值后，在一定直径下，随着密度的增加，爆速下降，猛度反而减小，如表 5-6 所示。

表 5-6　硝酸铵/梯恩梯（80/20）的颗粒尺寸、密度与猛度的关系

颗粒尺寸/μm	猛度（铅柱压缩值）/mm							
	ρ = 1.0	ρ = 1.1	ρ = 1.2	ρ = 1.3	ρ = 1.4	ρ = 1.5	ρ = 1.6	ρ = 1.7
2000～800	5.7	—	—	—	—	—	—	—
530～260	8.0	8.0	9.0	—	—	—	—	—
260～160	11.0	11.0	12.0	7.4	—	—	—	—
160～120	13.0	15.0	15.0	10.0	10.0	8.3	—	—
120～96	15.0	17.0	17.0	17.0	15.0	16.0	—	—
96～86	17.0	19.0	20.0	19.0	18.0	12.0	8.0	—
86～74	18.0	19.0	19.0	21.0	21.0	19.0	16.0	—
74～50	18.0	19.0	20.0	21.3	21.00	21.0	16.0	—
50～40	—	20.0	21.0	21.0	20.0	22.0	21.0	7.0
20～1	22.0	—	—	23.0	22.0	23.0	23.0	20.5

5.2.2.2 组分粉碎度和混合均匀度的影响

混合炸药组分的粉碎度和混合均匀度对其猛度的影响较大。以硝酸铵/梯恩梯（80/20）混合炸药为例，组分粉碎度越大，越容易混合均匀，爆炸反应越完全，猛度越大。

需要指出的是，对于粉状工业炸药如铵梯炸药，如果只增加硝酸铵的粉碎度，而少量敏化剂（如 TNT）被大量硝酸铵所包围，爆轰感度会下降，爆速和猛度也将降低。如果敏化剂粉碎得很细，增加了活化中心，使反应速度加快，则会导致猛度增加。如用硝酸铵/梯恩梯（80/20）组成的混合炸药，若密度为 1.2g/cm^3，TNT 颗粒的尺寸为 10μm，硝酸铵颗粒的尺寸为 40μm，则铅柱压缩值为 21mm；相反，若硝酸铵颗粒的尺寸为 10μm，TNT 颗粒的尺寸为 40μm，则铅柱压缩值降至 6mm。

5.2.3 炸药猛度与做功能力的关系

炸药的猛度是指炸药装药对与其直接接触目标的局部破坏效应，而炸药的做功能力一般指它对周围介质的总的破坏能力。

对于单质炸药，一般做功能力大的猛度也大，而某些混合炸药，尤其是含铝、镁等金属粉的混合炸药，其做功能力大，但猛度不一定高。表 5-7 是两组炸药爆炸性能的比较数据，造成这种结果的原因主要是爆炸过程中能量的分配及影响因素不同，猛度主要取决于爆速和密度，而做功能力则主要取决于爆热和比体积。单质炸药爆轰时间很短，绝大部分能量在很窄的反应区内释放，直接用于提高爆速和爆压；而含铝、镁等金属粉的混合炸药，相当一部分能量是在反应区外的二次反应中放出的，它不能用于提高爆速，但可以用于做膨胀功从而提高做功能力。

表 5-7　两组炸药爆轰性能的比较

爆轰性能	梯恩梯及其混合炸药		黑索金及其混合炸药	
	梯恩梯	铵梯（80/20）	钝化黑索金	钝黑铝
爆热 Q_V/(kJ/kg)	4184	4343	5430	6443
爆容 V/(L/kg)	740	892	945.7	530
爆速 D/(m/s)	7000	5300	8089	7300
铅铸扩张值 V_L/mL	285	350～400	430	550
铅柱压缩值 h_L/mm	18	14	17.65	13.30
密度 ρ_0/(g/cm^3)	1.2	1.2	1.0	1.0

对于炸药的性能要求，则要根据用途具体分析，如用于杀爆弹装药或工程爆破中应用的炸药以增大做功能力为主，不必强求高爆速；而对于以高速弹片为主的杀伤武器，则以高密度、高爆速即高猛度和中等做功能力的炸药为好；而用于空穴装药效应的破甲弹时，则要求高猛度兼有大做功能力的炸药。

5.3 炸药的相容性

炸药的相容性也被称为反应性，是指两种或两种以上的物质相互接触形成混合体系后，该混合体系的反应能力与原先单一物质相比发生变化的程度。与单一物质相比，若反应能力明显增加，该混合体系定义为不相容；反之，若反应能力没有变化或变化很小，则该混合体系定义为相容。炸药的相容性一般指两个方面：内相容性和外相容性。对混合炸药而言，配方组分之间的相容性称为内相容性，外相容性是指混合炸药与其他材料接触引起的反应能力变化。

炸药的相容性是评价其贮存安定性的一项重要指标，也是评价炸药在设计、生产和贮存过程中有无潜在危险性的重要依据。

5.3.1 炸药相容性研究的试验方法

针对相容性判定推荐标准而言，主要有国内和国外两大类标准体系。国内相关标准为 GJB 772B 中的几种方法，主要包括汞压力计法、压力传感器法、差热分析和差示扫描量热法、微热量热法等。国外标准为 NATO Standardization Agreement STANAG 4147，该标准推荐五种方法测试化学相容性，即 VST、热流量热（HFC）、差示热重分析（TGA）、差动热分析（DSC）和推进剂老化后的化学分析，并建议采用至少 2 种方法判定相容性。目前，评价炸药相容性的方法主要有热分析法（包括 DSC 法、差热分析法、恒温热失重法和微量热计法）和气体分析法（包括 VST 法、布氏压力计法和动态真空安定性法）两大类。

（1）热分析法

热分析（thermal analysis，TA）是指利用热力学参数或物理参数随温度变化进行分析的方法。国际热分析协会（International Confederation for Thermal Analysis，ICTA）将热分析定义为：在程序控制温度下，测量物质的物理性质与温度依赖关系的一类技术。热分析法具有样品量小、快速有效的特点。热分析技术最早应用于分析陶土、矿物等无机物，随后逐渐广泛应用于高聚物、药物合成与分析、含能材料等领域。

基于量热的 DSC 和 DTA 法，是热分析法中可用于评价炸药及其混合体系从室温到发生分解反应时整个温度区间的热行为的典型技术，其特点在于样品量少、快速和简便。目前以 DSC/DTA 的峰值分解温度和活化能判断相容性的优劣主要有以下三种判据或标准。

①“ABCD”判据　以混合物体系峰值分解温度与体系组分中较低分解温

度的差值（峰温降低值）为判定依据（ΔT_p），该判据中共有“A”“B”“C”“D”四个等级，故称为“ABCD”判据。温度差值为0～2℃，判定混合体系相容，相容性评价为“A”；温度差值为3～5℃，混合体系轻微敏感，相容性评价为“B”；温度差值为6～15℃，混合体系敏感，相容性评价为“C”；温度差值高于15℃则混合体系危险，相容性评价为“D”。虽然该判据没有成为标准，但由于“ABCD”判据出现时间早，主要依据单一升温速率下DSC曲线中的峰值分解温度差值进行相容性判定，因此，试验工作量小，实验简单，大量研究者采用“ABCD”判据初步研究含能材料组分之间的相容性。

② STANAG 4147　STANAG 4147中用DSC法判定相容性的标准为：混合物体系峰值分解温度与体系组分中较主体炸药的峰值分解温度的差值小于等于4℃时，混合体系相容；介于4℃和20℃之间时，一定程度相容（越接近20℃，不相容的程度越高），同时建议采用另一种方法验证；不小于20℃时，混合体系不相容。STANAG 4147推荐DSC判定相容性的升温速率为2℃/min，文献中也有采用5℃/min和10℃/min的。

③ 我国GJB 772B中的方法　该方法通过单独组分相对于混合体系分解峰温的改变量（ΔT_p）及这两种体系表观活化能的改变率（$\Delta E/E_a$）进行待测样品的相容性综合分析，共有4个等级，详见表5-8。

表5-8　GJB 772B相容性判定方法中的判据

ΔT_p/℃	$\Delta E/E_a$	相容性评价	
≤2	≤20%	相容性好	1级
≤2	>20%	相容性较好	2级
>2	≤20%	相容性较差	3级
>2	>20%	相容性差	4级
>5	—	相容性差	4级

对比同采用DSC判定相容性的3种判据可知，我国GJB 772B中的方法可看作“ABCD”判据中混合体系相容时的进一步细分，后者比前者更加严格及细致。“ABCD”和STANAG 4147方法中关于混合体系相容时的判定基本一致：热分解温度峰温差值接近（4℃±1℃），关于不相容时的判定差异较大（差值约为5℃），且“ABCD”方法较细致。

(2) 基于产气量的真空安定性测试（VST）

VST主要包括汞压力计法（MVST）和压力传感器测试法（PVST）。VST方法适用于炸药、火药、火工药剂及其相关物的安定性和相容性的测定。其原理是用汞压力计测量待测物在定容、恒温和一定时间内受热分解所释放的气体压力，并换算为标准状态下的体积，进而对样品的化学安定性/相容性进行评估。鉴于汞常温下即可蒸发，汞蒸气和汞的化合物多有剧毒，给实验操作人员带来很大的安全隐患，现在逐渐以 PVST 代替 MVST。

由于 VST 测试中样品量级常常为克级，且测试温度更接近待测物实际储存或使用的温度，因此 PVST 是一种最可靠的相容性测试方法。GJB 772B 认为：混合组分的净放气量（R）小于 3.0mL/g 时，相容；3.0～5.0mL/g 时，中等相容；大于 5.0mL/g 时，不相容。STANAG 4147 中的相应标准认为：混合组分的净放气量小于 5.0mL/g 时，混合体系相容。对比两种标准的判据可知，两种标准对待测物不相容的判据一致，但我国 GJB 772B 的标准较 STANAG 4147 分类更细致。虽然 VST 测试的样品量具有代表性，组分间接触更充分，但也有其局限性——测试时间较长。因此，近年来有些研究者将 VST 和热分析方法结合对待测物的相容性进行判定。

（3）基于物质结构特征的分析方法

近年来，一些基于物质结构特征的测试手段/方法如 X 射线衍射（XRD）、红外光谱（FTIR）、扫描电镜（SEM）、X 射线光电子能谱（XPS）、固体核磁（NMR），甚至高效液相色谱（HPLC）等可以在不破坏样品的前提下获得样品的形貌及结构信息，这些方法常作为辅助分析方法广泛应用于药物组分间的相容性及相互作用研究中，其中 XRD 和 FTIR 的应用最多。

5.3.2 炸药相容性研究的理论方法

对于炸药相容性研究而言，实验技术成本较高，而且存在一定的安全隐患。同时，实验技术对分子间弱相互作用的分析等亦不够详尽。因此，进行理论研究既是对实验研究的补充，也是一种安全有效的研究手段。

相容性的本质是各组分间的分子间相互作用，分子间相互作用能（ΔE）或分子间结合能（$-\Delta E$）可定量地表征分子间相互作用的强度。当代理论化学研究体系分子间作用强度的方法主要有两大类：量子化学方法和分子力学方法。量子化学方法中常用的有密度泛函理论（DFT）和半经验分子轨道（MO）方法。MO 方法包括全略微分重叠方法（CNDO）、间略微分重叠方法（INDO）、忽略微分重叠方法（NDDO）、AM1 和 PM3 等。分子力学方法主要包括分子动力学（molecular dynamics，MD）方法和蒙特卡罗（Monte Carlo，MC）方法。分子动力学方法较蒙特卡罗方法的优点在于精准性高且能够获得系统的动态与热力学统计资料，是时下应用最广泛的计算庞大复杂系统的方法。许多研究者运用分子动力学模拟/量子化学手段研究高分子材料间的相容性及相互作用，并取得积极进展。

近年来，结合了量子化学和经典分子动力学优点发展的从头算分子动力学方法（AIMD）逐渐被用于研究含能晶体结构和性能的变化及热分解机理，给出主要的初始反应路径。

5.4 炸药的感度

炸药虽然具有发生爆炸反应的性质，但在通常条件下处于相对稳定的状态。为使炸药爆炸，必须给予其一定的激发能量，使其偏离稳定状态。这种由稳定状态到偏离稳定状态的转变过程就是炸药的起爆过程。实现这种转变的难易程度，称为炸药的感度（或敏感度）。

使炸药偏离稳定状态的外界作用具有各种形式，如热、机械（摩擦、撞击或振动等）、静电、冲击波、激光等。炸药的感度就是指炸药对上述外界作用的敏感程度。与不同形式的外界作用相对应，炸药的感度有热感度、火焰感度、机械感度、静电感度、冲击波感度、爆轰波感度等。

研究炸药的感度具有重要的实际意义，但炸药的起爆过程很短（时间、空间两个维度），从而给起爆机理的研究带来了巨大的困难。在起爆机理的研究中，目前较为成熟的是“热起爆理论”和“热点理论”，其余各种形式的起爆大多也以这两个理论为基础，或一定程度上与之相关。因此，本节主要讨论“热起爆理论”，并对“热点理论”做简要介绍；同时，为判别炸药在各种能量刺激作用下发生爆炸变化的能力，也对炸药各种不同的感度试验方法进行了概括。

5.4.1 炸药的起爆机理

5.4.1.1 炸药的热起爆理论

凡是在单纯的热作用下，炸药在一定的几何尺寸与温度条件下自动发生的不可控制的爆炸现象称为热起爆。热起爆理论主要研究炸药产生热起爆的可能性和临界条件，以及当临界条件满足后发生热起爆的时间等问题。所谓热起爆的临界条件是指在单纯的热作用条件下炸药自动发生爆炸的最低温度、几何尺寸等条件，图 5-11 即显示了炸药药柱半径与临界温度的关系。

从图 5-11 中可以看到，当黑索金药柱半径为 60cm 时，其临界温度为 100℃，即在此条件下黑索金药柱将发生热起爆，故半径 60cm 与温度 100℃为黑索金发生热起爆的临界条件。此外可以看到，当药柱半径增大时，临界温度降低；当药柱半径减小时，临界温度升高；当药柱半径趋于 0cm 时，其临界温度将趋于无穷大。

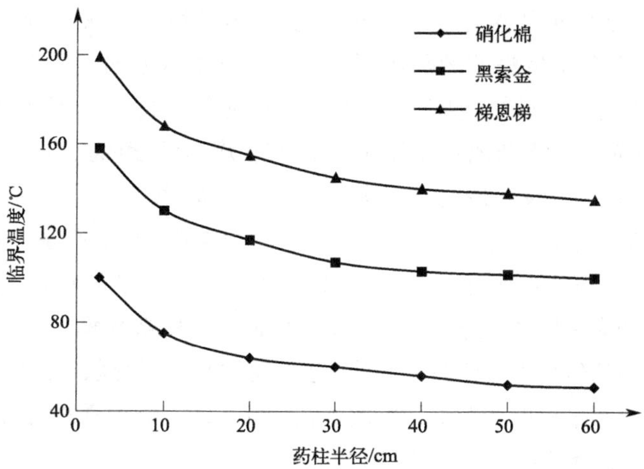

图 5-11　炸药药柱半径与临界温度的关系

炸药热起爆理论需要回答的问题有：a. 哪些因素影响炸药爆炸将会发生或者反应将会达到稳定态；b. 稳定态时系统的温度，特别是临界状态时的温度；c. 系统达到稳定态之前，温度和时间的关系如何；d. 爆炸系统到达爆炸前的历程如何。对前两个问题的回答属于炸药热起爆稳定理论的内容，而对后两个问题的回答则属于炸药热起爆非稳定理论的内容。因此，就研究内容而言，炸药热起爆理论可分为稳定状态理论和非稳定状态理论两部分，稳定与否都是对温度与时间的关系而言的。热起爆稳定理论研究炸药发生热起爆的条件，而热起爆非稳定理论则研究炸药具备爆炸条件后过程发展的速度。

(1) 炸药热起爆的稳定状态理论

炸药的热起爆是炸药体系的一种不可控的内加热效应。这种不可控过程，既可以由外部加热引起，也可以由内部自发化学反应热引起。在适宜的几何尺寸、温度、传热等条件下，所有炸药或者能进行放热反应的物质都可以出现自燃甚至爆炸的现象。

产生热起爆现象的基础是化学反应的放热性以及化学反应速度与温度的关系。炸药在任何温度下都以一定的速度进行热分解而放出热量，因此，炸药在热分解过程中存在升温的趋势。随着温度的升高，放热速度也随之加快，从而使温度升高的趋势进一步加剧。同时，炸药分解放出的热量还将向周围环境传播和散失，前者是放热过程而后者是散热过程。按照化学动力学的原理，放热过程热量产生的速率和温度的关系是非线性的指数关系（通常采用 Arrhenius 关系式表述）；按照传热学原理，散热过程热量损失的速率和温度的关系通常是接近线性或线性的关系（例如 Newton 冷却定律）。根据条件的不同，放热与散热两个过程可能出现以下几种情况：

① 散热速度大于放热速度　这时产生的热量很快散失，炸药的温度不升反降。因此，不会发生炸药的热起爆，甚至会使炸药热分解速度变慢。

② 放热速度大于散热速度　这时化学反应产生的热量不能及时散失，从而在炸药中积聚，使炸药温度不断上升。随着炸药温度的上升，热分解速度以及放热速度又不断加快，最终结果即为炸药发生爆炸。

③ 散热速度与放热速度相等　即放热和散热过程正好平衡，在这些平衡状态中包含所谓的“临界”状态。临界状态就是一种居中可变的状态，既可转变为热起爆，也可转变为缓慢的热分解。实验结果也证实，只要稍微改变一下临界条件下的温度、炸药的几何尺寸、传热条件等，就会导致处在临界状态的炸药发生突然的热起爆，或者进行平稳的热分解。因此，临界状态是一个重要的状态。

图 5-12 形象地表示了上述三种情况。图中的直线 1、2、3 分别表示炸药几何尺寸固定时，在不同的外界环境温度 T_0、T_0'、T_0''时的散热速度线，而曲线 4 则表示化学反应的放热速度曲线。从图中可以看出，这两种线可组成三种情况：直线 1 与曲线 4 相交于两点；直线 2 与曲线 4 相切于一点；直线 3 与曲线 4 不相交。

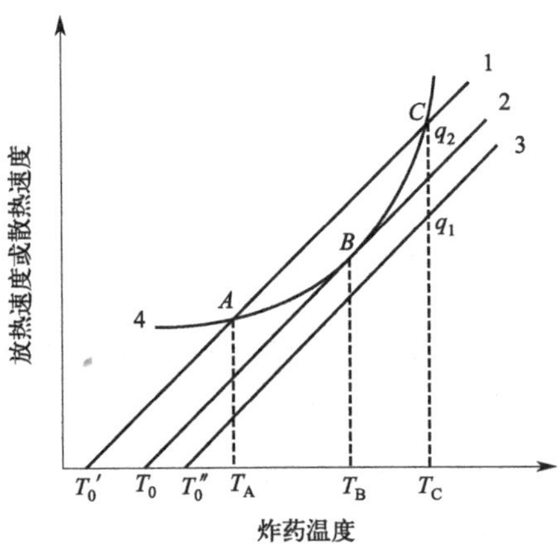

图 5-12　炸药吸放热速度与炸药温度的关系

当外界环境温度为 T_0'时，直线 1 与曲线 4 相交于 A、C 两点，对应的炸药温度为 T_A 和 T_C。炸药温度为 T_A 和 T_C 时，放热速度与散热速度数值相等。当温度低于 T_A 时，由于放热速度大于散热速度，所以炸药可以自动升温至 T_A。某种外界因素使炸药温度上升至大于 T_A 时，因散热速度超过放热速度，则温度又自动下降到 T_A。因此，当外界环境温度为 T_0'时，炸药可以自动地在 T_A 点保持恒温，在这一点放热过程和散热过程保持平衡，故 T_A 称为稳定平衡点。在 C 点虽然放热和散热过程也达到平衡，但由于 T_A 升温到 T_C，炸药需要经过一段很长的放热速度小于散热速度的历程，因此，在无外界作用的条件下，从温度 T_A 到 T_C 的升温过程是不可能实现的。当外界环境温度为 T_0 时，直线 2 与曲线 4 相切于 B 点，虽然 B 点所对应的放热速度和散热速度相等，但只要稍微偏离温度 T_B，就将破坏放热过程与散热过程的平衡，因此，将 B 点称为不稳定平衡点，此时的状态称为临界状态，而其对应的环境温度 T_0 和炸药尺寸等称为临界条件。若环境温度低于临界温度 T_0 时，则出现直线 1 和曲线 4 的组合情况；而

当环境温度高于 T_0 时，则出现直线 3 和曲线 4 的组合情况。此时，由于化学反应的放热速度超过散热速度，因而不可避免地会发生热起爆现象。

综上所述，产生热起爆的根本原因是炸药的放热速度大于散热速度，从而可能出现热积累。而放热速度等于散热速度的不稳定平衡点对应着热起爆的临界状态。炸药热起爆的稳定状态理论，主要是研究热起爆的临界条件，这可以通过建立炸药的热平衡方程来解决。

炸药热分解的放热速度可用下式表示：

$$q_1 = W\frac{Q}{N}V = \frac{Q}{N}VaA\mathrm{e}^{-\frac{E}{RT}} \tag{5-58}$$

式中 Q——分解反应生成 1mol 产物时所放出的热量；

N——阿伏伽德罗常数；

V——容器的体积；

W——化学反应速度；

A——指前因子；

E——化学反应的活化能；

a——反应气体的初始浓度；

T——反应气体温度；

R——理想气体常数。

式(5-58) 表示的是在气相反应条件下的一级化学反应放热速度的解析式。

近似条件下，可假设容器内气体各点的温度相同，即没有温度梯度。这时向外界的散热完全表现为容器壁向外界的散热，其散热速度可用下式表示：

$$q_2 = \alpha(T - T_0)S \tag{5-59}$$

式中 α——散热系数；

T——反应气体的温度；

T_0——容器壁温度（与周围环境相同）；

S——容器的表面积。

设散热系数 α 与压力无关，这时式(5-59) 就是线性方程。当 T_0 不同时，可用数条直线表示（见图 5-12）。

在热起爆稳定状态理论中，假设气相反应物的温度不随时间变化（$\mathrm{d}T/\mathrm{d}t=0$），并且在产生热起爆之前，化学反应进行量很小（实验表明，在到达临界条件后，出现热起爆前，炸药一般只分解百分之几的量）。这时，对于图 5-12 所表示的临界状态 B 点来说，化学反应放热速度 q_1 应该等于散热速度 q_2，即：

$$q_1\big|_{T=T_\mathrm{B}} = q_2\big|_{T=T_\mathrm{B}} \tag{5-60}$$

又因在 B 点，散热速度直线和放热速度曲线相切，因此又有：

$$\left.\frac{dq_1}{dT}\right|_{T=T_B}=\left.\frac{dq_2}{dT}\right|_{T=T_B} \tag{5-61}$$

将式(5-58)、式(5-59) 的值代入式(5-60) 中，则有：

$$Aa\mathrm{e}^{-\frac{E}{RT_B}}\times\frac{Q}{N}\times V=\alpha(T_B-T_0)S \tag{5-62}$$

式(5-62) 是在假设化学反应为一级时导出的。将式(5-62) 两边对温度求导数，即相对应于式(5-61) 的情况，则得：

$$\frac{EAa\mathrm{e}^{-\frac{E}{RT_B}}}{RT_B^2}\times\frac{Q}{N}\times V=\alpha S \tag{5-63}$$

一般不直接测定 T_B 值，但实验测定表明，T_B 值与 T_0 值相差不大，可以说（T_B-T_0）/T_0 远小于1。因此，用 T_0 代替 T_B，同时在式(5-63) 的左边乘以系数 e 就可以认为数值相等，即：

$$\frac{AeaE\mathrm{e}^{-\frac{E}{RT_0}}}{RT_0^2}\times\frac{Q}{N}\times V=\alpha S \tag{5-64}$$

由式(5-64) 得出，热起爆的条件是：

$$\frac{QV}{N}\times\frac{EAae\mathrm{e}^{-\frac{E}{RT_0}}}{RT_0^2\alpha S}=1 \tag{5-65}$$

由式(5-62) 得：

$$T_B-T_0=\Delta T=\frac{Aa\mathrm{e}^{-\frac{E}{RT_B}}\times\frac{Q}{N}\times V}{\alpha S} \tag{5-66}$$

令

$$\mathrm{e}^{-\frac{E}{RT_B}}=e\times\mathrm{e}^{-\frac{E}{RT_0}} \tag{5-67}$$

将式(5-64)、式(5-67) 代入式(5-66) 中，则得：

$$\Delta T=\frac{RT_0^2}{E} \tag{5-68}$$

式(5-68) 表示稳定状态时的炸药热起爆前的升温数值。

以上的论述是在炸药药柱（或气体反应物所在容器）的几何尺寸已经达到能发生热起爆条件时分析的。这就是著名的谢苗诺夫热起爆理论。

但在实际条件下，炸药通常是固体，这时的散热过程主要是热传导，并且由于热传导现象存在，在药柱内部自然将出现温度梯度，有温度场存在，这样在分析稳定态热起爆条件时，各点温度应不随时间而变化，即 $dT/dt=0$ 的条件仍然成立。这时，总的热平衡方程可变为：

$$C\rho\,\frac{\partial T}{\partial \tau}=\lambda\nabla^2 T+\rho Q\,\frac{\mathrm{d}x}{\mathrm{d}\tau} \tag{5-69}$$

式中　C、ρ、λ——炸药的热容、密度和热导率；

τ——化学反应时间；

x——化学反应已完成的部分；

∇^2——拉普拉斯算子，在三维空间时，可写为$\frac{\partial^2}{\partial x^2}+\frac{\partial^2}{\partial y^2}+\frac{\partial^2}{\partial z^2}$；

T——温度；

Q——化学反应（热分解）热。

就物理意义来说，式(5-69)中的 $C\rho\,\frac{\partial T}{\partial \tau}$ 项表示炸药药柱的自加热；$\lambda\nabla^2 T$ 项表示由传热造成的散热；$\rho Q\,\frac{\mathrm{d}x}{\mathrm{d}\tau}$项表示化学反应的放热。

因为式(5-69)没有通解，只能在特定条件下求解。考虑到一般炸药制品都是形状规则的几何体（如球、圆柱等），并且其受热通常是对称的，这时式(5-69)的微分方程可以作为一维问题来处理，拉普拉斯算子在一维条件下是：

$$\nabla^2=\frac{\partial^2}{\partial x^2}+\frac{l}{x}\left(\frac{\partial}{\partial x}\right) \tag{5-70}$$

式中，对于无限大的平板、无限长的圆柱和球三种几何体，l 分别等于 0、1 和 2。x 表示相适应空间坐标。

由化学动力学可知，化学反应速率的通式是：

$$\frac{\mathrm{d}x}{\mathrm{d}\tau}=(1-x)^n k=(1-x)^n A\mathrm{e}^{-\frac{E}{RT}} \tag{5-71}$$

式中　n——反应级数。

将式(5-70)、式(5-71)代入式(5-69)中则得：

$$\rho C\,\frac{\partial T}{\partial \tau}=\lambda\left[\frac{\partial^2 T}{\partial X^2}+\frac{l}{X}\left(\frac{\partial T}{\partial X}\right)\right]+\rho Q(1-x)^n A\mathrm{e}^{-\frac{E}{RT}} \tag{5-72}$$

由于式(5-72)中化学反应项是指数规律，故该式同样没有固定解。但是，根据之前的两个假设，即爆炸前升温不高，爆炸前炸药反应量很少，这时化学反应可看作是零级反应，即 $n=0$，则又可作如下的变化：

因为 $T=T_0+\Delta T$，于是：

$$\frac{E}{RT}=\frac{E}{R(T_0+\Delta T)}=\frac{E}{RT_0\left(1+\frac{\Delta T}{T_0}\right)}\approx\frac{E}{RT_0}\left(1-\frac{\Delta T}{T_0}\right) \tag{5-73}$$

经过式(5-73)的变化，就可以用 $e^{-E/(RT_0)}$ 项来代替式(5-72)中的 $e^{-E/(RT)}$ 项。

为便于分析问题，取 $\theta=\dfrac{E}{RT_0^2}(T-T_0)$ 为无量纲的温度，$\xi=\dfrac{X}{d}$ 为无量纲的几何体变量。例如，对于平板，d 表示其厚度的一半；对于球体，d 表示其半径。

将上述两参数和式(5-73)代入式(5-72)中后，加以调整则得：

$$\frac{\rho C d^2}{\lambda}\left(\frac{\partial\theta}{\partial\tau}\right)=\frac{\partial^2\theta}{\partial\xi^2}+\frac{l}{\xi}\left(\frac{\partial\theta}{\partial\xi}\right)+\delta e^{\theta} \tag{5-74}$$

式(5-74)中：

$$\delta=\frac{QEAd^2}{\lambda RT_0^2}e^{-\frac{E}{RT_0}} \tag{5-75}$$

因为现在讨论的是稳定态，所以 $\dfrac{\partial\theta}{\partial\tau}=0$。物质又是被对称加热，这时的边界条件是：

$$\xi=0 \qquad (X=0) \qquad \frac{\partial\theta}{\partial\xi}=0 \qquad \text{（在几何体中心处）}$$

$$\xi=1 \qquad (X=0) \qquad \theta=0 \qquad \text{（在表面处）}$$

这时，对于薄板、圆柱、球体三种几何体来说，在 δ 小于某一临界值 $\delta_{临}$ 时有解，当 δ 大于临界值 $\delta_{临}$ 时，几何体的热平衡将被破坏。由此看出，对于上述三种几何体炸药，当出现放热反应时，对于一定的物理、化学、几何参数都存在临界的 δ 值，因此 δ 也叫作热起爆准数。不同几何体的 δ 值不同。三种几何体的 $\delta_{临}$、l 和 $Q_{max临}$ 见表 5-9。

表 5-9　三种几何体的热起爆参数 $\delta_{临}$、l 和 $Q_{max临}$（理论值）

炸药的几何形体	$\delta_{临}$	$Q_{max临}$	l
无限大的平板	0.88	1.20	0
无限长的圆柱	2.00	1.39	1
球	3.32	1.61	2

式(5-75)是 Frank-Kamenetskii 的解。它说明，当炸药几何形体固定时，则几何体的尺寸 d 与临界温度 $T_{临}$ 间有一定的关系。对常见炸药来说，如果取平均量（例如 $A=10^{13}$，$E=35.0\text{kcal/mol}$，$1\text{kcal}\approx4.184\text{kJ}$）则可计算出温度与炸药几何尺寸的关系。

式(5-75)还说明另一关系，即当处理某一固定形状、尺寸的炸药制品时，当该炸药的所有物理、物理化学参量［式(5-75）中涉及的］已知时，那么就可根据表 5-9 中的 $\delta_{临}$ 值，按预定的环境温度进行计算。如果按照式(5-75）计算的结果小于相应的 $\delta_{临}$ 时，则此时没有达到热起爆条件。反之，计算的 δ 值大于 $\delta_{临}$ 时，那将出现热起爆，此时应该缩小炸药药柱的几何尺寸或者降低环境温度。

(2）炸药热起爆的非稳定状态理论

如前文所述，炸药热起爆的非稳定状态理论用于解决一旦出现热起爆可能性后，热起爆延滞期的长短问题。

当体系的热平衡达到热起爆的临界条件后，经过一段时间，炸药制品的温度开始快速上升。炸药开始受热到出现快速温升的时间就是炸药热起爆的延滞期。导致炸药制品温升的条件是热量在炸药中的积累。为简化问题，假设这时热起爆的发展过程是绝热的，即式(5-74）中的右边一、二两项是零。此时式(5-74）可写为：

$$\frac{d\theta}{d\tau}=\frac{QAE}{\rho CRT_0^2}e^{-\frac{E}{RT_0}}e^{\theta} \tag{5-76}$$

分离变量，积分，可得：

$$\int_0^{\tau_e}d\tau=\frac{\rho CRT_0^2}{QAE}e^{\frac{E}{RT_0}}\int_{\theta_0}^{\theta_e}e^{-\theta}d\theta \tag{5-77}$$

整理、简化，则得：

$$\tau=\frac{\rho CRT_0^2}{QAE}e^{\frac{E}{RT_0}}e^{-\theta}\Bigg|\begin{matrix}\theta_0\\ \theta_e\end{matrix} \tag{5-78}$$

当 $\tau=0$，$\theta_0=0$ 时：

$$\tau=\tau_e \quad \theta_e=\frac{E}{RT_0^2}(T_e-T_0) \tag{5-79}$$

但是，可以证明在式(5-74）的引用条件下 $\theta_e\approx1$，因此式(5-79）就可以近似地写为：

$$\tau_e\approx\frac{\rho CRT_0^2}{QAE}e^{\frac{E}{RT_0}} \tag{5-80}$$

式中　τ_e——热起爆的延滞期；

　　θ_e——热起爆延滞期结束时的无量纲温度。

实验也证明，热起爆延滞期与炸药加热温度（环境温度）有如下关系：

$$\ln\tau_e=A+\frac{B}{T},B=\frac{T}{R} \tag{5-81}$$

式(5-81）与式(5-80）很相似，可以计算出炸药在不同温度条件下的爆炸延滞期。

5.4.1.2 炸药的机械作用起爆理论

炸药在机械作用下的起爆机理是一个较为复杂的问题，长期以来人们对其进行了许多试验和理论研究。

早期的观点是所谓的“热假说”，认为任何形式的机械作用最终总是通过将机械能转变为热能使炸药的温度上升，直至超过炸药爆发点，从而引起爆炸。这个论点后来引起了人们的质疑，因为计算表明，即使起爆冲击能全部转变为热能，也不足以引起炸药的爆炸。另外，“摩擦化学假说”认为在机械作用下，炸药的某些晶体表面和尖棱处产生法向和切向应力，相邻分子层迅速移动，导致分子直接破坏，或导致足以发生迅速化学反应的分子变形而发生爆炸。这种假说对某些叠氮化物可能较为适用，而对于一些化学性质比较稳定的炸药，由于其分子键能很大，机械作用不太可能直接破坏分子，因而这种假说具有一定的局限性。

目前，较为公认的是“热点理论”。本节作简要讨论。

热点学说认为，炸药在机械作用下，机械能转化产生的热量来不及均匀分布，而是集中在炸药内的局部点位，当温度超过炸药的爆发点时就会从这些小点开始反应。这种温度很高，能产生初始爆炸反应的小点称为热点。在机械能作用下，当热点处的炸药分解反应满足单位时间的放热量 Q_1 大于散热量 Q_2，即$\frac{dQ_1}{dt}$大于$\frac{dQ_2}{dt}$，以及热点内的炸药量足够多（或热点尺寸足够大）时，热点将以速燃的形式向外传输能量，并使其周围的炸药发生低速爆轰，最后形成稳定爆轰。

实验表明，热点的成因很多，主要是炸药内的孔隙或气泡在机械作用下的绝热压缩使温度快速升高。但是，并不是有了热点就一定能够发展为爆炸，而是只有当产生的热点满足一定的条件，即具有足够的尺寸、温度和放出足够的热量时，热点才能发展为整个炸药的爆炸。这些条件的具体确定方法，可通过热起爆理论来解决。相关理论已在前文描述，详细内容亦有文献可供参考，在此不予赘述。

实验及理论计算的结果表明，一般炸药的热点需具备如下条件才能成长为爆炸：热点半径为 $10^{-6}\sim10^{-4}$mm，热点温度为 600～900K，热点作用时间为 10^{-7}s 以上，热点所具有的热量为 $4\times10^{-10}\sim4\times10^{-8}$J。

5.4.2 感度评价方法

5.4.2.1 炸药的热感度

（1）炸药爆发点试验

炸药在热作用下发生爆炸的难易程度称为炸药的热感度。

炸药的热感度通常用爆发点来表示。爆发点是指在一定条件下炸药被加热到爆炸时加热介质的最低温度。显然，爆发点越高，说明该炸药的热感度越低。

从炸药的爆炸理论可以知道，要使炸药在热作用下发生爆炸反应，必须保证其化学反应过程中所放出的热量大于由于热辐射和热传导所失去的热量，即炸药在爆炸前进行反应加速所需要的延滞期内，反应速度达到炸药爆炸的临界值。

由此可见，炸药的爆发点与延滞期有一定关系，其关系式如下：

$$\tau = C\mathrm{e}^{E/(RT)} \tag{5-82}$$

式中　τ——延滞期，s；

C——与炸药成分相关的常数；

E——与爆炸反应有关的活化能，J/mol；

R——气体常数，8.314J/(mol·K)；

T——爆发点，K。

如果用对数表示，则上式可改写为：

$$\ln\tau = A + \frac{E}{RT} \tag{5-83}$$

由式(5-83) 可以看出，若活化能 E 减小或爆发点温度升高，则爆炸所需要的延滞期将迅速减小，且 $\ln\tau$ 和 $1/T$ 之间成线性关系，如图 5-13 所示。图中直线的斜率为 E/R，因此通过测定炸药的一系列爆发点和延滞期，可以求出炸药的活化能。

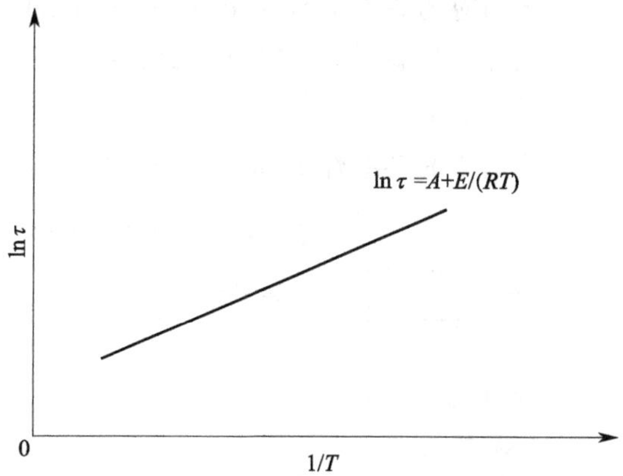

图 5-13　爆发点与延滞期的关系曲线

应该指出，由于爆发点与试验条件有密切的关系，因此，在测定炸药爆发点时必须在严格且固定的标准条件下进行试验。影响炸药爆发点的因素主要有炸药的含量、颗粒度、试验程序以及反应进行的热条件和自加速条件等。但在实际测定时，要准确地测定炸药每一时刻的爆发点是非常困难的，因此常测定炸药 5min、1min 或 5s 延滞期的爆发点，并以此表示炸药的热感度。

炸药爆发点的测试方法有以下两种：

① 将一定量的炸药从某一初始温度下开始均匀加热，同时记录从开始加热到爆炸的时间和介质的温度，爆炸时的温度即为炸药的爆发点。由于这种方法比较简单而且直接，因而在实际工作中被广泛使用。

② 测定炸药延滞期与温度之间的关系，并将试验结果用曲线表示。由于这种方法准确度较高，因而主要在炸药研究工作中应用。

以测定 5s 延滞期炸药的爆发点为例，说明炸药爆发点的试验测定步骤。5s 爆发点是指在规定的条件下，延滞期为 5s 时，炸药从加热到发火时加热介质的温度。试验装置如图 5-14 所示。

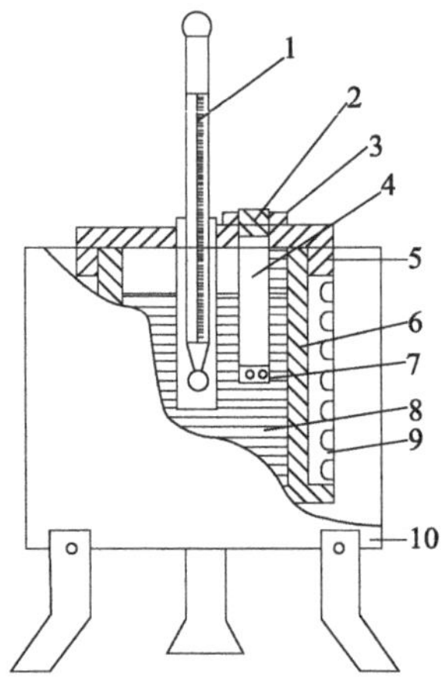

图 5-14　炸药爆发点的试验装置

1—温度计；2—塞子；3—螺套；4—装药的雷管管壳；5—盖；6—圆筒；7—炸药试样；8—合金浴；9—电阻丝；10—外壳

试验测定的步骤为：称取一定质量的炸药放入铜试管中，塞上塞子，将装药的试管插入已加热至恒温的合金浴锅中，同时用秒表记录发火延滞期 τ。改变合金浴锅中的恒温 T，记录与之相对应的延滞期 τ。根据所得到的一系列试验数据，作出 T 与 τ 以及 $\ln\tau$ 与 $1/T$ 的关系曲线，并从相应的关系曲线上找出 5s 延滞期的爆发点。此外，根据曲线和相应的计算可以得出炸药的活化能 E。

试验测定的某些炸药 5s 延滞期的爆发点如表 5-10 所示。

表 5-10　某些炸药 5s 延滞期的爆发点

炸药名称	爆发点/℃	炸药名称	爆发点/℃
NG	222	TNP	322
PETN	225	雷汞	210
NQ	275	结晶氮化铅	345
RDX	260	2# 岩石铵梯炸药	186～230
HMX	335	2# 煤矿铵梯炸药	180～188
TNT	475	AN/TNT(80/20)	210～220
PETN	257		

表 5-10 中的数据是在一定条件下测定的，但是由于爆发点并不是炸药的特性常数，它与试验条件以及散热、反应速度增长等影响因素有关。因此，它只能用于炸药热感度的相对比较，而不能视为炸药的危险温度。

(2) 炸药热感度试验

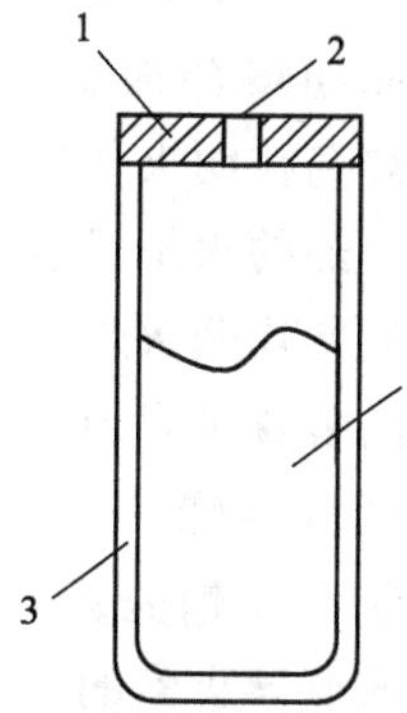

图 5-15 炸药热感度试验装置示意图
1—压盖；2—中心孔；3—钢管；4—炸药

用钢管装炸药来测定炸药的热感度是一种改进的测试方法，它是更接近实际情况的模拟试验，试验装置如图 5-15 所示。

试验用钢管的外径为 25mm、内径为 24mm、长为 75mm，钢管加盖，盖的中心有孔，孔径在 1～20mm 的范围内变化，管盖的厚度为 6mm，钢管为耐热铬锰合金钢。试验是在临界孔径 d_{cr} 下进行的。若孔径小于 d_{cr}，炸药均发生爆炸，大于 d_{cr} 时炸药均不发生爆炸。

试验步骤为：将装药的钢管放在砂浴锅内加热，使管底的升温速度为 15℃/s，测定在临界孔径下，炸药从受热到气体开始燃烧并出现火焰亮光时的点火时间 τ_1，以及从燃烧到发生爆炸的燃烧时间 τ_2，以 τ_1、τ_2 和 d_{cr} 的时间函数 $\sqrt{\tau_1/d_{cr}}+\tau_2 d_{cr}$ 作为衡量炸药热感度的指标。该数值越小，则相应的炸药热感度越大。钢管法测定的某些炸药的爆发点以及有关参数如表 5-11 所示。

表 5-11 某些炸药的爆发点、临界直径、点火时间与燃烧时间

炸药名称	爆发点/℃	临界直径 d_{cr}/mm	点火时间 τ_1/s	燃烧时间 τ_2/s	$\sqrt{\tau_1/d_{cr}}+\tau_2 d_{cr}$
NC(含 N 13.6%)	180	20	3	0	0.4
CE	190	6	12	4	2.1
PETN	200	6	7	0	1.1
RDX	222	8	8	0	1.6
TNT	295	5	52	29	9.0
TNP	300	4	37	16	7.0
DNT	360	1	49	21	28.0
AN	>360	1	43	29	35.6

大量的试验结果表明，表 5-11 中的试验数据与实际处理炸药时着火的危险性是一致的，它与缓慢加热过程中所测定的炸药的爆发点顺序基本上也是相同的。因此，表 5-11 中的时间函数能够较好地表示炸药点火时的难易程度，它比爆发点能更好地表示炸药的危险性。

5.4.2.2 炸药的火焰感度

在实际生活中，如果在敞开的环境中，军用猛炸药、工业炸药以及火药在用火焰点燃时都可以发生一定程度的燃烧反应，而起爆药遇到火焰时则易发生爆炸反应。炸药在明火作用下发生爆炸反应的能力称为炸药的火焰感度。

测定炸药火焰感度的方法很多，其中最常用的装置示意图如图 5-16 所示。

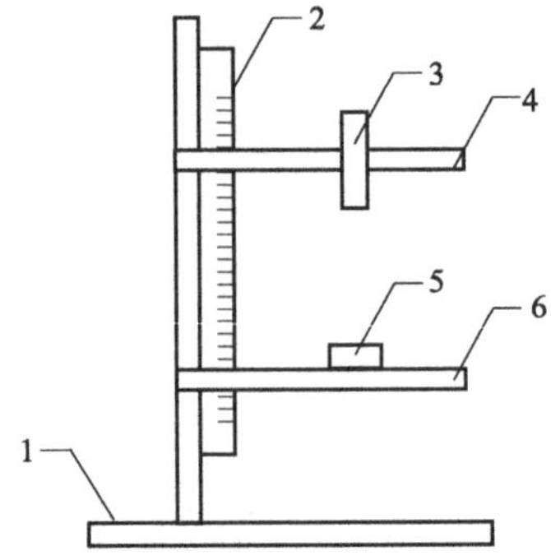

图 5-16 火焰感度测定装置示意图

1—铁架台；2—刻度尺；3—导火索；4—导火索固定架；5—装药火帽壳；6—火帽架

试验步骤为：准确称取 0.05g 炸药样品，装入火帽壳内，在火帽架上固定火帽壳，改变导火索的固定架以调节上、下两个固定架间的距离，点燃导火索并观察火焰对样品的点燃情况，测定样品 100%发火的最大距离（上限）和 100%不发火的最小距离(下限)，用上、下限的高度来表示炸药火焰感度的大小。根据上限的大小可以比较炸药发火的难易程度，而下限的大小可以作为衡量炸药在火焰作用下安全性的指标。

由于炸药只是局部表面受到火焰作用，因此，局部表面在受到了火焰输入的能量刺激后，温度将升高。在火焰的作用下炸药表层温度能否上升到发火温度并发生燃烧，主要取决于它所吸收热量的能力以及其热导率的大小。显然，炸药 100%发火的最大距离越大，炸药的火焰感度越高；100%不发火的最大距离越大，则炸药的火焰感度也越高。由于试验中存在各种误差，特别是用导火索作为发火源时，导火索药芯的颗粒度和密度都有可能存在差异，导致其发火能量存在差异，因此试验结果便会出现误差，需要通过精细设计试验以提升准确性。

5.4.2.3 炸药的机械感度

炸药的机械感度是指炸药在机械能量作用下发生爆炸的难易程度。机械作用的形式很多，如撞击、摩擦、针刺等，主要有两种情况，即垂直的撞击作用和水平的滑动作用，而与之相对应的炸药感度称为炸药的撞击感度和摩擦感度。由于炸药在生产、运输以及使用过程中不可避免地会产生撞击、摩擦和挤压等作用，炸药在这些作用下的安全性如何，弹药和爆破器材在机械能量刺激下能否可靠地引爆，这些都与炸药的机械感度有关。因此，从试验方法和起爆机理等方面对炸药的机械感度进行深入的研究，对于准确界定炸药的应用范围、保证炸药处理过程中的安全性都具有十分重要的意义。

(1) 炸药的撞击感度

① 卡斯特立式落锤仪试验　测定猛炸药撞击感度的试验通常是借助卡斯

特立式落锤仪进行，试验的实质在于测定炸药发生爆炸、拒爆或者是两者之间有一定比例关系时所需要的撞击能量。测定的基本步骤是将一定质量和颗粒度的炸药样品放在立式落锤仪的两个击柱之间，让一定质量的落锤从一定高度自由落下，撞击被测炸药样品，经过多次试验后，计算该炸药样品发火的百分率。

目前，世界上各国测定炸药的撞击感度均采用立式落锤仪，但测试条件以及撞击感度的表示方法不一样。我国采用的是 WL-1 型立式落锤仪，如图 5-17 所示，由固定的且相互平行的两个立式导轨以及可以在导轨上自由滑动的落锤组成。测试时，先将落锤固定在某一高度，然后让它沿导轨自由落下，撞击击柱间的被测样品，再根据火花、烟雾或者声响结果来判断炸药是否发生爆炸，并计算样品爆炸的百分率。

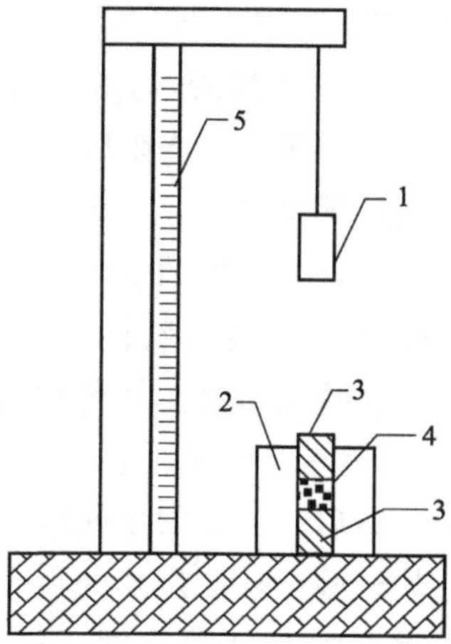

图 5-17 WL-1 型立式落锤仪示意图

1—落锤；2—导向套；3—击柱；4—被测样品；5—高度尺

对炸药撞击感度影响因素的研究中发现：除了炸药药量、颗粒度、含水量等物料基本参数对其撞击感度有影响外，撞击材料、加工精度、导轨平行度和落锤下落角度等都会影响撞击感度。因此，为提高测试精度，对仪器参数和试验条件都要严格控制，并保持相对的一致性。此外，还需要在相同的条件下进行多次试验，以消除偶然因素所造成的误差。

炸药撞击感度的表示方法很多，常见的有爆炸百分数法、上下限法、50%爆炸特性落锤高度法等，最常用的是爆炸百分数法。

a. 用爆炸百分数表示炸药的撞击感度。该方法是将一定质量的落锤从一定的高度落下后使其撞击炸药，通过发生爆炸的百分数来表征炸药的撞击感度。爆炸百分数越大，则炸药的撞击感度越高；爆炸百分数越小，则炸药的撞击感度越低。试验的条件一般是：落锤的质量为 10kg、5kg 和 2kg，落高为 25cm，以 25 次试验结果为一组，且必须有两组以上的平行数据，最后计算出炸药的爆炸百分数。

需要注意的是，如果试验条件不同，则选择的参照标准不同。若试验条件为落锤 10kg、落高 25cm，则选择爆炸百分数是 48%±8% 的特屈儿作为参照标准；若是测定工业炸药的撞击感度，在落锤为 2kg 时，以发生爆炸时最小落高为 100cm 的 TNT 作为参照标准。几种常用炸药的撞击感度见表 5-12。

表 5-12 几种常用炸药的撞击感度

炸药名称	爆炸百分数/%	炸药名称	爆炸百分数/%
TNT	4～8	2# 岩石炸药	20
RDX	75～80	2# 煤矿炸药	5
PETN	100	3# 煤矿炸药	40
TNP	24～32	阿马托	20～30
CE	50～60	AN/TNT(80/20)	16～18

注：落锤质量为 10kg，落高为 25cm，样品为 0.05g。

b. 用上下限表示炸药的撞击感度。撞击感度的上限是指炸药 100％发生爆炸时的最小落高，下限则是指炸药 100％不发生爆炸时的最大落高。试验测定时先选择某个落高，再改变落高，观察炸药的爆炸情况，得出炸药发生爆炸的上限和不发生爆炸的下限，以 10 次试验为一组。

c. 用 50％爆炸特性落高（临界落高）表示炸药的撞击感度。临界落高是指一定质量的落锤使炸药样品发生 50％爆炸概率时的高度，常用 H_{50} 来表示。

用 50％爆炸特性落高表示炸药的撞击感度的方法是先找出炸药爆炸的上下限；然后在上下限之间取若干个不同的高度，并在每一高度下进行相同数量的平均试验，求出爆炸的百分数；最后在坐标纸上以横坐标表示落高，以纵坐标表示爆炸百分数作图，画出感度曲线，并在感度曲线上找出爆炸百分数 50％时的落高 H_{50}，如图 5-18 所示。

② 弧形落锤试验　由于起爆药的撞击感度很高，其撞击感度通常用弧形落锤仪进行测试，测试装置如图 5-19 所示。弧形落锤仪的落高是刻在一弧形架上的，这样就可以使落高的刻度放大，计数更加精确，同时砝码的质量可以改变。

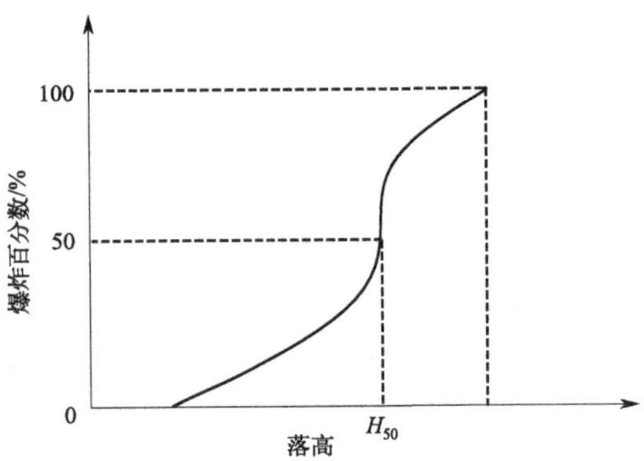

图 5-18　炸药的撞击感度曲线

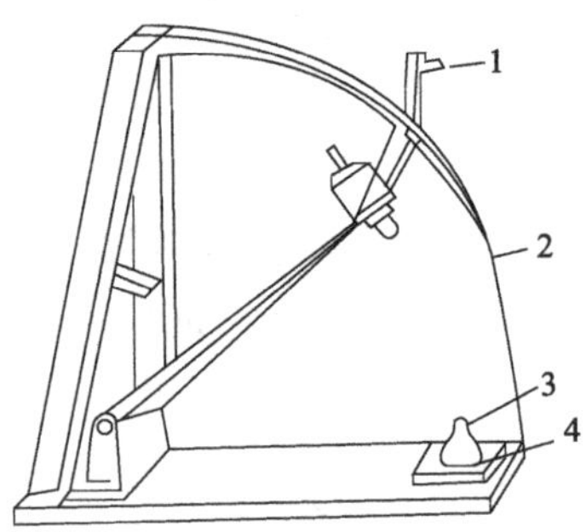

图 5-19　弧形落锤仪示意图

1—手柄；2—有刻度的弧形架；3—击针；4—固定击针和火帽的装置

试验步骤如下：将 0.02g 的起爆药放入枪弹的火帽内，用锡箔或铜箔覆盖，在 30～50MPa 的压力下装药，将火帽放在定位器内并放入击针，然后让落锤在不同的落高处落下撞击击针，根据声响来判断是否发火。

应该注意的是，在同一落高处必须进行 6 次平行试验，并用落高的上下限表示起爆药的撞击感度，落锤的质量通常为 0.5～1.5kg。一些起爆药的撞击感度（落锤 0.4kg）如表 5-13 所示。

表 5-13　落锤 0.4kg 时一些起爆药的撞击感度

起爆药名称	上限/cm	下限/cm
雷汞	9.5	3.5
叠氮化铅	33	10
二硝基酚酸铅	36	11.5
二硝基重氮酚	6	3

由于在使用过程中要求起爆药具有适当的机械感度，因此，通过它的上限值可以选择使其准确发生爆炸时所需要外界作用力的大小，而通过它的下限值可以确定其生产过程中的安全性。

弧形落锤仪也有一定的缺点：砝码质量的增加可能导致出现锤头摇摆现象，因此砝码的质量不宜过大。有些国家也采用立式落锤仪来测定起爆药的撞击感度。

（2）炸药的摩擦感度

炸药在摩擦作用下发生爆炸的能力称为炸药的摩擦感度。炸药在加工或者使用过程中，除了可能受到撞击外，还经常受到摩擦作用，或者受到摩擦和撞击的共同作用。有些被钝化的炸药和某些复合推进剂，它们可能具有较低的撞击感度，却表现出较高的摩擦感度，因此，从安全的角度考虑，研究和测定炸药的摩擦感度有非常重大的意义。

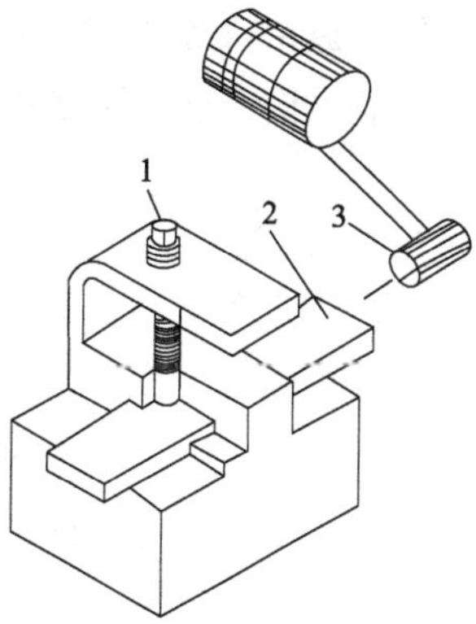

图 5-20　布登摩擦摆结构示意图

1—加压螺钉；2—滑动钢板；3—撞击摆

用于测定炸药的摩擦感度的仪器有许多种，较为常用的是摩擦摆类的仪器，主要有布登摩擦摆和柯兹洛夫摩擦摆。

① 布登摩擦摆　布登摩擦摆主要用于测定固态炸药的摩擦感度，其结构如图 5-20 所示。

试验步骤为：将 25mg 的炸药试样铺成薄层放在滑动钢板和钢钻之间，用加压螺钉以一定的压力压紧钢板，撞击摆从一定的高度落下并打击滑动钢板，此时，炸药因被迅速推移而受到摩擦。用这种方法测得的一些炸药的试验结果如表 5-14 所示。

表 5-14　用布登摩擦摆测定的一些炸药的摩擦感度

炸药名称	负荷/kg	落高/cm	爆炸百分数/%
PETN	1600	70	0
RDX	1600	70	0
叠氮化铅	64	70	100
叠氮化铅	64	70	10
叠氮化铅	64	60	0
雷汞	64	5.0	10
雷汞	64	2.5	0
斯蒂芬酸铅	64	60	80
斯蒂芬酸铅	64	45	60
斯蒂芬酸铅	64	40	0

研究表明，若其他条件相同，在炸药上面的滑动钢板的热导率对炸药的摩擦感度有显著的影响；如果热导率大，测出的炸药的摩擦感度就低；反之，热导率小，则测出的炸药的摩擦感度就高。

② 柯兹洛夫摩擦摆　国内广泛使用柯兹洛夫摩擦摆测定炸药的摩擦感度。它主要由打击部分、仪器本体和油压系统组成，装置如图 5-21 所示。

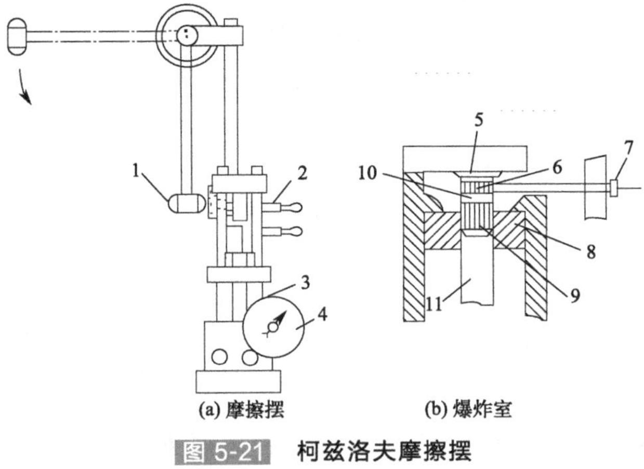

(a) 摩擦摆　　(b) 爆炸室

图 5-21　柯兹洛夫摩擦摆

1—摆体；2—仪器本体；3—油压机；4—压力表；5—上顶板；6—上击柱；7—击杆；8—导向套；9—下击柱；10—炸药；11—顶杆

试验步骤为：将 20mg 的炸药样品均匀地放在上下两个钢制圆击柱之间，启动油压机，通过顶杆将上击柱从击柱套中顶出并用一定的压力压紧，压力大小可根据压力表的读数以及仪器活塞和击柱的截面积计算得到。将摆锤从一定摆角处落下并击打击杆，使击柱迅速平移 1～2mm，两击柱间的炸药样品便受到强烈的摩擦作用，根据声、光、痕迹、气味等情况来判断炸药样品是否发生爆炸。

试验结果的表示方法有两种：

a. 用爆炸百分数表示摩擦感度。如果是感度较高的炸药，则试验条件为：挤压压力 39.2MPa，摆角 90°，药量 0.02g。如果是感度较低的大颗粒炸药，则试验条件为：挤压压力 49.0MPa，摆角 96°，药量 0.03g。在上述试验条件下，可用标准的特屈儿来校验试验仪器。在上述两种条件下，标准特屈儿的爆炸百分数分别为 12%±8%和 24%±8%。

b. 用不同压力下爆炸百分数的感度曲线表示摩擦感度。由于压力的变化，作用在炸药样品上的摩擦力也会随之变化，因此，根据不同压力下炸药爆炸百分数可以比较出炸药摩擦感度的大小。

5.4.2.4 炸药的静电感度

炸药在静电火花作用下发生爆炸的难易程度称为炸药的静电感度。炸药的静电感度在火花感度仪上测量，测定装置如图 5-22 所示。

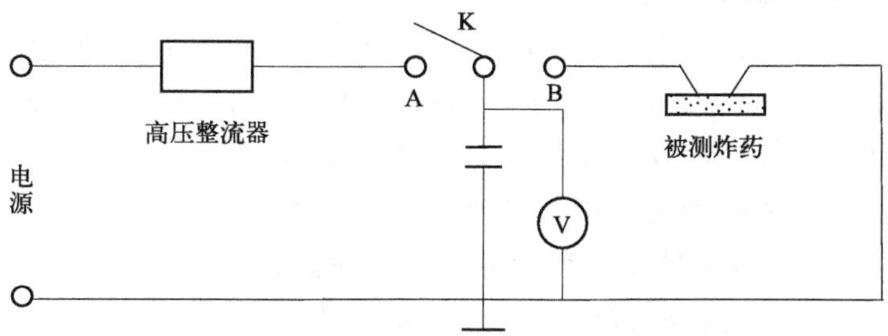

图 5-22 炸药静电火花感度测定装置示意图

炸药的静电感度的测定步骤为：用 220V 的交流电源给电容器充电（将开关 K 合到 A 的位置）；待电容器的电压稳定后（此时的电压为 U），再将开关 K 从 A 处断开并合到 B 处，端电极立即放电，产生静电火花；静电火花作用在两个尖端电极间的被测炸药试样上，观察炸药是否发生响应，以燃烧和爆炸的百分数或 0、50%、100%发火率时的能量 E、E_{50}、E_{100} 表示炸药的静电感度。

静电火花能量的计算公式如下：

$$E=\frac{1}{2}CU^2 \tag{5-84}$$

式中　E——火花放电的能量；

C——放电电容；

U——放电电压。

几种常用炸药的静电感度见表 5-15 和表 5-16。

表 5-15　不同能量下几种炸药的静电感度（爆炸百分数）　　单位：%

炸药名称	能量/mJ							
	0.013 (0.5kV)	0.050 (1.0kV)	0.113 (1.5kV)	0.200 (2.0kV)	0.313 (2.5kV)	0.450 (3.0kV)	0.613 (3.5kV)	0.800 (4.0kV)
TNT	18	50	68	83	100	100	—	—
RDX	0	13	38	38	55	85	100	100
CE	10	37	100	100	100	—	—	—

注：电容 $C=0.1\mu F$，电极距离 $d=1mm$，药量 $m=20mg$。

表 5-16　几种炸药的 E_0、E_{50}、E_{100}

炸药名称	E_0/J	E_{50}/J	E_{100}/J
TNT	0.004	0.050	9.374
RDX	0.013	0.288	0.577
CE	0.005	0.071	0.95

5.4.2.5　炸药的冲击波感度

炸药在冲击波作用下发生爆炸的难易程度称为炸药的冲击波感度。在实际应用中，经常用一种炸药所产生的冲击波通过一定的介质去引爆另一种炸药，这就是利用了冲击波可以通过一定介质传播和炸药可以被一定强度的冲击波引爆的性质。由于炸药爆炸时所产生的冲击波是一种脉冲式的压缩波，当它作用在物体上时，物体就会受到压缩并产生热量，如果受冲击的是均质炸药，则冲击面上的薄层炸药就会均匀地受热升温，当温度升至爆发点时炸药就会发生爆炸；如果受冲击的是非均质炸药，由于炸药受热升温不均匀，就会在局部高温处产生“热点”，这样，爆炸首先从热点处开始并扩展，最后使整个炸药发生爆炸。

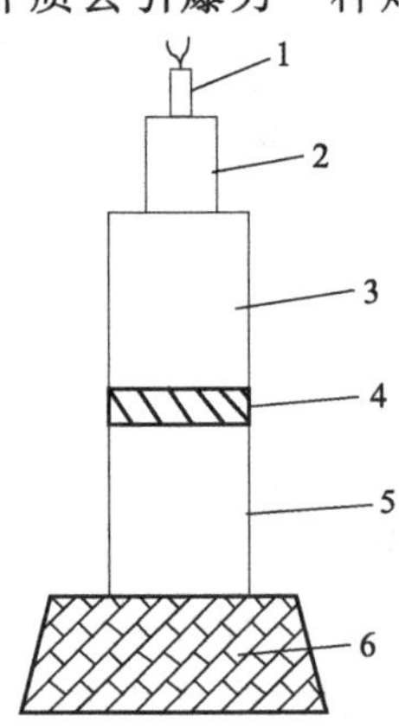

图 5-23　隔板试验装置示意图

1—雷管；2—传爆药柱；3—主发药柱；4—隔板；5—被测药柱；6—钢座

（1）隔板试验

隔板试验是测定炸药冲击波感度最常用的方法之一，试验装置如图 5-23 所示。

试验步骤如下：将雷管、炸药柱和隔板组装好。传爆药常选用特屈儿，这主要是为了使主发药能形成稳定的爆轰。主发药柱的装药密度、药量以及药柱的尺寸应按标准严格控制。隔板可用铝、铜等金属材料或塑料、聚酯纤维等非金属材料，其大小应与主发药柱的直径相同或稍大于主发药柱直径，厚度应根据试验要求进行调整。试验所用主发药柱和被测药柱的直径应相等。

当雷管起爆传爆药柱后，传爆药柱引爆主发药柱，主发药柱发生爆轰并产生一定强度的冲击波通过隔板传播。这里隔板的主要作用是衰减主发药柱产生的冲击波，以调节传入被测药柱冲击波的强度，使其强度刚好能引起被测药柱的爆轰，同时还能够阻止主发药柱的爆炸产物对被测药柱进行加热。根据爆炸后钢座或见证板的状况判断被测药柱是否发生爆轰，如果试验后钢座表面上留下了明显的穿孔或凹痕，说明被测药柱发生了爆轰；如果没有出现凹痕，则说明被测药柱没有发生爆轰；如果出现了不明显的凹痕，则说明被测药柱爆轰不完全。另外，为了提高判断爆轰的准确性，还可以安装压力计测量冲击波参数，根据有关参数可以判断被测药柱发生了高速爆轰还是低速爆轰。

被测药柱的冲击波感度用隔板值表示。所谓隔板值是指主发药柱爆轰产生的冲击波经过隔板衰减后，其强度仅能引起被测药柱爆轰时的隔板厚度。如果被测药柱能 100%爆轰时的最大隔板厚度为δ_1，而被测药柱 100%不爆轰时的最小隔板厚度为δ_2，则隔板值$\delta_{50}=0.5\ (\delta_1+\delta_2)$。

试验测得部分炸药的隔板值如表 5-17 所示。

表 5-17 部分炸药的隔板值

炸药名称	装药条件	密度/(g/cm^3)	隔板值 δ_{50}/cm
RDX	压装	1.640	8.20
CE	压装	1.615	6.63
Composite B	压装	1.663	6.05
Composite B	铸装	1.704	5.24
TNT	压装	1.569	4.90
TNT	铸装	1.600	3.50
阿马托	铸装	—	4.12
AN	压装	1.615	<0

应该指出的是，如果被测药柱的直径较大，应该选用大隔板进行试验。大隔板试验装置、方法、步骤和小隔板试验相似，只是要相应地增加钢座或见证板的厚度。

（2）殉爆

测试原理如图 5-24 所示。装药 A 爆炸时，引起与其相距一定距离的被惰性介质隔离的 B 装药爆炸，这一现象称为殉爆。

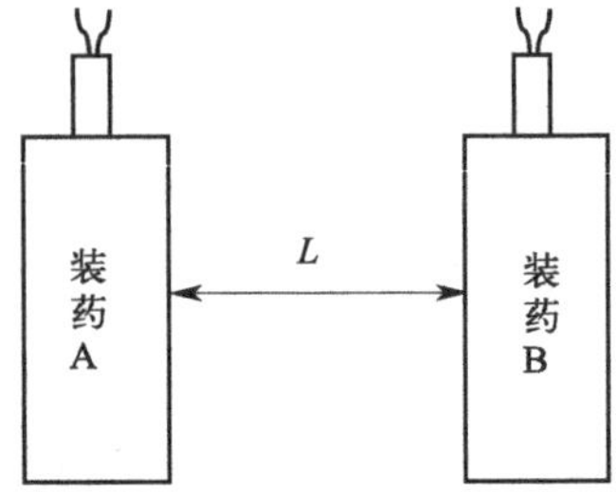

图 5-24 炸药殉爆测试原理示意图

惰性介质可以是空气、水、木材、土壤、岩石、金属或非金属材料等。装药 A 称为主发装药，被殉爆的装药 B 称为被发装药。

殉爆在一定程度上反映了炸药对冲击波的感度。引起殉爆时两装药间的最大距离称为殉爆距离。炸药的殉爆能力用殉爆距离表示。

研究炸药的殉爆现象有重要意义。一方面，在实际应用中要利用炸药的殉爆现象，如引信中雷管与中间传爆药需要通过隔板来起爆或隔爆传爆药。用殉爆距离可以反映被发装药的冲击波感度，也可以反映主发装药的引爆能力。另一方面，研究殉爆现象可为火炸药生产和贮存的厂房、库房确定安全距离提供基本依据。

主发装药的爆炸能量可以通过以下三种途径传递给被发装药使之殉爆：

① 主发装药的爆轰产物直接冲击被发装药。当两个装药间的介质密度不是很大（如空气等）且距离较小时，主发装药的爆轰产物就能直接冲击被发装药，引起被发装药的爆轰。

② 主发装药在惰性介质中形成的冲击波冲击被发装药。主发装药爆轰时在其周围介质中形成冲击波，当冲击波通过惰性介质进入被发装药后仍具有足够的强度时，就能引起被发装药的爆轰。

③ 主发装药爆轰时抛射出的固体颗粒冲击被发装药。如外壳碎片、金属射流等冲击被发装药时可引起被发装药的爆轰。

在实际情况中，也可能是以上两种或三种因素的综合作用，这要视具体条件而定。如惰性介质是空气，两装药相距较近，主发装药又有外壳时就可能是三种都起作用；如两装药间用金属板隔开，则主要是第二种因素起作用。

① 影响殉爆的因素

a. 主发装药的装药量及性质。殉爆距离主要取决于主发装药的起爆能力，凡是影响起爆能力的因素，都可以影响殉爆距离。主发装药的药量越大，且它的爆热、爆速越大时，引起殉爆的能力越强，因为当主发装药的能量高、爆速大、药量多时，所形成的爆炸冲击波压力和冲量也大。主发装药的起爆能力越强，爆轰传递的能力越大，即殉爆距离越大。

表 5-18 列出了主发装药和被发装药都是 TNT，介质为空气，被发装药放置在主发装药周围的地面上时，药量对殉爆距离的影响情况。

表 5-18　主发装药药量对殉爆距离的影响

主发装药质量/kg	被发装药质量/kg	殉爆距离/m
10	5	0.4
30	5	1.0
80	20	1.2
120	20	3.0
160	20	3.5

表 5-19 列出了 2# 煤矿炸药药卷直径和药量对殉爆距离的影响。所列试验分为两种情况：一是固定主发药卷和被发药卷的药量而同时变动两者的直径；二是固定主发药卷和被发药卷的直径而同时变动两者的药量。试验表明：增加药量和直径，将使主发药卷的冲击波强度增大，被发装药接受冲击波的面积增加，这些因素均导致殉爆距离增大。

表 5-19　2# 煤矿炸药药卷直径和药量对殉爆距离的影响

药卷直径/mm	药量/g	殉爆距离/mm	
		试验 1	试验 2
25	1# 为 100，2# 为 80	60	60
30		—	110
32		105	100
35		115	120
40		125	120
35	100	190	165
	125	185	170
	150	190	185
	175	190	175
40	100	150	140
	125	195	160
	150	200	190
	175	200	200
45	80	—	70
	100	120	110
	125	130	160
	150	205	170
	175	250	205

主发装药有无外壳及强度大小，主发装药与被发装药之间的连接方式等，都会对殉爆距离产生影响。如果主发装药有外壳，甚至将两个装药用管子连接起来，由于爆炸产物侧向飞散受到约束，自然增大了被发装药方向的引爆能力，于是显著地增大了殉爆距离，而且随着外壳、管子材料强度的增加而进一步增大。表 5-20 和表 5-21 所列试验数据就是例证。试验均用苦味酸装药，药量为 50g，主发装药的密度为 1.25g/cm^3。

表 5-20　主发装药外壳对殉爆距离的影响

主发装药外壳	主发装药密度 /(g/cm^3)	被发装药密度 /(g/cm^3)	殉爆距离 /mm
纸	1.25	1	170
钢(壁厚 4.5mm)			230
纸	1	1	130
钢(壁厚 6mm)			180

表 5-21　主发装药与被发装药有无连接管子时对殉爆距离的影响

连接管子		50%殉爆距离/mm
材质	尺寸（直径×壁厚）/mm	
钢	ϕ32×5	1250
纸	ϕ32×1	590
无管子连接		190

b. 被发装药的爆轰波感度。影响殉爆距离的主要因素是被发装药的爆轰波感度，被发装药的爆轰波感度越大，则殉爆能力也越强，凡是影响被发装药爆轰波感度的因素（如密度、装药结构、颗粒度、物化性质等）均影响殉爆距离。在一定范围内，当被发装药密度较低时，其爆轰波感度较高，殉爆距离也较大。非均质装药比均质装药的殉爆距离大；压装装药比熔铸装药的殉爆距离大。用 TNT、钝化黑索金和 2$^{\#}$ 煤矿炸药进行殉爆试验得出相似的结果，详见表 5-22。

表 5-22　被发装药密度与殉爆距离的关系

试验装药	主发装药			被发装药		殉爆距离/mm
	直径 /mm	密度 /(g/cm^3)	装药质量/g	直径 /mm	密度 /(g/cm^3)	
细 TNT	23.2	1.6	35.5	13.2	1.3	130
					1.4	110
					1.5	100
					1.4	95

续表

试验装药	主发装药			被发装药		殉爆距离/mm
	直径/mm	密度/(g/cm³)	装药质量/g	直径/mm	密度/(g/cm³)	
钝化 RDX	23.2	1.6	35.5	23.2	1.5 1.6 0.7	90 75 160
2# 煤矿炸药	25	0.9	40	25	0.8 0.9 1.0 1.1	140 140 70 35

c. 装药间惰性介质的性质。惰性介质的性质对殉爆距离有很大影响。表5-23中主发装药是苦味酸50g，密度为1.25g/cm^3，纸外壳；被发装药亦是苦味酸50g，密度为1.25g/cm^3。惰性介质的影响主要和冲击波在其中传播的情况有关，在不易压缩的介质中，冲击波容易衰减，因而殉爆距离较小。此外，介质越稠密，冲击波在其中损失的能量越多，殉爆距离也就越小。

表 5-23　惰性介质对殉爆距离的影响

装药间的介质	空气	水	黏土	钢	砂
殉爆距离/mm	280	40	25	15	12

d. 装药的摆放形式。主发装药与被发装药按同轴线的摆放形式比按轴线垂直的摆放形式容易殉爆，如图5-25（a）所示。因为垂直摆放时主发装药的爆轰方向未朝向被发装药，冲击波作用的效果就大大下降。即使按装药同轴线摆放，若主发装药的雷管放置与装药轴线的方向不同，也会使殉爆距离显著减小，如图5-25（b）所示的摆放形式殉爆效果就很差，一般可低至1/5～1/4。

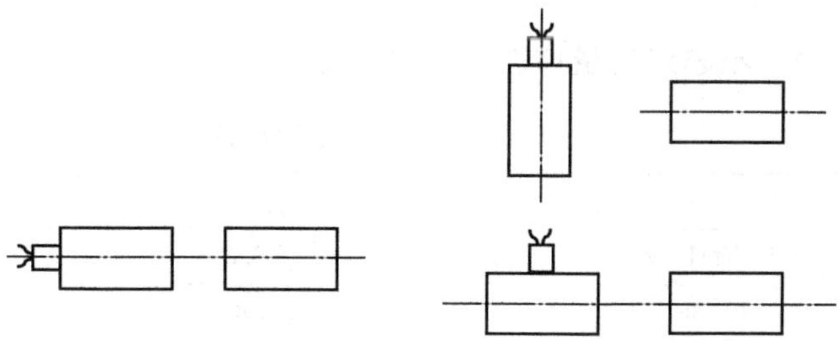

(a) 同轴线　　(b) 轴线垂直

图 5-25　装药的摆放形式对殉爆的影响

② 殉爆距离的测试　殉爆距离是工业炸药的一项重要性能指标，在工业炸药生产检验项目中，殉爆距离几乎是必测的项目，用于判断炸药的质量。在炸药品种、药卷质量和直径、外壳、介质、爆轰方向等条件都给定的情况下，殉爆距离既反映了被发装药的冲击波感度，也反映了主发装药的引爆能力，两者都与工业炸药的生产质量密切相关。

最常见的殉爆距离测试方法，通常采用炸药产品的原装药规格，将沙土地面铺平，用与药卷直径相同的金属或木质圆棒在沙土地面压出一个半圆形凹槽，长约 60cm，将两药卷放入槽内，中心对正，精确测量两药卷之间的距离，在主爆药卷的引爆端插入雷管，每次插入深度应一致，插入部分约占雷管长度的 2/3。引爆主发药卷后，如果被发药卷完全爆炸，则增大两药卷之间的距离，重复试验；反之，则减小两药卷之间的距离，重复试验。增大或减小的步长为 10mm。取连续三次发生殉爆的最大距离为该炸药的殉爆距离。

5.4.2.6 炸药的爆轰波感度

炸药的爆轰波感度是指待测炸药在其他炸药的爆炸作用下发生爆炸变化的能力。猛炸药对起爆药爆轰的感度，一般用最小起爆药量来表示，即在一定试验条件下，能引起猛炸药完全爆轰所需要的最小起爆药质量。最小起爆药量越小，表明猛炸药对起爆药的爆轰波感度越大；反之，最小起爆药量越大，则表明猛炸药对起爆药的爆轰波感度越小。

将 1g 被测炸药试样用 49MPa 的压力压入 8 号钢质雷管壳中，再用 29.4MPa 的压力将一定质量的起爆药压入雷管壳中，最后用 100mm 长的导火索装在雷管的上口，将装药的雷管放在防护罩内并垂直于 ϕ40mm×4mm 的铅板上，点燃导火索引爆雷管。观察爆炸后的铅板，如果铅板被击穿且孔径大于雷管的外径，表明被测炸药完全爆轰；否则，说明被测炸药没有完全爆轰。改变起爆药量，重复上述试验。经一系列的试验，可测定出被测炸药的最小起爆药量。

一些炸药的最小起爆药量如表 5-24 所示。

表 5-24　一些炸药的最小起爆药量

起爆药	炸药/g			
	TNT	CE	RDX	PETN
雷汞	0.360	0.165	0.190	0.17
叠氮化铅	0.160	0.025	0.050	0.03
二硝基重氮酚	0.163	0.075	—	0.09

同一起爆药对不同炸药的起爆药量不同，这说明不同的炸药对起爆药爆炸

具有不同的爆轰波感度。此外，不同的起爆药对同一炸药的起爆能力也不相同，这是由起爆药的爆轰速度不同造成的，如果它的爆轰速度越大，且爆炸的加速期越短，即爆炸过程中爆速增加到最大值的时间越短，则起爆能力就越强。雷汞和叠氮化铅的爆轰速度均为4700m/s左右，但叠氮化铅形成爆轰所需要的时间要比雷汞短很多，因此叠氮化铅的起爆能力比雷汞强很多，特别是在小尺寸引爆的雷管中，两者的差别更明显，但在直径比较大的情况下，两者的起爆能力则基本相同。

最小起爆药量的大小不仅取决于起爆药的爆炸性能和待测炸药的爆轰波感度，而且取决于起爆药与待测炸药的装药条件等一系列因素。因此，爆轰波感度的比较应在相同的试验条件下进行。起爆药的起爆能力与被起爆平面的大小有很大关系，被起爆面积增加，所需起爆药在一定范围内增大。最合适的起爆条件是，起爆药的直径与待测炸药直径相同。若起爆药直径较小，由于侧身膨胀的作用，起爆能量有较大的损失，起爆能力将明显降低。

此外，也可以用临界直径表示炸药的爆轰波感度。

5.4.3 炸药的钝化和敏化

在炸药的生产和使用过程中，根据具体情况要求炸药具有不同的感度，对一些机械感度高的炸药通常需要进行适当的钝化，以保证其使用安全性；而对一些起爆感度过低，但具有广泛用途的炸药，如硝铵炸药等则要进行敏化，以便在使用时能可靠起爆。因此，必须对炸药的钝化和敏化原理及其方法进行探讨。

根据热点爆炸理论知道，热点的形成和扩张是炸药发生爆炸的必要条件。炸药的钝化主要是设法阻止热点的形成和扩张；炸药的敏化则正好相反，就是采取某些方法使炸药在受到冲击波作用时，促进热点的形成并使之扩张。

5.4.3.1 炸药的钝化方法

(1) 降低炸药的熔点

加入熔点较低的某种炸药形成混合炸药以得到低共熔物。通过对大量起爆药及猛炸药的熔点和爆发点进行比较和研究，发现炸药的熔点和爆发点值相差越大，则机械感度越低，一般降低炸药的熔点就能够降低其机械感度，这种方法可以从起爆机理中得到解释。

(2) 降低炸药的坚固性

在炸药的生产过程中，通过改变结晶工艺以及采用表面活性剂来改变炸药的坚固性。由于炸药在受到机械作用时会发生变形，在变形过程中炸药内部所形成的应力与炸药的坚固性有很大的关系，如果炸药的晶体中存在着某些缺陷，则很容易被破坏，而不易形成很大的应力，因此，降低炸药的坚固性能够降低它的机械感度。

（3）加入塑性添加剂

向炸药中加入少量具有良好钝感性能的物质，如石蜡、地蜡、凡士林等，可以在炸药晶体表面形成一层柔软而具有润滑性的薄膜，从而减小各粒子相对运动时的摩擦，并使应力在装药中均匀分布，这样，产生热点的概率受到很大的限制。

对炸药进行表面包覆是降低高能炸药感度的一种重要方法，国内外关于炸药颗粒的包覆降感研究常见诸于文献报道，研究者们主要从包覆材料的种类（特别是钝感炸药和惰性材料）和包覆方法等方面开展高能炸药（HMX、DNTF 和 CL-20 等）的包覆降感研究。包覆材料的种类和包覆方法二者关系密切，对高能炸药的包覆效果具有决定性影响。

（4）共晶降感

共晶体一般是一种混合晶体或者是包含了两种及以上不同分子的晶体。共晶技术的基础是方向性的分子间非共价键相互作用力，如氢键、离子键、范德瓦尔斯力和 π-π 键等作用，其中氢键和 π-π 键是最常见的两种。共晶技术最早见于生物制药领域，1884 年，药物共晶的典型——醌氢醌已见诸报道。共晶技术在改善化合物的溶解性，提高化合物的稳定性等方面的优势逐渐显现出来。

近年来，在含能材料领域，基于药物共晶原理，将高能炸药与钝感炸药结合形成共晶体以降低高能炸药的感度的方法受到广泛关注，其中含 HMX 和 CL-20 共晶降感的文献报道较多，共晶材料可以很好地平衡原料炸药的性能。

5.4.3.2 炸药的敏化方法

使炸药感度提高的过程称为炸药的敏化。炸药的敏化主要是指提高炸药的爆轰波感度。炸药敏化的方法较多，常用的有以下三种。

（1）加入爆炸性物质

这种方法在工业炸药中应用较广泛，所加入的爆炸物质通常是猛炸药，如 TNT、RDX 等。在外界作用下，工业炸药中的猛炸药由于感度高而首先发生爆炸，爆炸产生的高温再引起猛炸药周围其他的物质发生反应，最后引起整个炸药爆炸。

（2）气泡敏化

这种方法主要应用在浆状炸药和乳化炸药中，也可应用在粉状硝铵炸药中，如膨化硝铵炸药，通过表面活性剂对硝酸铵进行膨化处理，制得轻质膨松、多孔隙、多裂纹的硝酸铵，炸药含有大量的孔隙和气泡，提升了炸药的爆轰波感度。这种硝铵炸药在受到外界冲击作用后，颗粒间的空隙和颗粒内部的气泡被绝热压缩形成热点，炸药被敏化的原理是热点起爆机理。

(3) 加入高熔点、高硬度或有棱角的物质

这类物质如碎玻璃、砂粒以及金属微粒等，它们是良好的敏化剂，在外界作用下，它们能使冲击的能量集中在物质的尖棱上而成为强烈的摩擦中心，从而在炸药中产生无数局部的加热中心，促进爆炸进行。由于这些敏化剂的参与，炸药从受到冲击到爆炸瞬间的延迟时间大大缩短，例如太安 $\tau=240\mu s$，而加入 18%的石英砂后 $\tau=80\mu s$。

试验已经证明：如果将莫氏硬度大于 4 的物质掺入不同的猛炸药中，在一定范围内炸药的感度随着掺入物质的百分含量的增加而增大。对炸药的机械感度来说，起决定作用的是所掺入的附加物的熔化温度，而不是感度。一般情况下，掺入的附加物的熔化温度高，则炸药的机械感度相应地增加。附加物对太安的摩擦感度和冲击感度的影响结果如表 5-25 所示。

表 5-25 附加物对太安的摩擦感度和冲击感度的影响

附加物名称	莫氏硬度	熔点/℃	爆炸百分数/%	
			摩擦感度	冲击感度
无附加物	1.8	141	0	2
硝酸银	2～3	212	0	2
醋酸钠	1～1.5	324	0	0
溴化银	2～3	434	50	6
氯化铅	2～3	501	60	27
硼砂	3～4	560	100	30
三氧化二铋	2～2.5	685	100	42
玻璃	7	800	100	100
岩盐	2～2.5	804	50	0
辉铜矿	2.5～2.7	1100	100	50
方解石	3	1339	100	43

分析表 5-25 中的数据可以得出以下结论：

① 所掺入的附加物无论硬度如何，只要熔点超过了在炸药中热点引起爆炸时所需要的临界温度便具有敏化性质。对于 PETN 和 RDX 来说，附加物熔点需高于 430～450℃才能作为敏化剂。

② 在附加物的熔点高于炸药临界温度的条件下，硬度大的附加物粒子比硬度小的附加物粒子更能提高炸药的敏感度。

③ 在试验条件下，莫氏硬度很大的玻璃是提高太安撞击感度的最佳敏化剂。

5.4.4 不敏感炸药的测试方法

早期各国在炸药技术研究和研制方面，过于关注弹药的毁伤能力，着重于

其爆轰性能的提高，而在一定程度上忽视了安全性。事实上炸药及其制品在制造、运输、存储以及在实战环境中可能会遭受各种危险刺激，如热刺激（火灾）、机械刺激（跌落、撞击）以及其综合作用刺激，容易引起爆炸，从而引发灾难性事故。20 世纪 80 年代前，世界各国仅关注弹药的威力，而忽略了弹药的安全性设计，导致了多起弹药爆炸事故。这些事故中，典型的如 1967 年，美国 FORRESTAL 号航母因误发射火箭弹，引发航母甲板火灾，进而导致一枚装填 B 炸药的 M117 炸弹爆炸，引发了连锁爆炸，损失惨重。

基于一系列爆炸事故的惨痛教训，世界各国对弹药的安全性越加重视。以美国为代表的发达国家开展了不敏感弹药（Insensitive Munitions）研究，开启了从概念提出到形成标准再到武器装备的研究历程。不敏感弹药也称钝感弹药，其突出特征是当遭受意外刺激时，它能把发生爆炸反应的概率和随之产生的对弹药载体（包括人员）的损害程度减小到最低限度。1973 年后，不敏感弹药在西方国家快速发展并逐渐走上标准化道路，并且这些国家根据弹药在生命周期内可能遭受的意外刺激，建立了一系列弹药安全性试验和评估技术。至今，弹药的安全评估体系主要包括北约不敏感弹药评估和试验标准体系、美国 MIL-STD-2105D 非核弹药危险性评估试验标准体系等多种。

本节参照上述标准，针对不敏感炸药的七项安全性试验，即炸药慢速烤燃试验、炸药快速烤燃试验、炸药子弹撞击实验、炸药 12.7mm 破片撞击试验、炸药射流撞击试验、炸药热碎片撞击试验和炸药殉爆试验，进行简要介绍。

5.4.4.1 慢速烤燃试验

慢速烤燃试验主要用于评估炸药试样在外部缓慢升温条件（如太阳暴晒、辐射加热等）下的安全性，属于热安全性的范畴。将炸药药柱装在用金属材料制成的模拟烤燃弹中，在模拟烤燃弹体外安装加热套，将烤燃弹以恒定升温速率从室温开始加热，一直到被测炸药发生响应为止，以响应温度和烤燃弹壳体的变形状况评价其慢速烤燃特性。试验布置如图 5-26 所示。

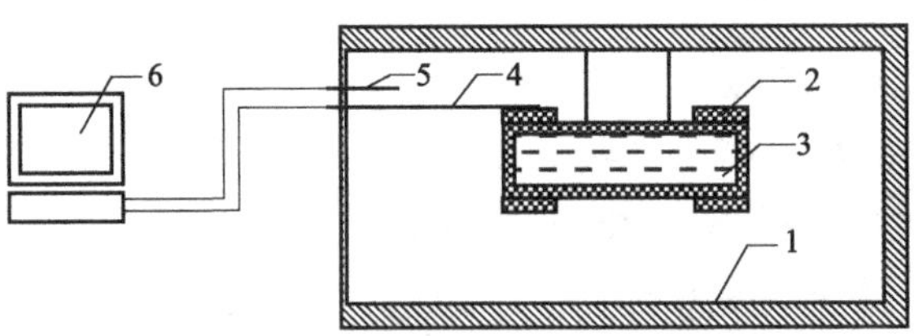

图 5-26 慢速烤燃试验布置图

1—加热组件；2—试样壳体；3—炸药试样；4,5—热电偶；6—控制计算机

试验的结果判定准则：

① 若烤燃弹一个或两个端盖被冲飞，见证板有穿孔，但壳体无明显变形，

试样有燃烧发黑或碳化迹象，则认为发生了燃烧反应。

② 若烤燃弹一个或两个端盖被冲飞，见证板有穿孔，且壳体发生明显的变形或撕裂，则认为试样发生了爆燃反应。

③ 若烤燃弹壳体被炸成较多的大破片，见证板上有破片孔洞，则认为试样发生了爆炸反应。

④ 若烤燃弹壳体被炸成较多大破片，见证板上出现许多大小孔洞，则需将超压测试结果与爆炸试验的超压测试结果进行对比分析，判断反应剧烈程度为部分爆轰反应还是完全爆轰反应。

5.4.4.2 快速烤燃试验

快速烤燃试验主要用于评估炸药试样在外部快速升温条件（主要是火烧）下的安全性，也属于热安全性的范畴。将受试炸药装在密闭的模拟弹壳体内并置于高温火焰源中，根据试样发生反应的剧烈程度，评定其快速烤燃性能。试验过程中使用的燃料主要是航空煤油。试验布置如图 5-27 所示。

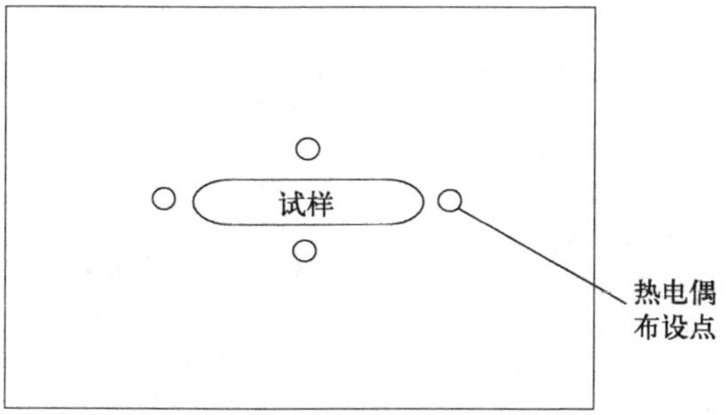

图 5-27 快速烤燃试验布置图

根据火焰温度-时间曲线记录试验弹体爆响时各个传感器显示的温度的平均值（或最低温度值），作为火焰的温度。以温度传感器中的任意两个达到60℃时的时刻作为起始时刻，以试验弹体发生响应的时刻作为终止时刻，进而计算烤燃时间。

烤燃反应类型的评定：

① 如果试验弹体一个或两个端盖被冲飞，燃料槽体壁面有凹痕或穿孔，但壳体无明显变形，则判定为燃烧反应。

② 如果试验弹体一个或两个端盖被冲飞，燃料槽体壁面有凹痕或穿孔，且壳体发生明显变形或撕裂，则判定为爆燃反应。

③ 如果试验弹体被炸成较多大破片，燃料槽体壁面上有破片孔洞，则判定为爆炸反应。

④ 如果试验弹体被炸成许多破片飞散，燃料槽体壁面上出现许多大小孔

洞，则判定为爆轰反应。

5.4.4.3 子弹撞击试验

子弹撞击试验主要用于评估炸药试样在受到高速飞行的子弹撞击作用时的安全性，主要是为了模拟炸药在应用场景受到流弹撞击时的情景。子弹撞击速度通常为850m/s左右。用12.7mm穿甲燃烧弹撞击带壳体的炸药试样，在子弹的高速撞击及摩擦等作用下，炸药受热可能发生分解甚至点火、燃烧或爆炸反应。通过观察试验现象、回收样品残骸、观察见证板的状态以及测量冲击波超压，综合判断响应类型的等级和响应程度。

按表5-26进行响应等级判定。

表5-26 响应等级判定表

响应等级	含能材料	壳体	其他
类型Ⅰ爆轰	冲击波的强度和时间与校准试验的计算值或测量值相当；所有含能材料从反应开始一次性迅速全部消耗	与含能材料接触的金属壳体发生快速塑性变形，伴随着大量高剪切比率的破碎	见证板破碎或发生塑性变形
类型Ⅱ部分爆轰	产生强烈的冲击波，冲击波的强度和时间小于校准试验的计算值或测量值；燃烧或未燃烧的含能材料散射	与含能材料接触的金属壳体部分发生快速塑性变形，伴随着大量高剪切比率的破碎	见证板发生塑性变形或破碎
类型Ⅲ爆炸	反应开始后部分或全部含能材料一次性快速燃烧，测量到一个压力波，但远远小于校准试验测量值的强度和时间；较多的燃烧或未燃烧的含能材料长距离散射，有产生火焰的危险性	金属壳体发生大量破裂，没有发生大量高剪切比率的破碎，与爆轰校准试验相比产生的破片较少；较大壳体发生长距离的抛射	见证板发生塑性变形
类型Ⅳ爆燃	部分或全部含能材料燃烧；可能包括一个比类型Ⅲ反应预期时间更长的反应时间；燃烧或未燃烧的含能材料散射，有产生火焰的危险性	壳体发生破裂，形成少量大块，至少有一块较大的破片飞至15m外	有能力推动弹药超过15m；引起高温和烟雾损害
类型Ⅴ燃烧	部分或全部含能材料低压燃烧；与弹药内部全部含能材料相比，只有少量燃烧或未燃烧的含能材料散射，通常分布在15m内，最远不超过30m；在试验场地和形成的推进装置中产生一些无害的压力，反应时间明显比设计模式长	壳体可能发生破裂，形成少量大块，没有破片飞至15m外	没有能力推动弹药超过15m
类型Ⅵ无反应	含能材料无反应，没有持续点火的迹象，绝大部分未反应含能材料位于壳体内	壳体没有破碎，基本保持完整，仅被子弹穿孔	

5.4.4.4 12.7mm 破片撞击试验

破片撞击试验主要用于评估炸药试样在受到高速破片撞击作用时的安全性，主要是为了模拟炸药在应用场景受到高速破片撞击时的情景。具体方法是：在一定距离处用破片发射装置将 12.7mm 圆锥形破片加速到特定速度，通常达到 1800m/s 以上，使其撞击带壳体的炸药试样，在破片高速撞击形成的挤压、剪切、摩擦等作用下，炸药受热可能发生分解甚至点火、燃烧或爆炸反应。通过观察试验现象、回收样品残骸以及测量冲击波超压，综合判断响应类型的等级和响应程度。试验布置示意图如图 5-28 所示。

为了获得足够大的破片速度，通常使用 25mm 或 30mm 火炮作为发射装置。响应等级可以参照子弹撞击试验中表 5-26 进行评定。

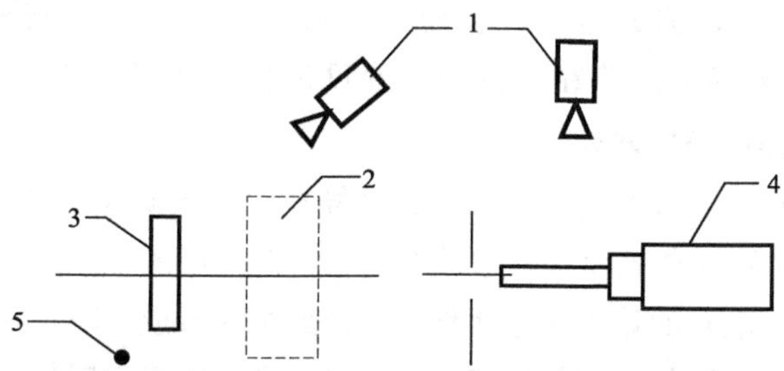

图 5-28 12.7mm 破片撞击试验布置示意图

1—高速摄像机；2—测速网；3—试样；4—发射装置（枪）；5—压力传感器

5.4.4.5 射流撞击试验

射流是具有高温、高速的金属粒子流（具体形成原理与特征见第 6 章），当装在壳体里的炸药试样受到射流撞击时，炸药一方面会受到灼热射流引起的快速升温作用，另一方面还会受到射流与破片引起的剧烈挤压、剪切与摩擦作用，因此是一种高温与机械复合刺激形式。炸药可能在上述复合作用下发生响应，通过见证板、超压等手段可表征炸药的响应程度，从而判断炸药在射流撞击条件下的安全性。试验布置示意图如图 5-29 所示。

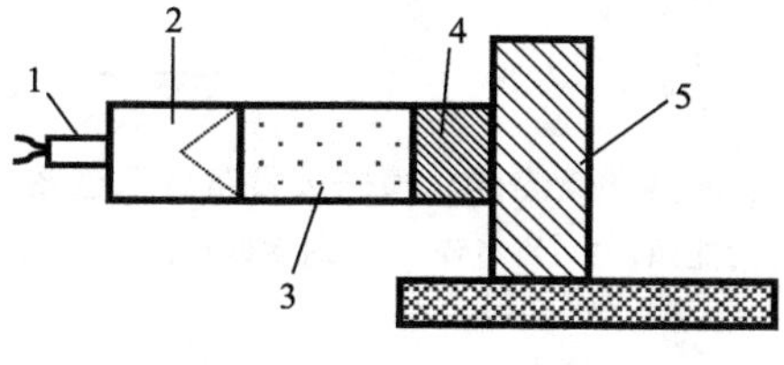

图 5-29 射流撞击试验布置图

1—雷管；2—射流源；3—炸高管；4—标准隔板；5—样品

结果判定准则：

① 对于完全爆轰反应，测试超压达到 $0.95p_{max}$ 以上，壳体破碎成很小的碎片，无残药，底见证板被切孔，且切孔较齐。

② 对于部分爆轰反应，测试超压大于 $0.8p_{max}$，壳体破碎成较小的碎片，无残药，底见证板被切孔，切孔较粗，且毛刺较多。

③ 对于爆炸反应，测试超压大于 p_{min}，壳体破碎成碎片，无残药或残药很少，但能找到较大的端盖碎块，底见证板被撕开。

④ 对于爆燃反应，测试超压基本上等于最小压力 p_{min}，壳体被撕裂，有部分残药，底见证板有轻微变形，侧见证板有较多穿孔。

⑤ 对于燃烧反应，测试超压基本上等于最小压力 p_{min}，壳体被撕裂，有较多残药，底见证板无反应，侧见证板仅有少量大穿孔。

⑥ 对于无反应，测试超压等于最小压力 p_{min}，壳体变形较小，仅有射流穿过的痕迹，绝大部分炸药在壳体中，底见证板和侧见证板均无反应。

5.4.4.6 炸药热碎片撞击试验

热碎片撞击试验主要是为了评估炸药试样在灼热的高速破片作用下的安全性。研究过程中发现，由于炸药试样通常装在具有一定强度的壳体里，速度、形状、运动方向等具有较大散布的热碎片通常难以对炸药试样造成影响，该评估方法便逐渐淡化。具体原理与方法是：在射流撞击钢板时，由于钢板和射流的共同作用，会形成不同规格的温度较高的碎片，炸药受到其作用时往往容易发生响应，而通过见证板、超压等手段可以对炸药在热碎片撞击条件下的响应程度进行表征，从而判断炸药在热碎片撞击条件下的安全性。试验布置如图 5-30 所示。

由于在真实环境下弹药并非处于裸露状态，综合考虑该试验方法与子弹撞击、破片撞击的重叠性，炸药试样在热碎片撞击条件下的反应性能在一定程度上可以用上述两种试验方法替代。

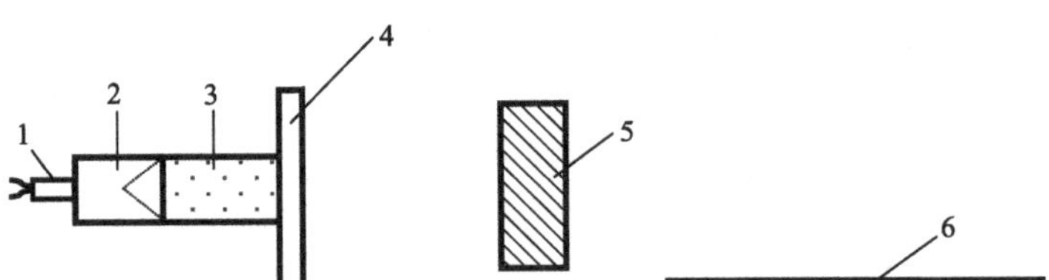

图 5-30 热碎片撞击试验布置示意图

1—雷管；2—聚能射流源；3—炸高管；4—均质钢板；5—试样；6—压力传感器

结果判定准则：

① 对于爆轰反应，测试超压达到 $0.9p_{max}$ 以上，无残药或残药很少，底

见证板变形很大，防护板飞向射流源那一侧。

② 对于爆炸反应，测试超压大于 p_{min}，无残药或残药很少，底见证板变形很大，防护板飞向射流源那一侧。

③ 对于燃烧反应，测试超压基本上等于最小压力 p_{min}，有较多残药，残药持续燃烧或有燃烧的痕迹，底见证板无变形或变形很小，防护板飞向试样那一侧。

④ 对于无反应，测试超压等于最小压力 p_{min}，有较多残药，底见证板无变形，防护板飞向试样那一侧。

5.4.4.7 殉爆试验

炸药在非连续相接的情况下，一个药柱爆炸时能引起距它一定距离的另一个药柱的爆炸，即殉爆。殉爆试验主要用于评估炸药的抗殉爆性能。试验布置如图 5-31 所示。

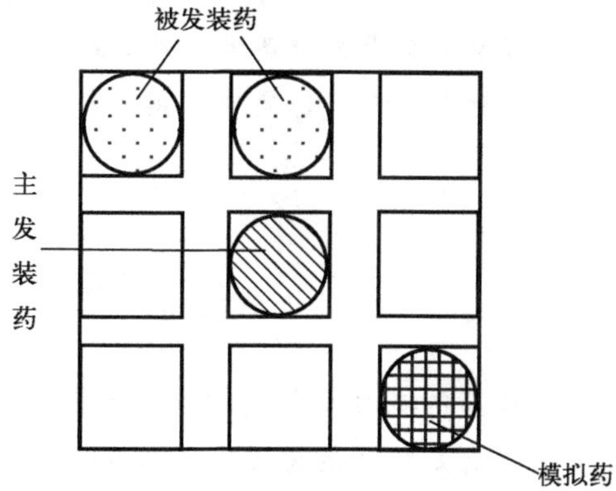

图 5-31　殉爆试验布置示意图

殉爆响应等级的判定方法：

① 若被发装药与主发装药底部见证板均发生穿孔，且孔径大小一致，判断为完全爆轰。

② 若被发装药底部见证板发生穿孔，但孔径小于主发装药底部见证板孔径尺寸，判断为部分爆轰。

③ 若被发装药底部见证板发生严重变形或撕裂，判断为爆炸。

④ 若被发装药底部见证板边缘发生轻微印迹，判断为部分爆燃。

⑤ 若被发装药底部见证板基本无变形，且在附近可以收集到相对完整的装药，判断为燃烧。

拓展知识

俄罗斯弗拉基米尔州弹药库爆炸

2025 年 4 月 22 日，俄罗斯境内距离俄乌边境 530km 的弗拉基米尔州，俄军炮兵和导弹总局第 51 号仓库突然发生连环爆炸。这座巨型弹药库占地近 $3km^2$，储存着 S-300 防空导弹、“龙卷风”火箭炮弹药、反坦克导弹等 10 万 t 级军火，号称俄军西部战区的“心脏”。爆炸现场的视频显示，火柱裹挟着浓烟直冲天际，仓库区的钢筋水泥隔舱被炸成碎片，弹药殉爆的火光持续了整整一夜。俄军事后声称“只损失了几个隔离区”，但美国卫星公司拍下的画面显示，至少30%的库区被夷为平地。据称俄罗斯弗拉基米尔州弹药库可防核弹攻击。

上述弹药库爆炸事件突显出炸药高威力与高安全性需求之间的矛盾。炸药在诞生之初，其功能定位便是以爆轰的形式快速释放能量对外界做功，实现破碎、抛掷、加速等功能，于是追求高威力成为炸药研究与应用过程中的第一目标。然而，炸药的自反应性和亚稳态特征导致人类在追求炸药更高破坏能力的过程中遭受了巨大的人员伤亡与财产损失，研究人员逐步认识到炸药的高威力应当以高安全性为约束条件，炸药的发展逻辑便以平衡其高威力与高安全性之间的矛盾为牵引性目标实现了辩证统一。

复习思考题

1. 炸药的威力与猛度的异同点是什么？

2. 什么是炸药的感度？研究炸药的感度有什么实际意义？炸药的感度与外界作用有什么关系？

3. 怎样表示炸药的热感度？5s爆发点指的是炸药还是环境的温度？为什么？

4. 表征炸药相容性的意义是什么？简述测定炸药相容性的方法。

5. 在摩擦感度和冲击感度实验中，炸药所受到的外界作用有什么不同？实际使用时炸药所受到的机械作用与实验时有什么不同？分析这种实验测定方法的优缺点？

6. 为什么炸药的摩擦感度和冲击波感度要用爆炸百分率或爆炸上、下限来表示？

7. 简述炸药在机械作用下发生爆炸的机理。

8. 在机械作用下形成热点的途径主要有哪些？主要影响因素是什么？

9. 不敏感试验有什么意义？

10. 俄罗斯弗拉基米尔州弹药库爆炸有何启示？

第6章

爆炸效应与防护

6.1 空中爆炸

6.1.1 空中爆炸现象

炸药在空气中爆炸时，其周围介质直接受到高温、高压的爆轰产物的作用。由于空气的初始压力和密度都很低，因而就有稀疏波从分界面向爆轰产物内传播，使周围粒子反向加速。稀疏波到达之处，压力迅速下降。界面处的爆轰产物以极高的速度向四周高速飞散，使界面处空气的压力、密度和温度突跃上升形成初始冲击波。因此，爆轰产物在空气中初始膨胀阶段同时出现两种情况：向爆轰产物内传入稀疏波；在空气介质中形成初始冲击波。对一维流动，爆轰波到达界面之前和到达的初始阶段的压力分布如图 6-1 所示。

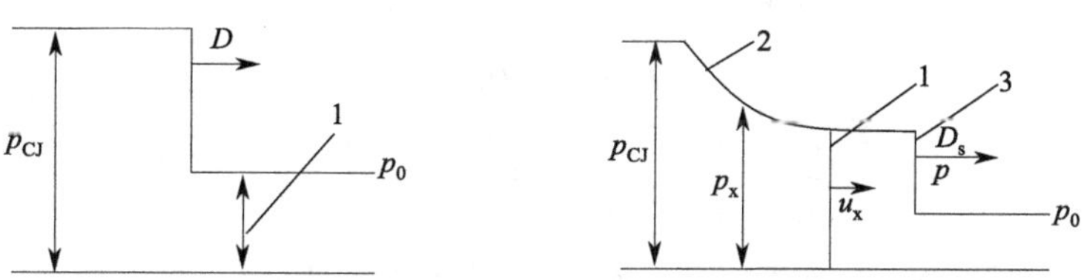

(a) 爆轰波到达前　(b) 爆轰波到达的初始阶段

图 6-1 爆轰波到达介质时的压力分布

1—介质分界面；2—稀疏波；3—冲击波

图 6-1 中，D 为爆速；D_s 为前沿冲击波速度；u_x 为爆轰产物和压缩空气层界面处质点速度；p_0 为未经扰动时的空气压力；p 为空气冲击波波阵面的压力；p_x 为爆轰产物和压缩空气层界面处的压力；p_{CJ} 为爆轰波压力。

爆轰产物的膨胀速度随距离的增大衰减得很快。初期，由于它的推动，如同运动的活塞那样，不断把能量补充给压缩的空气层，随着压力的衰减，最后停止压缩并在惯性作用下呈现脉动过程。

爆炸产物在膨胀的初期，压力衰减得很快。对于中等威力炸药，在爆轰产物压力 p 远大于临界压力 p_K（通常为 0.15～0.2GPa）时，其膨胀规律近似为：

$$pv^3=常数 \tag{6-1}$$

或

$$\bar{p}v_0^3=p_K v_K^3 \tag{6-2}$$

式中 $\bar{p}$——爆轰产物的平均初始压力，其值 $\bar{p}=\frac{1}{8}\rho_0 D^2$；

v_0——炸药初始比体积；

p_K——临界压力，一般取 0.15～0.2GPa；

v_K——压力 p_K 所对应的比体积。

设装药为球形，则 $v\propto r^3$，$p\propto r^{-9}$。于是，爆轰产物的半径从 r 膨胀到 $1.5r_0$（r_0 为球形装药半径）时，压力存在以下函数关系：

$$\frac{p}{\bar{p}}=\left(\frac{r_0}{r}\right)^9 \tag{6-3}$$

将 $r=1.5r_0$ 代入上式，$p/\bar{p}=1/38.44$。结果表明，爆轰产物半径增大 0.5 倍，其压力下降到原来的 1/38.44。由此可以看出，爆轰产物膨胀初期的压力衰减得很快，在 $r\geqslant 1.5r_0$ 以后，爆轰产物还要继续膨胀，直到与周围未扰动介质的压力 p_0 相平衡，此时，其相应的体积为爆轰产物的极限体积 v_1，它可用下述方法近似估算。由于爆轰产物的压力 $p<p_K$，因而按下式所示规律膨胀：

$$pv^\gamma=常数 \tag{6-4}$$

于是：

$$p_0 v_1^\gamma=p_K v_K^\gamma \tag{6-5}$$

$$\frac{v_1}{v_0}=\frac{v_K}{v_0}\times\frac{v_1}{v_K}=\left(\frac{\bar{p}}{p_K}\right)^{\frac{1}{3}}\times\left(\frac{p_K}{p_0}\right)^{\frac{1}{\gamma}} \tag{6-6}$$

将 $\bar{p}=10^{10}\text{Pa}$、$p_0=10^5\text{Pa}$、$\gamma=1.4$ 代入上式得：

$$\frac{v_1}{v_0}=50^{\frac{1}{3}}\times 2000^{\frac{5}{7}}\approx 800 \tag{6-7}$$

当 $\gamma=1.25$ 时，则有 $v_1/v_0\approx 1600$。

由此可见，爆轰产物膨胀到 p_0 时的体积约为原体积的 800～1600 倍。当球形装药爆炸时，极限体积半径约为原半径的 10 倍；当柱形装药爆炸时，极限体积半径则为原半径的 30 倍。估算表明，爆轰产物对目标的直接作用范围十分受限。

爆轰产物最初膨胀到 p_0 时并没有立即停止，存在“过度膨胀”现象，即由于惯性作用将继续膨胀，这种膨胀一直延续到惯性消失为止。此时，爆轰产物膨胀的体积达到最大，比极限体积大 30%～40%，其平均压力低于 p_0。由于爆炸产物内部的压力低于周围空气介质的压力，又出现周围空气介质反过来对爆炸产物进行压缩的现象，使其压力逐渐回升至 p_0。同样，由于惯性作用还可能出现“过渡压缩”的现象，使爆炸产物的压力又稍高于 p_0，并开始第二次膨胀和压缩的脉动过程。图 6-2 为球形装药爆炸后某处压力随时间的变化曲线。图中记录了最初两次膨胀-压缩脉动过程引起的第二道和第三道冲击波，它们正好出现在主冲击波的负压区内，此作用不仅改变了冲击波的形状，而且使某些负压区的值变成正值。第二道冲击波的峰值压力与主冲击波峰值压力相比要小得多。这说明脉动过程很弱，原因是空气的密度很低，惯性作用弱。实验表明，对爆炸破坏作用有实际意义的只是第一次膨胀和压缩的脉动过程。

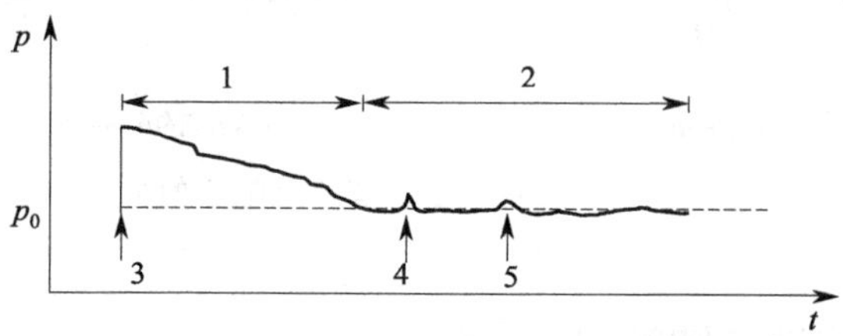

图 6-2　球形装药空气冲击波的压力与时间的关系

1—正压区；2—负压区；3—第一道冲击波；4—第二道冲击波；5—第三道冲击波

爆炸产物与空气的界面最初是清晰的。由于脉动过程，特别是分界面周围的涡流效应，爆炸产物与空气的界面越来越模糊，最后混在一起。

一般认为，当爆炸产物停止膨胀时，空气冲击波就与爆炸产物脱离，独自向前传播。两者脱离的距离很难精确确定。对球形装药爆炸，一般认为 $r=10\sim15r_0$ 时，两者才开始缓慢脱开。这时空气冲击波波阵面压力 $p=(10\sim20)\times10^5\text{Pa}$，冲击波速度 $D=1000\sim1400\text{m/s}$，冲击波波阵面后质点的速度为 800～1200m/s。

脱离爆炸产物并独自向前传播的空气冲击波称为爆炸冲击波（blast wave），它由正压区和负压区两部分组成。例如，1kg TNT 爆炸，在 5m 远处传感器测得的 Δp-t 结果如图 6-3 所示。空气冲击波到达测点时，介质相对压力由 p_0 突跃上升到峰值压力 p_1（A 点），随后压力很快衰减，经过 t_+ 时间后压力低于未扰动介质的压力 p_0。通常，把这种

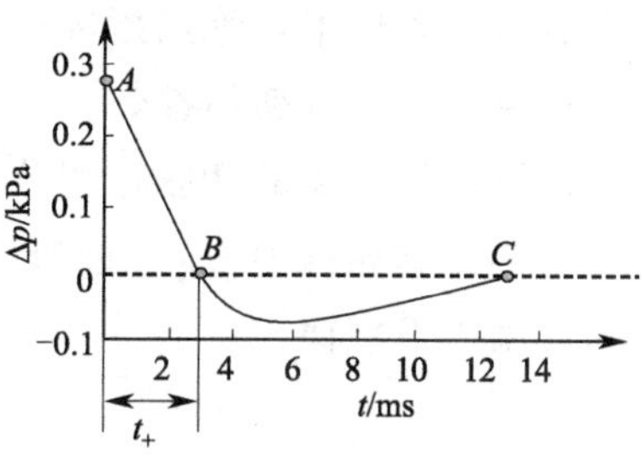

图 6-3　1kg TNT 在 5m 处爆炸的 Δp-t 曲线

冲击波称为理想空气冲击波。图中 AB 段压力高于 p_0，称为正压区，而 BC 段称为负压区，正压区持续作用的时间 t_+ 称为正压作用时间。对带壳弹药的爆炸，空气冲击波的 Δp-t 曲线不再光滑，波形上会叠加一系列的弱扰动。主要原因是壳体破裂后形成许多破片，这些破片穿过空气时产生许多弹道波，这些弹道波通过传感器时也被记录下来。图 6-4 为无壳和带壳装药爆炸后得到的空气冲击波的 p-t 曲线。从图 6-4(b)中可以看出，空气冲击波到达传感器之前就有弹道波的扰动，这说明有些破片的速度比空气冲击波的速度快。空气冲击波到达后，仍然存在弹道波的扰动，从而形成一条多次震荡的压力曲线。

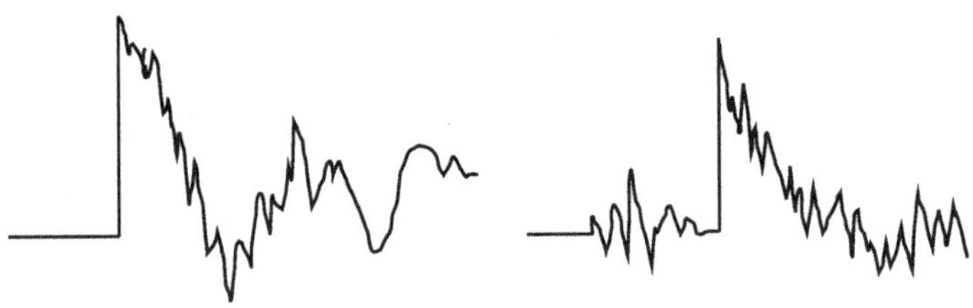

(a) 无壳装药的p-t曲线　　(b) 有壳装药的p-t曲线

图 6-4　无壳和带壳装药爆炸后的空气冲击波

6.1.2　空中爆炸冲击波的初始参数

在研究空气中爆炸冲击波传播规律之前首先要确定空气冲击波的初始参数。空气是一种稀疏介质，其声阻抗很小，炸药在其中爆炸时所形成的冲击波初始压力 p_x 远小于炸药爆轰波波阵面上的压力 p_{CJ}。通常情况下，$p_x \approx (5 \sim 10) \times 10^7 \mathrm{Pa}$，而 $p_{CJ} > 1 \times 10^{10} \mathrm{Pa}$。因此，爆炸产物从极稠密的高压状态膨胀到较稀疏的低压状态。对于这种状态变化很大的过程，爆炸产物的熵是变化的，也就是说，爆炸产物的绝热指数随着压力的下降而不断减小。由此可见，若要精确计算空气冲击波的初始参数，需要先确定爆炸产物的绝热指数 $k(p)$。在现有研究条件下，绝热指数的精确测定较为困难。因此，通常以近似计算方法确定空气冲击波初始参数。

假设爆炸产物的膨胀过程分两个阶段进行，第一阶段爆炸产物由压力 p_{CJ} 膨胀到某一临界压力 p_K，近似认为此阶段爆轰产物的绝热指数 k 不变，爆炸产物遵循以下规律：

$$p_{CJ} v_{CJ}^k = p_K v_K^k \tag{6-8}$$

第二阶段爆轰产物由压力 p_K 膨胀到 p_x，这时可视为理想气体的等熵膨胀过程，即：

$$p_K v_K^{\gamma} = p_x v_x^{\gamma} \tag{6-9}$$

式中，v_K 为压力 p_K 所对应的容积，$\gamma \approx 1.2 \sim 1.4$。

p_K 和 v_K 可用爆轰波的雨贡纽方程进行计算，有：

$$e_{CJ} - e_0 = \frac{1}{2}(p_{CJ} + p_0)(v_0 - v_{CJ}) + Q_V \tag{6-10}$$

考虑到 $e_{CJ} \gg e_0$，$p_{CJ} \gg p_0$ 以及爆轰产物按两个阶段膨胀，则式(6-10)可写为：

$$\frac{p_{CJ} v_{CJ}}{k-1} - \frac{p_K v_K}{k-1} + \Delta Q = \frac{1}{2} p_{CJ}(v_0 - v_{CJ}) + Q_V \tag{6-11}$$

式中　ΔQ——爆轰产物膨胀到 K 点状态时的剩余能量；

Q_V——炸药的爆热。

计算表明，$\frac{p_K v_K}{k-1}$ 与 $\frac{p_{CJ} v_{CJ}}{k-1}$ 相比小得多，可以忽略。于是式(6-11)可改写为：

$$\frac{p_{CJ} v_{CJ}}{k-1} + \Delta Q = \frac{1}{2} p_{CJ}(v_0 - v_{CJ}) + Q_V \tag{6-12}$$

由爆轰理论知：

$$p_{CJ} = \frac{1}{k+1}\rho_0 D^2;\, v_{CJ} = \frac{k}{k+1} v_0 = \frac{k}{k+1} \times \frac{1}{\rho_0} \tag{6-13}$$

因此有：

$$\Delta Q = Q_V - \frac{D^2}{2(k^2-1)} \tag{6-14}$$

当压力低于 p_K 且爆轰产物按理想气体处理时有：

$$\Delta Q = c_V T_K \tag{6-15}$$

$$p_K v_K = R T_K = R\,\frac{\Delta Q}{c_V} = (\gamma - 1)\Delta Q \tag{6-16}$$

对于常用炸药，$\gamma \approx 1.3$。联立式(6-16)和式(6-8)可解出 p_K 和 v_K。必须指出，爆轰产物的绝热指数对计算值影响较大，计算时需注意。

下面讨论空气冲击波初始参数的计算。当稀疏波传入爆轰产物时，其飞散速度加快，产物迅速由 p_{CJ} 膨胀至 p_x，质点速度由 u_{CJ} 增加到界面处的运动速度 u_x：

$$u_x = u_{CJ} + \int_{p_x}^{p_{CJ}} \frac{\mathrm{d}p}{\rho c} \tag{6-17}$$

式中　$\int_{p_x}^{p_{CJ}} \frac{\mathrm{d}p}{\rho c}$——反射稀疏波传入爆轰产物时产物质点的速度增量；

ρ——产物的密度；

c——声速。

考虑到爆轰产物按两个阶段膨胀，式(6-17)变为：

$$u_x = u_{CJ} + \int_{p_K}^{p_{CJ}} \frac{dp}{\rho c} + \int_{p_x}^{p_K} \frac{dp}{\rho c} \tag{6-18}$$

对于 pv^k =常数，得：

$$\frac{c}{c_{CJ}} = \left(\frac{p}{p_{CJ}}\right)^{\frac{k-1}{2k}}, \frac{\rho}{\rho_{CJ}} = \left(\frac{p}{p_{CJ}}\right)^{\frac{1}{k}} \tag{6-19}$$

对于 pv^γ =常数，得：

$$\frac{c}{c_K} = \left(\frac{p}{p_K}\right)^{\frac{\gamma-1}{2\gamma}}, \frac{\rho}{\rho_K} = \left(\frac{p}{p_K}\right)^{\frac{1}{\gamma}} \tag{6-20}$$

式中，c_{CJ} 和 c_K 分别为爆轰产物在 CJ 点和 K 点的声速。

代入式(6-18)得：

$$u_x = u_{CJ} + \frac{1}{\rho_{CJ} c_{CJ}} \int_{p_K}^{p_{CJ}} \left(\frac{p}{p_{CJ}}\right)^{\frac{-k-1}{2k}} dp + \frac{1}{\rho_K c_K} \int_{p_x}^{p_K} \left(\frac{p}{p_K}\right)^{\frac{-\gamma-1}{2\gamma}} dp \tag{6-21}$$

即：

$$u_x = u_{CJ} + \frac{2\gamma}{\gamma-1} \times \frac{p_{CJ}}{\rho_{CJ} c_{CJ}} \left[1 - \left(\frac{p_K}{p_{CJ}}\right)^{\frac{k-1}{2k}}\right] + \frac{2k}{k-1} \times \frac{p_K}{\rho_K c_K} \left[1 - \left(\frac{p_x}{p_K}\right)^{\frac{\gamma-1}{2\gamma}}\right] \tag{6-22}$$

或写成：

$$u_x = \frac{D}{k+1}\left\{1 + \frac{2k}{k-1}\left[1 - \left(\frac{p_K}{p_{CJ}}\right)^{\frac{k-1}{2k}}\right]\right\} + \frac{2c_K}{\gamma-1}\left[1 - \left(\frac{p_x}{p_K}\right)^{\frac{\gamma-1}{2\gamma}}\right] \tag{6-23}$$

当爆轰产物向真空抛撒时，$p_x=0$，于是：

$$u_{xm} = \frac{D}{k+1}\left\{1 + \frac{2k}{k-1}\left[1 - \left(\frac{p_K}{p_{CJ}}\right)^{\frac{k-1}{2k}}\right]\right\} + \frac{2c_K}{k-1} \tag{6-24}$$

不难看到，爆轰产物向真空飞散时速度增大，可达极限速度值。

当爆轰产物向空气中飞散时，其前方形成初始冲击波，使得飞散速度变慢，而爆轰产物最初阶段形成的空气冲击波一般为强冲击波。可采用关系式：

$$D_s = \frac{\gamma+1}{2} u_x \tag{6-25}$$

$$p_x = \frac{\gamma+1}{2} \rho_0 u_x^2 \tag{6-26}$$

式中 γ——空气的绝热指数（对强冲击波而言 $\gamma=1.2$）；

ρ_0——未经扰动空气的密度。

联立式(6-23)和式(6-26)，可求得空气冲击波的初始参数。空气冲击波的初始参数与炸药性质和装药密度有关。对同种炸药，装药密度增加，其爆速增高，因而空气冲击波的初始参数也增大。

引爆面处空气冲击波的初始参数的计算方法与上面讨论的相同。如果引爆面在装药的左端，那么爆轰波向右运动而飞散产物朝反方向运动，这时式(6-17)应取一号，即：

$$u_x = u_{CJ} - \int_{p_x}^{p_{CJ}} \frac{dp}{\rho c} \tag{6-27}$$

于是式(6-23)变为：

$$u_x = \frac{D}{k+1}\left\{1-\frac{2k}{k-1}\left[1-\left(\frac{p_K}{\bar{p}}\right)^{\frac{k-1}{2k}}\right]\right\}-\frac{2c_K}{\gamma-1}\left[1-\left(\frac{p_x}{p_K}\right)^{\frac{\gamma-1}{2\gamma}}\right] \tag{6-28}$$

此式与式(6-26)联立，可解得引爆面处空气冲击波的初始参数。

如果装药为瞬时爆轰，则 $u_{CJ}=0$，于是：

$$u_x = \pm 2\frac{\bar{c}}{k-1}\left[1-\left(\frac{p_K}{\bar{p}}\right)^{\frac{k-1}{2k}}\right] \pm \frac{2c_K}{\gamma-1}\left[1-\left(\frac{p_x}{p_K}\right)^{\frac{\gamma-1}{2\gamma}}\right] \tag{6-29}$$

式中　“+”——产物向右飞散取号；

“-”——产物向左飞散取号；

$\bar{c}$——瞬时爆轰时爆轰产物中的初始声速；

$\bar{p}$——瞬时爆轰时爆轰产物中的初始压力。

几种典型炸药的冲击波参数计算结果见表 6-1。可知，瞬时爆轰时空气冲击波初始参数偏低。

表 6-1　瞬时爆轰时空气冲击波初始参数

炸药	ρ_0/(g/cm^3)	p_x/MPa	u_x/(m/s)	D/(m/s)	u_{xm}/(m/s)
TNT	1.6	23	4100	4500	7750
RDX	1.6	30	4700	5150	8700
PETN	1.6	33	4900	5450	9000

6.1.3　空气冲击波的爆炸相似理论

相似理论是研究自然界和工程界各相似现象的理论。爆炸现象是极为复杂的现象，直接研究爆炸现象无疑要花费大量的时间和精力，而相似理论在理论研究和实验技术方面均可显著简化问题。实践表明，量纲分析和相似理论可提供既合理又简便的分析与解决问题的方法。特别是有些现象无法用数学方程组描述时，量纲分析则可直接应用。该方法从现象中先找出起主导作用的物理参量（又称主定参量），把它们组合成数目较少且具有一定物理意义的无量纲组合量，然后作为新的自变量来研究。经量纲分析后问题得以简化，对应复杂函数中的自变量数目得到减少，这就便于制定实验方案，有助于分析和处理实验结果，从而深入了解事物的本质。

6.1.3.1 基本知识

一个确定的物理量，若其数值大小与所采用的计量单位制有关，则称为有量纲量；反之，则称为无量纲量。在爆炸物理中，经常采用距离、速度、压力和密度等物理量来描述爆炸现象的变化规律。这些量的数值大小与所选取的计量单位有关。若将某个量用另外的单位表示时，如果单位是原单位的 K^{-1} 倍、则新数值等于原数值的 K 倍，量值与单位的选择无关。

例如，距离 R 的单位由 m 改成 mm，这个新单位为原单位的 10^{-3} 倍（即 $K=10^3$），使得 R 数值增大为原来数值的 10^3 倍，即：

$$R'=KR \tag{6-30}$$

除此以外，爆炸物理中还有一些与计量单位制无关的物理量，如多方气体指数 γ、面积比等。这些量的数值大小与选取的单位制无关，例如 $\gamma_{\text{TNT}}=3.16$。由此可见，物理量可分为有量纲量和无量纲量。

在相似理论中，采用无量纲量来描述物理现象，这是由于有量纲量只反映数值大小，而无量纲量往往包含更深刻且涉及本质的内容，如马赫数 $Ma=u/c$（c 为声速），不仅可以表示 n 倍于声速的数量大小，还使人们对流体在不同流速范围内的性质有了更清晰的概念。如 $Ma>1$ 为超声速流，$Ma<1$ 为亚声速流。因此，人们就可根据 Ma 的大小考虑相应流动下的有关问题。又如射流侵彻靶板时，若用无量纲组合量 σ/p 作为判据（σ 为材料强度，p 为射流侵彻靶板时的压力），那么，$\sigma/p\ll1$ 时就可把平时强度很高的装甲靶看作流体。反之，则需要考虑材料的强度。

一般说来，自然界中各个物理量之间都存在一定的规律性联系。例如，当选定长度与时间两个物理量的计量单位时，速度与加速度就可以由长度与时间的单位按照定义或定律导出。基于这个特点，可以从物理量中选定某几个量作为基本量，如力学问题中可选三个基本量，并给出确定的计量单位。选定基本量后，其他物理量都可按一定的物理关系导出，称为导出量，其相应单位称为导出单位。

物理量 Q 的量纲可用量纲积来表示：

$$[Q]=A^{\alpha}B^{\beta}C^{\gamma} \tag{6-31}$$

式中　A，B，C——基本量 a、b、c 的量纲；

α，β，γ——量纲指数。

所有量纲指数都等于零的量称为无量纲量。

若以字母 L、M、T 分别作为长度、质量、时间三个基本量的量纲，则力的量纲 F 表示为：

$$[F]=LMT^{-2} \tag{6-32}$$

若一个物理量的量纲不能用另外几个量的量纲组合来表示，则这个物理量的量纲是独立的。

6.1.3.2 Π 定理

Π 定律的数学证明已有报道，这里着重从物理概念进行论证。假设一个物理现象的规律 a 可用一组物理量 a_1、a_2、…、a_n 以下面的函数形式描述：

$$a=f(a_1,a_2,\cdots,a_n) \tag{6-33}$$

并且假设 n 个物理量 a_1、a_2、…、a_n 中有 k 个物理量即 a_1、a_2、…、a_k（$k\leqslant n$）是量纲独立的。于是，如前所述，所有其余的物理量 a、a_{k+1}、a_{k+2}、…、a_n 都可以用 a_1、a_2、…、a_k 的无量纲组合表示，即有：

$$\begin{cases}a=\pi a_1^{\alpha_1}a_2^{\alpha_2}\cdots a_k^{\alpha_k}\\ a_{k+1}=\pi_1 a_1^{\beta_1}a_2^{\beta_2}\cdots a_k^{\beta_k}\\ \cdots\cdots\\ a_n=\pi_{n-k}a_1^{\gamma_1}a_2^{\gamma_2}\cdots a_k^{\gamma_k}\end{cases} \tag{6-34}$$

其中，π、π_1、…、π_{n-k} 是无量纲量。

现在，改变原先单位制的尺度，使得 k 个量纲独立的量在新的单位制中数值都等于1；另外，由于函数关系式(6-33)表达的是物理规律，所以它与单位制的选取无关，即改变单位尺度时函数关系不变；再则，无量纲量的数值也不随单位制的改变而改变。于是，在新的单位制中关系式(6-33)可写为：

$$\pi=f(1,\pi_1,\pi_2,\cdots,\pi_{n-k}) \tag{6-35}$$

以上结果表明，任何一个由（$n+1$）个有量纲量表达的与单位制的选取无关的关系式，都可以化为由这（$n+1$）个量组合而成的无量纲量之间的关系式，并且如果这（$n+1$）个量中有 $k(k\leqslant n)$ 个量具有独立的量纲，那么，该关系式就化为（$n+1-k$）个无量纲量 π、π_1、…、π_{n-k} 之间的关系式。这就是量纲理论中的 Π 定理。

Π 定理告诉我们，在研究任何一个具有许多主定参量的问题时，可以通过量纲分析对主定参量进行组合，构成问题的新自变量，从而把问题化为自变量数目相对减少的问题再求解。

由 Π 定理还可看出，在量纲独立的量的数目 k 确定的情况下（对力学问题一般 $k\leqslant 3$），关系式(6-33)中主定参量的个数越少，则式(6-35)中的无量纲自变量就越少。当 $n=k$ 时，式(6-35)就化为：

$$\pi=\varphi_1(1,1,\cdots,1)=\text{常数}=c \tag{6-36}$$

于是，关系式(6-33)就变为：

$$a=ca_1^{\alpha_1}a_2^{\alpha_2}\cdots a_k^{\alpha_k} \tag{6-37}$$

这也就是说，问题归结为只需确定一个常数 c。可见，在所研究的问题中，主定参量的数目越少，形如式(6-33)的函数关系受到的限制就越强，从而也就越容易对它进行研究。所以，在研究一个具体问题时，可以先应用量纲分析的方法，初步判定其性质，然后根据其特点采用最合适、最方便的方法求解。

6.1.3.3 空中爆炸相似律

爆炸中的相似性是以几何相似原理为基础的，与一般工程上所用的相似律类似。如设计飞机时，通常就以完全相同的模型在风洞中进行实验的数据为基础。根据大量实验研究，空气中爆炸也存在相似律。如装药量 w_1，在距离 r_1 处，空气冲击波波阵面超压为 Δp_{m}；那么另一装药 w_2 在 r_2 处要得到同样的 Δp_{m}，则必须有：

$$\frac{r_1}{r_2}=\sqrt[3]{\frac{w_1}{w_2}} \tag{6-38}$$

即

$$\Delta p_{\mathrm{m}}=f\left(\frac{\sqrt[3]{w}}{r}\right) \tag{6-39}$$

炸药在空气中爆炸时，影响空气冲击波波阵面压力的主要物理量有：

① 炸药药量 m、炸药密度 ρ_0 和炸药爆速 D。

② 介质的初始状态 p_0、ρ_{a0}。冲击波是在介质中传播的，介质的初始状态不同，冲击波的传播也不同。

③ 冲击波传播的距离 r。

忽略介质的黏性和热传导，空气冲击波压力可写成：

$$p=\varphi(m,\rho_0,D,p_0,\rho_{\mathrm{a0}},r) \tag{6-40}$$

根据Ⅱ定理，取 $k=3$，并取 ρ_0、p_0、r 为量纲独立变量，因此：

$$(n+1)-k=6+1-3=4 \tag{6-41}$$

式中　n——物理量个数；

　　k——量纲独立的物理量个数。

故在式(6-40)中，可以找到 4 个无量纲物理量。以 π 代表无量纲量，则有：

$$\pi=\frac{p}{\rho_0^{\alpha}p_0^{\beta}r^{\gamma}} \tag{6-42}$$

式中，α、β、γ 为待定指数。因为 π 是无量纲量，则分子分母的量纲应该相等，按 p、ρ_0、p_0、r 的量纲可得下式：

$$ML^{-1}T^{-2}=(ML^{-3})^{\alpha}(ML^{-1}T^{-2})^{\beta}L^{\gamma} \tag{6-43}$$

对于 L 有：

$$-3\alpha-\beta+\gamma=-1 \tag{6-44}$$

对于 T 有：

$$-2\beta=-2 \tag{6-45}$$

对于 M 有：

$$\alpha+\beta=1 \tag{6-46}$$

解式(6-44)～式(6-46)三个方程，可得：

$$\beta=1,\alpha=0,\gamma=0 \tag{6-47}$$

由此可得：

$$\pi=\frac{p}{p_0} \tag{6-48}$$

类似地，有：

$$\pi_1=\frac{m}{\rho_0^{\alpha_1}p_0^{\beta_1}r^{\gamma_1}} \tag{6-49}$$

$$M=(ML^{-3})^{\alpha_1}(ML^{-1}T^{-2})^{\beta_1}L^{\gamma_1} \tag{6-50}$$

对于 L 有：

$$-3\alpha_1-\beta_1+\gamma_1=0 \tag{6-51}$$

对于 T 有：

$$-2\beta_1=0 \tag{6-52}$$

对于 M 有：

$$\alpha_1+\beta_1=1 \tag{6-53}$$

由此可得：

$$\pi_1=\frac{m}{\rho_0 r^3} \tag{6-54}$$

同理：

$$\pi_2=\frac{D\sqrt{\rho_0}}{\sqrt{p_0}} \tag{6-55}$$

$$\pi_3=\frac{\rho_{a0}}{\rho_0} \tag{6-56}$$

将 π、π_1、π_2 与 π_3 代入式(6-40)中可得：

$$\frac{p}{p_0}=\varphi\left(\frac{m}{\rho_0 r^3},\frac{D}{\sqrt{\frac{p_0}{\rho_0}}},\frac{\rho_{a0}}{\rho_0}\right) \tag{6-57}$$

变换可得：

$$\pi_1'=\sqrt[3]{\pi_1}=\frac{\sqrt[3]{m}}{\sqrt[3]{\rho_0}\,r} \tag{6-58}$$

$$\pi_2'=\pi_2\sqrt{\pi_3}=\frac{D}{\sqrt{\dfrac{p_0}{\rho_{a0}}}} \tag{6-59}$$

这样求得的量纲仍为无量纲量。设炸药装药是半径为 R 的球形，则 $\pi_1'\propto\frac{R}{r}$；空气中的声速 $c_0=\sqrt{k\dfrac{p_0}{\rho_{a0}}}$，$k$ 为绝热指数，故 $\pi_2'\propto\frac{D}{c_0}$。由此可知，$\pi_1$ 和 π_2 有明确的物理意义。

将无量纲量 π、π'_1、π'_2、π_3 代入式(6-40)中可得：

$$\frac{p}{p_0}=\varphi\left(\frac{\sqrt[3]{m}}{\sqrt[3]{\rho_0}\,r},\frac{D}{\sqrt{\dfrac{p_0}{\rho_{a0}}}},\frac{\rho_{a0}}{\rho_0}\right) \tag{6-60}$$

此式就是炸药在空气中爆炸的爆炸相似律。

现在假定炸药种类不变，装药密度不变，空气状态不变，则 p_0、$\dfrac{D}{\sqrt{\dfrac{p_0}{\rho_{a0}}}}$、$\dfrac{\rho_{a0}}{\rho_0}$均为常数，且设 $\Delta p_m=p-p_0$，则可得：

$$\Delta p_m=\varphi\left(\frac{\sqrt[3]{m}}{r}\right) \tag{6-61}$$

炸药的装药以重量表示，就有：

$$\Delta p_m=f\left(\frac{\sqrt[3]{w}}{r}\right) \tag{6-62}$$

函数 $f\left(\dfrac{\sqrt[3]{w}}{r}\right)$可以展开成多项式，即：

$$\Delta p_m=A_0+A_1\frac{\sqrt[3]{w}}{r}+A_2\left(\frac{\sqrt[3]{w}}{r}\right)^2+A_3\left(\frac{\sqrt[3]{w}}{r}\right)^3 \tag{6-63}$$

由边界条件可知，$r\to\infty$，$\Delta p_m=0$，故 $A_0=0$，而系数 A_1、A_2、A_3 可由实验直接确定。

6.1.3.4 空气冲击波峰值超压公式

根据大量的实验结果，TNT 球状装药（或形状相近的装药）在无限空气介质中爆炸时，式(6-63)具体的空气冲击波峰值超压计算式为：

$$\Delta p_{\mathrm{m}}=0.84\frac{\sqrt[3]{w}}{r}+2.7\left(\frac{\sqrt[3]{w}}{r}\right)^2+7\left(\frac{\sqrt[3]{w}}{r}\right)^3 \tag{6-64}$$

或

$$\Delta p_{\mathrm{m}}=\frac{0.84}{\bar{r}}+\frac{2.7}{\bar{r}^2}+\frac{7}{\bar{r}^3} \tag{6-65}$$

$$\bar{r}=\frac{r}{\sqrt[3]{w}}$$

$$(1\leqslant\bar{r}\leqslant 10\sim 15)$$

式中　Δp_{m}——无限空中爆炸时冲击波的峰值超压，bar（$1\mathrm{bar}=10^5\mathrm{Pa}$）；

w——TNT 装药质量，kg；

r——到爆炸中心的距离，m；

$\bar{r}$——对比距离，$\mathrm{m/kg^{1/3}}$。

无限空中爆炸是指炸药在无边界的空中爆炸。这时，空气冲击波不受其他界面的影响。一般认为，无限空中爆炸时，装药的对比高度应符合：

$$\frac{H}{\sqrt[3]{w}}\geqslant 0.35 \tag{6-66}$$

式中　H——装药离地面的高度，m；

w——TNT 装药质量，kg。

对于其他炸药，由于爆热不同，可以根据能量相似原理换算成 TNT 当量：

$$w_{\mathrm{e}}=w_i\frac{Q_{Vi}}{Q_{\mathrm{VT}}} \tag{6-67}$$

式中　w_{i}——某炸药重量，kg；

Q_{Vi}——某炸药爆热，kJ/kg；

Q_{VT}——TNT 的爆热，取为 $4.18\times10^3\mathrm{kJ/kg}$；

w_{e}——某炸药的 TNT 当量，kg。

装药在刚性地面爆炸时，由于地面的阻挡，空气冲击波不是向整个空间传播，而只向一半无限空间传播，被冲击波带动的空气量也减少一半。装药在混凝土、岩石一类的刚性地面爆炸时，可看作是两倍的装药在无限空间爆炸。于是可将 $w_{\mathrm{e}}=2w$ 代入式(6-64)中进行计算。整理后得：

$$\Delta p_{\mathrm{mGr}}=1.06\frac{\sqrt[3]{w}}{r}+4.3\left(\frac{\sqrt[3]{w}}{r}\right)^2+14\left(\frac{\sqrt[3]{w}}{r}\right)^3 \tag{6-68}$$

$$(1\leqslant\bar{r}\leqslant 10\sim 15)$$

式中　Δp_{mGr}——装药在刚性地面爆炸时空气冲击波的峰值超压，bar。

装药在普通土壤地面爆炸时，地面土壤受到高温、高压爆炸产物的作用发生变形、破坏，甚至抛掷到空中形成一个炸坑。1t TNT 在地面爆炸留下的炸坑约 38m^3。因此，在这种情况下就不能按刚性地面全反射来考虑，而应考虑地面消耗了一部分爆炸能量，即反射系数要比 2 小，在此种情况下，$\omega_e=(1.7\sim1,8)\ \omega$。于是，对普通地面可取 $\omega_e=1.8\omega$ 代入式(6-68)，得到：

$$\Delta p_{mG}=1.02\frac{\sqrt[3]{w}}{r}+3.99\left(\frac{\sqrt[3]{w}}{r}\right)^2+12.6\left(\frac{\sqrt[3]{w}}{r}\right)^3 \tag{6-69}$$

$$(1\leqslant\bar{r}\leqslant10\sim15)$$

式中　Δp_{mG}——装药在普通土壤地面爆炸时空气冲击波的峰值超压，bar。

通过式(6-64)、式(6-68)、式(6-69)得到的曲线见图 6-5。应该指出，使用上述各式时要注意对比距离的适用范围，在 $\bar{r}\leqslant1$ 时误差较大。

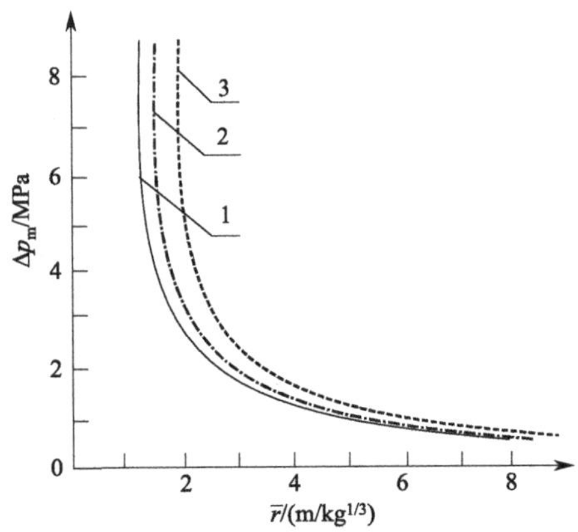

图 6-5　TNT 装药爆炸 Δp_m 与 $\bar{r}$ 的关系

1—无限空中爆炸；2—普通土壤地面爆炸；3—刚性地面爆炸

实验结果如表 6-2 所示。由表可知，离装药较近距离处，装药形状影响较大，而较远距离处，影响就显著减小了，这是空气冲击波传播过程中不断均匀化的结果。

表 6-2　装药形状对 Δp_m 的影响

炸药	装药形状	装药重量/kg	Δp_m/bar	
			$\bar{r}$= 1	$\bar{r}$= 10
TNT	长方形	0.23	29.9	0.094
	圆柱形	1.81	18.5	0.114
TNT/PETN(50/50)	圆柱形	3.6	20.7	0.112
	球形	1.71	11.9	0.124

【例 6-1】 10kg TNT/TDX=50/50 球形装药在无限空中爆炸。求离爆炸中心水平距离 3.5m 处空气冲击波峰值超压。已知 TNT/TDX=50/50 的爆热为 4.81kJ/kg，TNT 的爆热为 4.18kJ/kg。

解：$w_e = w_i \dfrac{Q_{Vi}}{Q_{VT}} = 10 \times \dfrac{4.81}{4.18} = 11.51(\mathrm{kg})$

$$\bar{r} = \frac{3.5}{\sqrt[3]{11.51}} \approx 1.55$$

故

$$\Delta p_m = \frac{0.84}{\bar{r}} + \frac{2.7}{\bar{r}^2} + \frac{7}{\bar{r}^3} = 3.54 \times 10^5 (\mathrm{Pa})$$

如果装药在堑壕、坑道、矿井、地道内爆炸，则空气冲击波沿着坑道两个方向传播，这时卷入运动的空气要比在无限介质中爆炸的少得多，冲击波的压力同样可以根据能量相似律进行计算。于是：

$$w_e = w \frac{4\pi r^2}{2S} = 2\pi \frac{r^2}{S} w \tag{6-70}$$

式中 S——一个方向传播的空气冲击波波阵面面积，等于坑道截面积，m^2。

如果装药在一端堵死的坑道内爆炸，那么空气冲击波只沿着坑道一个方向传播，这时将 $w_e = w \dfrac{4\pi r^2}{S}$ 代入式(6-64)中进行计算。

对于很长的圆柱形装药爆炸，空气冲击波波阵面压力同样根据能量相似原理进行计算。设 r 为到装药长轴 L 的距离（$r<L$）。空气冲击波为柱形波，其面积为 $2\pi rL$，因此：

$$w_e = w \frac{4\pi r^2}{2\pi rL} = 2\frac{r}{L} w \tag{6-71}$$

代入式(6-64)得到：

$$\Delta p_m = 1.06 \left(\frac{w}{Lr^2}\right)^{1/3} + 4.3 \left(\frac{w}{Lr^2}\right)^{2/3} + 14 \frac{w}{Lr^2} \tag{6-72}$$

装药在高空或者其他气体中爆炸，由于初始压力变为 p_{01}，故应写成：

$$\Delta p_{mH} = \frac{0.84\sqrt[3]{w}}{r}\left(\frac{p_{01}}{p_0}\right)^{1/3} + 2.7\left(\frac{\sqrt[3]{w}}{r}\right)^2\left(\frac{p_{01}}{p_0}\right)^{2/3} + 7\left(\frac{\sqrt[3]{w}}{r}\right)^3 \times \frac{p_{01}}{p_0} \tag{6-73}$$

式中 p_0——标准大气压，$p_0 = 1.01325 \times 10^5\,\mathrm{Pa}$；

p_{01}——其他条件下爆炸时的初始压力，$10^5\,\mathrm{Pa}$。

据文献估算，海拔高 3000m 处冲击波超压比海平面的小 9%，而海拔高 6000m 处小 19%。

在装药近旁，空气冲击波波阵面压力与距离的关系很复杂。根据文献中的数据得到从装药表面到很远距离处冲击波超压的计算式为：

$$\Delta p_{m}=20.06\frac{\sqrt[3]{w}}{r}+1.94\left(\frac{\sqrt[3]{w}}{r}\right)^{2}-0.04\left(\frac{\sqrt[3]{w}}{r}\right)^{3} \tag{6-74}$$

$$(0.05\leqslant\bar{r}\leqslant0.50)$$

$$\Delta p_{m}=0.67\frac{\sqrt[3]{w}}{r}+3.01\left(\frac{\sqrt[3]{w}}{r}\right)^{2}+4.31\left(\frac{\sqrt[3]{w}}{r}\right)^{3} \tag{6-75}$$

$$(0.50\leqslant\bar{r}\leqslant70.9)$$

以上两式适用于无限空间的爆炸，其优点是计算对比距离的范围很宽。

6.1.3.5 正压区作用时间 t_+ 的计算

正压作用时间 t 是空气爆炸冲击波的另一个特征参数，它是影响目标破坏作用大小的重要参数之一。如同确定 Δp 一样，它也是根据爆炸相似律通过实验方法建立的经验式。由于：

$$\frac{t_{+}}{\sqrt[3]{w}}=f\left(\frac{r}{\sqrt[3]{w}}\right) \tag{6-76}$$

TNT 球形装药在空中爆炸时，t_+ 的计算式为：

$$\frac{t_{+}}{\sqrt[3]{w}}=1.35\times10^{-3}\sqrt{\frac{r}{\sqrt[3]{w}}} \tag{6-77}$$

如果装药在地面爆炸，则 w 应该以 TNT 当量进行计算。对刚性地面，将 $w_e=2w$ 代入上式，而普通土壤地面 $w_e=1.8w$。例如，将 $w_e=1.8w$ 代入上式，得到：

$$\frac{t_{+}}{\sqrt[3]{w}}=1.5\times10^{-3}\sqrt{\frac{r}{\sqrt[3]{w}}} \tag{6-78}$$

以上两式中正压区作用时间 t_+ 以秒计，装药量 w 以千克计，距离 r 以米计。

6.1.3.6 比冲量 i_+ 的计算

比冲量是由空气冲击波波阵面超压曲线 Δp-t 与正压区作用时间直接确定的，但计算比较复杂。根据实验测定的结果：

$$\frac{i_{+}}{\sqrt[3]{w}}=A\frac{\sqrt[3]{w}}{r}=\frac{A}{\bar{r}}(r>12r_{0}) \tag{6-79}$$

TNT 在无限空间爆炸时，$A\approx20\sim25$。采用其他炸药时需要换算为 TNT

当量。由于比冲量与形成冲击波的爆炸产物的速度成正比，而爆炸产物的速度又与炸药爆热的平方根成正比，因此：

$$i_+=A\frac{w_i^{2/3}}{r}\sqrt{\frac{Q_{Vi}}{Q_{VT}}} \tag{6-80}$$

如果装药在地面爆炸，则对刚性地面，$w_e=2w$；对普通土壤地面，$w_e=1.8w$。以普通土壤地面为例：

$$i_{+G}=(30\sim37)\frac{w^{2/3}}{r}(r>12r_0) \tag{6-81}$$

同样，炸药在坑道中爆炸时，$w_e=2\pi\frac{r^2}{S}w$；炸药是很长的柱形装药，并且 $L>r$ 时，则$w_e=2\frac{r}{L}w$。

冲击波负压区的比冲量的经验式为：

$$i_-=i_+\left(1-\frac{1}{2r}\right) \tag{6-82}$$

由此式可以看出，随着冲击波传播距离的增大，i_-逐渐接近 i_+。

冲击波波阵面后压力随时间的变化关系由下式近似计算：

$$\Delta p(t)=\Delta p_m\left(1-\frac{t}{t_+}\right)e^{-a\frac{t}{t_+}} \tag{6-83}$$

当 $1atm<\Delta p_m<3atm$ 时：

$$a=\frac{1}{2}+\Delta p_m\left[1.1-(0.13+0.20\Delta p_m)\frac{t}{t_+}\right] \tag{6-84}$$

当 $\Delta p_m\leqslant 1atm$ 时，则 $a=\frac{1}{2}+\Delta p_m$。这时也可近似地用下式估算：

$$\Delta p(t)=\Delta p_m\left(1-\frac{t}{t_+}\right) \tag{6-85}$$

式中　$\Delta p(t)$ ——从冲击波波阵面到达的瞬间开始到某个时间 t 时的超压。

6.1.4　空气冲击波的破坏作用

炸药爆炸后的破坏作用主要包括：爆轰产物的作用、空气冲击波的作用以及爆炸所抛掷的固体飞散物的直接作用。由于爆轰产物的作用范围只在 10～15 倍装药半径范围之内，破片、碎石等固体飞散物虽然飞散距离较远，但远场破坏作用并不显著，并且还容易受到外界环境的影响。因此，爆炸形成的空气冲击波是最为典型的破坏形式。

描述空气冲击波强弱的参数有三个，即峰值超压、正压作用时间和冲量。

一个客观存在的物体，本身具有特定的振动周期。当外力作用在这个物体上时，物体振动的情况与外力和物体的性质都有关系。在物体振动的一个周期范围内，有时外力方向与物体振动方向相同，有时外力方向与物体振动方向相反。当外力方向与物体振动方向相同时，外力会使振动加强；当外力方向与物体振动方向相反时，则外力会使振动削弱。

如果冲击波正压持续时间 t_+ 小于物体自振周期 T 的 1/4，空气冲击波作用在物体上时，物体便开始振动。在正压持续时间范围内，物体振动的方向与冲击波超压所加外力的方向一致，因此该时段全部冲量都用于加速物体振动，即当 t_+ 远小于 $T/4$ 时，空气冲击波的破坏作用较显著。图 6-6 所示为冲击波正压持续时间 t_+ 与物体自振周期 T 的 1/4 相匹配时物体的振幅演化情况。

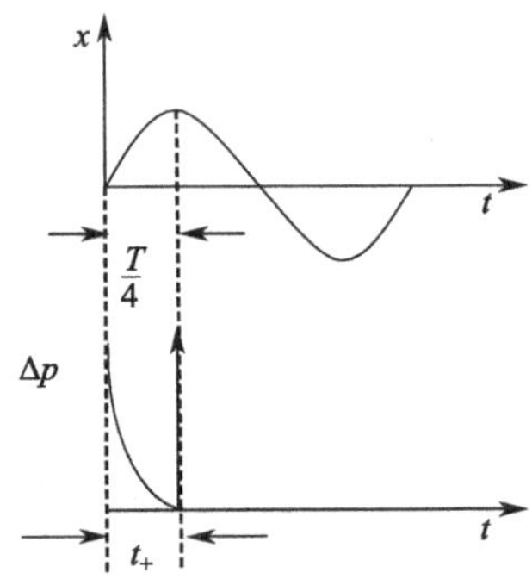

图 6-6　t_+ 小于 $T/4$ 的情况

如果冲击波正压持续时间 t_+ 比物体振动周期 T 大得多，当空气冲击波作用在物体上时，物体开始振动。在最初的 $T/4$ 范围内，物体振动方向与空气冲击波超压所施加外力方向一致，物体的振动得到加强；在 $T/4 \sim 3T/4$ 范围内，物体振动的方向与空气冲击波超压所施加外力方向相反，此时物体的振动受到削弱；在 $3T/4 \sim 5T/4$ 范围内，物体振动方向与空气冲击波超压所施加外力方向一致，使得物体振动又得到加强。因而，空气冲击波对物体的作用是物体振动多次受到加强和多次受到削弱的结果。

6.2 密实介质中爆炸

6.2.1 水中爆炸

6.2.1.1 水中爆炸的物理现象

炸药在水中起爆后，首先从起爆点向炸药内部传入爆轰波，当爆轰波到达炸药-水界面时，立刻在水中形成冲击波，水中冲击波的初始压力（TNT 约 14GPa）比爆轰波压力小 30%～50%。爆轰波除了在炸药-水界面处形成冲击波外，还在界面上发生反射，形成稀疏波。稀疏波以相反的方向在爆轰产物中传播，逐渐降低爆轰产物的压力。典型冲击波压力随时间的变化情况见图 6-7。

水中冲击波的传播具有以下特点：

① 在炸药附近的冲击波传播速度比水中的声速（约为 1500m/s）大数倍，

随着冲击波继续向前传播，波速很快下降至声速，同时压力也迅速减小。

② 球面冲击波的压力随距离增大的减小程度远比在空气中传播时快。

③ 压力波的波长随传播距离增大逐渐增大。

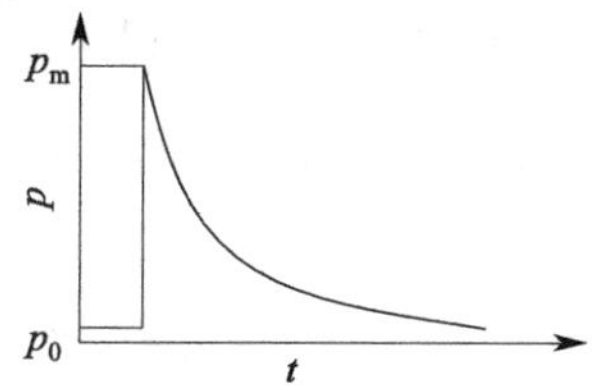

图 6-7 冲击波与时间的关系曲线

6.2.1.2 水中冲击波的初始参数

炸药在水中爆炸后，由于水的声阻抗比固态炸药的声阻抗小，所以在水中形成冲击波，由爆轰产物-水界面向爆轰产物中反射稀疏波。水中冲击波的初始强度取决于装药特 性。可以用爆轰理论相关方程式计算水中冲击波的初始参数。

对一维流动，界面处爆炸产物的质点速度为：

$$u_x=\frac{D}{k+1}\left\{1+\frac{2k}{k-1}\left[1-\left(\frac{p_x}{p_{CJ}}\right)^{\frac{k-1}{2k}}\right]\right\} \tag{6-86}$$

式中 p_x，u_x——在爆轰产物-水界面处爆炸产物的压力和质点速度，也就是水中冲击波的初始压力和质点速度；

D——炸药爆速；

k——爆轰产物多方指数；

p_{CJ}——爆轰波波阵面上的压力。

当 $u_0=0$ 时，由三大守恒方程可以得到：

$$u_w=\sqrt{(p_w-p_0)\left(\frac{1}{\rho_0}-\frac{1}{\rho_w}\right)} \tag{6-87}$$

式中 ρ_w，p_w——水中初始冲击波的密度和压力；

ρ_0，p_0——未经扰动的水介质的密度和压力；

u_w——水中质点运动速度。

水的强冲击波关系式与上述两式可联立求解，但误差较大。根据动力学试验测定，在压力 $p>45$GPa 时，水的冲击绝热方程：

$$D_w=1.483+25.306\lg\left(1+\frac{u_w}{5.190}\right) \tag{6-88}$$

式中 D_w，u_w——水中冲击波波阵面速度和质点运动速度，km/s。

已知水中冲击波动量方程：

$$p=\rho_0 Du \tag{6-89}$$

代入式(6-88)中得：

$$p_w=\rho_0\left[1.483+25.306\lg\left(1+\frac{u_w}{5.190}\right)\right]u_w \tag{6-90}$$

将式(6-86)和式(6-90)联立求解，即可求得 p_x 和 u_x 两个参数。

6.2.2 土介质中爆炸

当炸药在岩土内部爆炸时，以爆炸点为中心将破坏范围分成强烈压缩区、抛掷区、松动区和振动区。由于炸药埋藏在岩土的有限深度处，靠近地面一侧成为薄弱面，这时在爆炸作用下所产生的岩土碎块会朝这个方向运动，同时不断向周围扩展，最终形成倒立圆锥形的漏斗坑，此坑称为爆破漏斗，如图 6-8 所示。图中 O 点为爆炸中心，A 点为爆炸中心距离岩土自由表面的最近点，线段 OA 称为最小抵抗线，B 点、C 点为爆破漏斗在自由表面上的边缘点，线段 AB 和 AC 是爆破漏斗口部半径。

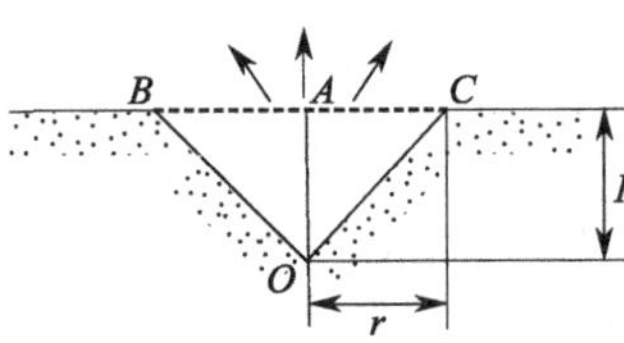

图 6-8 爆破漏斗

用 r 表示爆破漏斗口部半径，用 H 表示最小抵抗线的高度，二者之比称为爆破作用指数，以 n 表示，即：

$$n=\frac{r}{H} \tag{6-91}$$

爆破作用指数表示爆破漏斗的开口程度。按照爆破作用指数的大小，可以将抛掷爆破分成几种情况，工程应用上规定：

a. $n=1$ 时，称为标准抛掷爆破，此时爆破漏斗顶角为 90°；

b. $n>1$ 时，称为加强抛掷爆破，此时爆破漏斗顶角大于 90°；

c. $n<1$ 时，称为减弱抛掷爆破，此时爆破漏斗顶角小于 90°。

实践表明，对于平坦地面下的爆破，只有当 $n\geqslant 0.75$ 时，才会出现爆破漏斗；当 $n=0\sim 0.75$ 时，仅出现岩石或土壤的隆起，而没有可见的爆破漏斗，这样的爆破称为松动爆破；要使岩石破碎得比较细小，需要将 n 值适当增大，通常大于 0.75 而小于 1。因而当 $n=0.75\sim 1$ 时，又叫作加强松动，它与减弱抛掷是相互交叉的。同时，爆破作用指数不是随着炸药量的增加而无限增加的，而是在 $n=3$ 左右时就不再继续增加了。

6.3 聚能效应

为了说明聚能现象，首先观察一组实验结果，实验目的是比较不同装药结构侵彻钢板的能力（图 6-9）。试验用药柱为铸装 TNT50/RDX50，直径为 30mm，长度为 100mm，钢板为中碳钢。图 6-9 中(a)是将药柱直接放在钢板上爆炸的结果，炸坑较浅。(b) 是药柱尺寸不变，下面有一个锥形孔的爆炸结果，在钢板上炸出一个深 6～7mm 的坑。可见，药柱下方有锥形孔时，虽然药量减少，侵彻能力却提高了。如果在锥形孔内装一个药型罩，侵彻孔深达 80mm，如图 6-9(c)所示。若使带有药型罩的药柱在距离钢板 70mm（称为炸高）处爆炸，则侵彻孔深达 110mm，见图(d)。利用装药一端的空穴以提高局部破坏作用的效应，称为聚能效应，此种现象称为聚能现象。

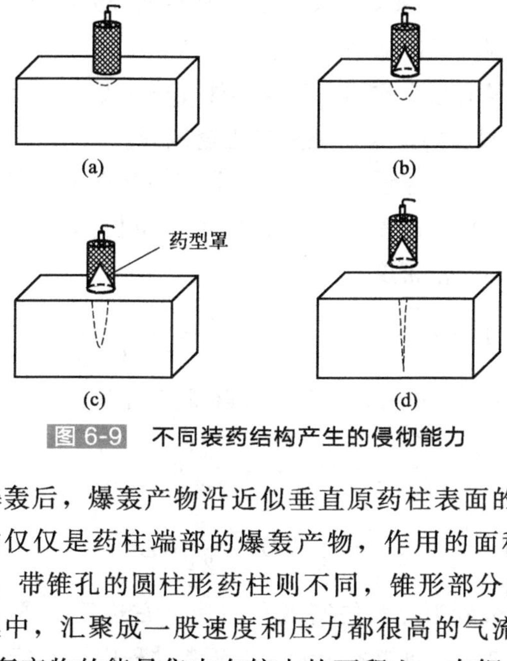

图 6-9　不同装药结构产生的侵彻能力

圆柱形药柱爆轰后，爆轰产物沿近似垂直原药柱表面的方向向四周飞散，作用于钢板部分的仅仅是药柱端部的爆轰产物，作用的面积等于药柱端面面积，见图 6-10(a)；带锥孔的圆柱形药柱则不同，锥形部分的爆轰产物向外飞散时，先向轴线集中，汇聚成一股速度和压力都很高的气流，称为聚能气流，见图 6-10(b)。爆轰产物的能量集中在较小的面积上，在钢板上打出了更深的孔，这就是锥形孔能够提高破坏作用的原因，见图 6-10(c)。

锥形孔处爆轰产物向轴线汇聚时，有两个因素在起作用：

① 爆轰产物质点以一定速度沿近似垂直于锥面的方向向轴线汇聚，使能量集中；

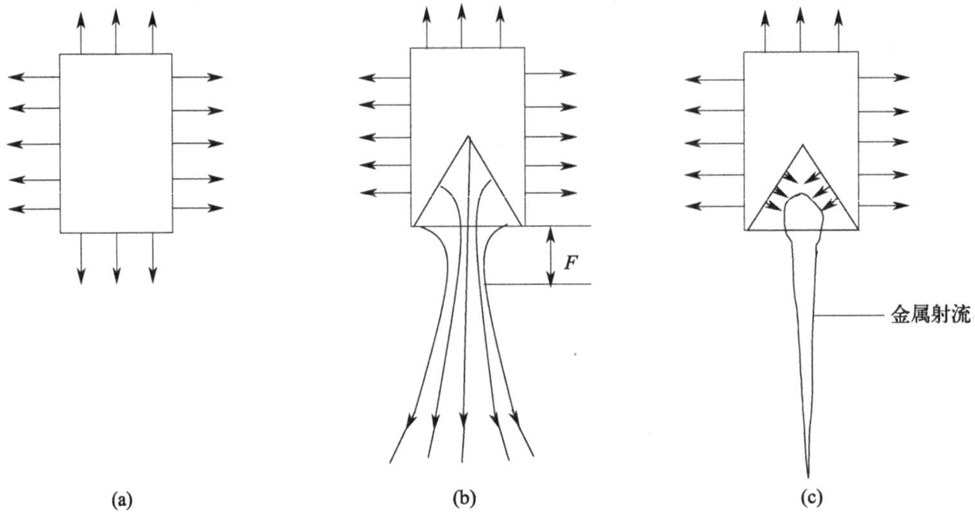

图 6-10 爆轰产物的飞散及聚能射流的形成

② 爆轰产物的压力本来就很高，汇聚时在轴线处叠加形成更高的压力区，迫使爆炸产物向周围低压区膨胀，使能量分散。

由于上述两因素的综合作用，气流不能无限地集中，而在离药柱端面某一距离 F 处达到最大限度的汇聚，随后又迅速散开。

为了提高聚能效应，应设法避免高压膨胀引起能量分散而不利于能量集中的因素。对于聚能作用，能量集中的程度可用单位体积能量，即能量密度 E 来做比较。爆轰波的能量密度可用下式表示：

$$E=\rho\left[\frac{p}{(k-1)\rho}+\frac{1}{2}u^2\right]=\frac{p}{k-1}+\frac{1}{2}\rho u^2 \tag{6-92}$$

式中，ρ、p、u、k 分别为爆轰波波阵面的密度、压力、质点速度和多方指数。当 $r=3$，$p=\frac{\rho_0 D^2}{4}$，$\rho=\frac{4\rho_0}{3}$，$u=\frac{D}{4}$时：

$$E=\frac{1}{8}\rho_0 D^2+\frac{1}{24}\rho_0 D^2 \tag{6-93}$$

式中，ρ_0、D 分别为炸药的密度和爆速。右边第一项为位能，第二项为动能，其中位能占 3/4，动能占 1/4。在聚能过程中，动能是能够集中的，位能则不能集中，反而起分散作用。如果设法把能量尽可能转换成动能的形式，就能大大提高能量的集中程度。

在药柱锥孔表面加一个药型罩，如图 6-10(c)所示，爆轰产物在推动罩壁面材料向轴线运动的过程中，将能量传递给了药型罩。由于金属的可压缩性很小，因此内能增加很少，能量主要以动能形式体现，由此就可避免高压膨胀引起的能量分散。以铜作为药型罩材料时，还有两个有利于穿孔的作用：

① 药型罩壁在轴线处汇聚碰撞时，发生能量重新分配。药型罩内表面速度比平均压合速度高 1～2 倍，使能量密度进一步提高，形成金属射流，药型罩的其余部分形成速度较低的杵。严格来说，锥形罩在向轴线运动的过程中，能量已经逐渐地由外层向内层转移。

② 金属射流各部分的速度是不同的，端部速度高，尾部速度低，因此射流在向前运动的过程中将会被拉长。由于金属铜具有良好的延展性，射流可比原长延展几倍而不发生断裂。

药柱锥形孔上加铜罩后，聚能金属射流代替聚能气流，使聚能作用大为提高，把钢板放在离药柱一定距离处，金属射流能打出五倍口径深的孔。由于射流穿孔性质和穿甲弹不同，为了区别起见，把射流穿透装甲的过程称为破甲，把聚能装药弹称为破甲弹。

金属药型罩壁面的平均速度可达 2000～3000m/s，折中以 2500m/s 计，铜密度为 8.92g/cm^3，忽略位能，以动能表示能量密度，可得：

$$E=\frac{1}{2}\rho u^2=27.9\text{kJ/cm}^3$$

射流端部速度可达 7000～9000m/s，以 8000m/s 计，则能量 $E=285\text{kJ/cm}^3$。由此可知，药型罩的作用是将炸药的爆轰能量转换成药型罩的动能，从而提高聚能作用。对药型罩材料的要求是，可压缩性小，聚能过程中不气化（因为气化后，又会发生能量分散），密度大，延展性好。由此可见，铜是综合性能最为优异、应用最为普遍的药型罩材料。

6.4 炸坑效应

近地面爆炸成坑效应研究常应用于军事防护工程、反恐怖袭击、安全事故调查反演等领域。在军事防护工程中，近地面爆炸所形成的爆坑边界是岩土介质受爆炸作用后所产生弹塑性区域的分界面。根据爆坑尺寸推算得到的爆炸当量，是恐怖爆炸袭击及事故危害程度的重要评价指标。爆坑尺寸与爆炸位置和爆炸当量的函数关系，可为爆炸参数反演提供参考。

6.4.1 不考虑爆炸高度的爆坑尺寸

地面爆炸所形成的爆坑形态如图 6-11 所示。实际爆炸中爆坑形状并不规则，一般测量的都是可见爆坑。测量爆坑直径，取 3 次测量平均值，见图 6-12

(a)；测量爆坑深度前，需将爆坑底部爆后回落的虚土清理掉，然后测量地表面至爆坑底部的最大距离 H_2，见图 6-12(b)。

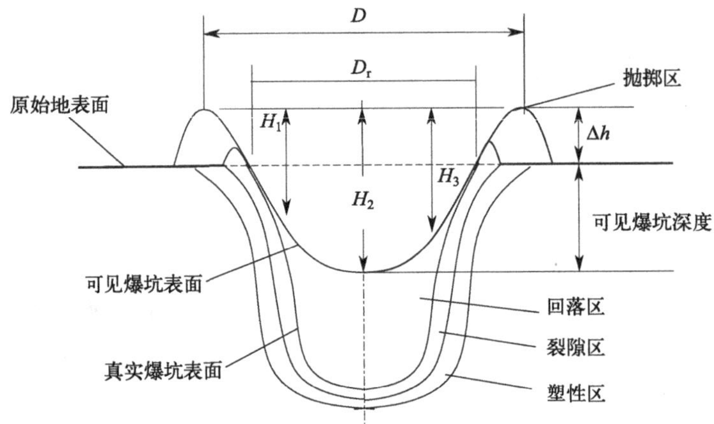

图 6-11　爆坑形态

D—真实爆坑的测量直径；D_r—可见爆坑的测量直径；H_1，H_2，H_3—可见爆坑的测量深度；Δh—抛掷区顶点距离水平地面的高度差

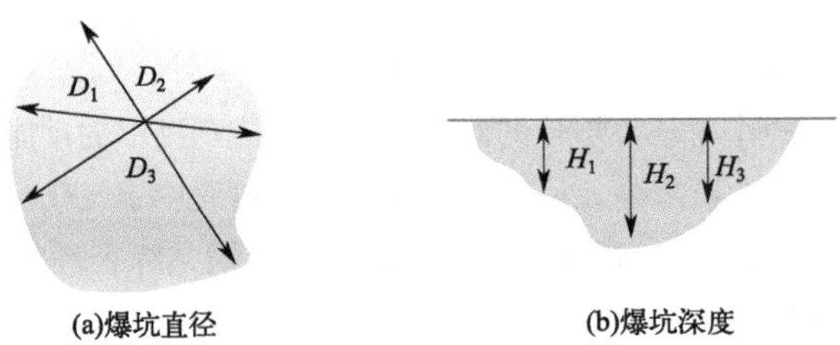

图 6-12　爆坑尺寸测量

D_1，D_2，D_3—可见爆坑直径的 3 次测量值；H_1，H_2，H_3—可见爆坑的测量深度

基于量纲分析，给出地下爆炸形成爆坑直径的函数形式：

$$\frac{R}{d}=f\left(\frac{m^{\frac{7}{24}}}{\sigma^{\frac{1}{6}}K^{\frac{1}{8}}d}\right) \tag{6-94}$$

$$K=\rho g$$

式中　m——炸药质量，kg；

d——炸药埋设深度，m；

σ——与土体有关的强度参量，Pa；

K——重力密度，N/m³；

ρ——土壤密度，kg/m³。

若将 $\frac{R}{d}$ 值与 $\frac{m^{\frac{7}{24}}}{d}$ 对应起来，则 $\frac{R}{d} \sim \frac{m^{\frac{7}{24}}}{d}$ 近似成线性关系。当 $\frac{m^{\frac{7}{24}}}{d} < 0.3$ 时，$\frac{R}{d}$ 受 $\frac{m^{\frac{7}{24}}}{d}$ 影响较大；当 $\frac{m^{\frac{7}{24}}}{d} > 0.3$ 时，$\frac{R}{d}$ 受 $\frac{m^{\frac{7}{24}}}{d}$ 影响较小。

式(6-94)中，σ 可由 ρc^2 导出，c 为地震波速。函数形式可变为：

$$\frac{R}{d} = f_1\left(\frac{m^{\frac{7}{24}}}{\rho^{\frac{7}{24}} c^{\frac{1}{3}} g^{\frac{1}{8}} d}\right) \tag{6-95}$$

在地面以上的爆炸试验方面给出爆坑直径的计算公式为：

$$d = 0.8m^{\frac{1}{3}} \pm 0.3 \tag{6-96}$$

式中 d——爆坑直径，m；

m——炸药质量，kg。

新墨西哥含能材料研究中心（EMRTC）的研究表明，250kg 的 TNT 置于地面爆炸形成的爆坑直径约为 3.8m。研究表明，爆炸高度对爆坑形状具有重要影响。

基于地表面爆炸、浅埋爆炸、近地面爆炸成坑效应试验，得出球形装药地面爆炸可见爆坑直径的计算式：

$$d = 0.51m^{\frac{1}{3}} \pm 0.05 \tag{6-97}$$

式中 d——爆坑直径，m；

m——炸药质量，kg。

6.4.2 考虑爆炸高度的爆坑尺寸

适用于干燥淤泥质黏土地面，爆炸形成爆坑尺寸的经验计算公式为：

$$\lg\left(\frac{\frac{d}{2}}{h}\right) = 1.241\lg\left(\frac{m^{\frac{1}{3}}}{h}\right) - 0.818 \tag{6-98}$$

式中 d——爆坑直径，m；

h——炸药设置高度，m；

m——炸药质量，kg。

以式(6-98) 表明，可由爆坑直径和炸药设置高度确定相应的炸药质量。

由爆坑直径和爆坑深度可确定炸药设置高度，计算公式为：

$$\frac{d}{h_2} = 5.78 + 5.05h \tag{6-99}$$

式中　d——爆坑直径，m；

h_2——爆坑深度，m；

h——炸高，m。

爆炸是研究土壤动态破坏特性和地下土壤振动波传播规律的重要方法，因此需要分析土壤爆炸作用的一些特征参数。土壤的性质变化很大，通常每一地区的自然地层状态会呈现不同厚度的层状特征。各层的性质取决于各自的固体颗粒、空气和水的组成。

根据 Bishop 等人研究的土壤中的空腔膨胀理论，爆炸空腔构成如图 6-13 所示。

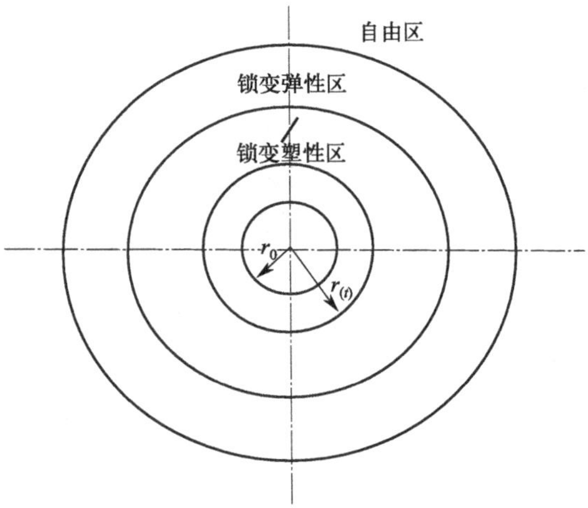

图 6-13　空腔膨胀理论中爆炸空腔构成

① 将空腔周围的区域分为 3 个区：锁变弹性区、锁变塑性区以及无应力区（自由区）。

② 在锁变弹性区内，应力应变符合弹性关系，但是体积的膨胀应变 ε 为一常量 ε_E。

③ 在锁变塑性区内，应力应变符合理想的强化塑性本构关系，但是体积的膨胀应变 ε 为一常量 ε_p，有 $|\varepsilon_p| > |\varepsilon_E|$。

④ 按动力理论计算，在塑性区和弹性区的密度为常量，分别表示为 ρ_p 和 ρ_E 且 $\rho_p > \rho_E$。

⑤ 这两个区域都是球对称或轴对称的。

6.4.3　爆炸加载下土壤膨胀运动的平均速度计算

假设忽略耗损于土壤不可逆变形的能量，根据能量守恒定律，得到能量平衡关系式：

$$E_0=\frac{m\bar{u}^2}{2}$$

$$m=\frac{4}{3}\pi\rho_0 R^3 \tag{6-100}$$

式中 m——运动土壤质量；

$\bar{u}$——运动土壤的速度；

R——压缩波波阵面的瞬时运动位置；

ρ_0——土壤的初始密度。

土壤运动的平均速度由下式确定：

$$\bar{u}=\left(\frac{2E_0}{\frac{4}{3}\pi\rho_0 R^3}\right)^{\frac{1}{2}}$$

$$E_0=m_{TNT}Q \tag{6-101}$$

式中 E_0——炸药爆炸能量；

Q——单位 TNT 的爆炸能量。

计算得到冲击波和土壤运动界面之间的土壤平均速度。

6.4.4 土壤的爆炸膨胀区的最大半径

根据土壤的爆炸膨胀理论，其膨胀区的最大半径关系式为：

$$r_{max}=r_0\sqrt[3]{\frac{\rho_{TNT}Q}{\rho_0\varepsilon_k}} \tag{6-102}$$

式中 r_{max}——膨胀区的最大半径。

r_0——土壤单元球半径；

ρ_0——土壤密度；

ρ_{TNT}——TNT 密度；

Q——TNT 爆热；

ε_k——土壤的极限能量密度。

土壤密度从 ρ_0 变为临界密度 ρ_0' 时，压力 p_{cr} 做的功 W 是土壤明显变形中止时对应的极限能量密度 ε_k 。

$$\varepsilon_k=4\pi r_1^3 p_{cr}\frac{\Delta r}{r_1} \tag{6-103}$$

$$\Delta r/r_1=(r_1-r_2)/r_1=1-\sqrt[3]{\rho'_0/\rho_0}$$

式中，r_1 和 r_2 是含有单位质量土壤的单元球体在压缩变形前、后的半径。

由于 $4\pi r_1^3=\frac{3}{\rho_0}$，则有：

$$\varepsilon_k=\frac{3p_{cr}}{\rho_0}\left[1-\left(\frac{\rho'_0}{\rho_0}\right)^{\frac{1}{3}}\right] \tag{6-104}$$

由式(6-104) 可得爆炸膨胀区的最大半径，即可得出土壤非破坏区域。

6.5 爆炸对人员的伤害判定准则和防护要求

意外爆炸事故对人们的生命和财产均会造成极大的损失，如何防止爆炸的发生，成为重要的安全问题。爆炸引起的空气冲击波、破片、热辐射等会对人体产生伤害。冲击波作用于人体后，与人体内脏，例如肺泡、心室等部位产生巨大压差而使其破坏，从而达到伤害效果。热辐射伤害可以导致人脱水、心血管系统负担增加、紧张、急躁、判断力下降等严重后果。

6.5.1 冲击波和热辐射对皮肤的伤害

爆炸冲击波在皮下组织中的传播衰减较空气中慢，主要原因在于皮下组织较空气有更高的密度。与在皮下组织中的传播相比，爆炸冲击波在人体循环管路系统中的传播衰减更慢，这是因为血液是一种不可压缩的连续介质，对波具有良好的传导性，同时循环管路系统本身是有压管路系统，进一步削弱了爆炸冲击波的衰减能力。

由于皮肤可以吸收辐射能，因此，热辐射可对皮肤造成烧伤。其中，间接烧伤常常被称为“闪光烧伤”，这是因为这种烧伤是由炸药爆炸或燃烧形成的闪光引起的。吸收辐射热（随皮肤颜色而异）和衣服传热使皮肤温度升高，从而造成皮肤烧伤。暴露于热辐射中，暴露时间与辐射强度协同作用下引起的皮肤烧伤严重程度示意图见图 6-14。

6.5.2 冲击波对其他器官的伤害

人体的耳膜、肺、喉等器官最容易受到冲击波伤害，其中以肺损伤最为常见，是造成死亡的一个重要原因。因此，重点研究这些器官的损伤机理及影响因素，并根据炸药质量，给出防护距离阈值，这对有效降低爆炸事件造成的危害，尤其是在安检排爆的防护工作中，保障排爆人员的生命安全具有重要的实际意义。在冲击波对人体的损伤方面，美国等西方国家进行了大量的研究，其内容包括冲击波对人体不同部位损伤的阈值。最著名的几项伤害准则包括赫希的耳膜破裂准则、里奇蒙德对 LD_{50} 冲击波的分量冲量准则和洛夫莱斯的肺伤害准则。

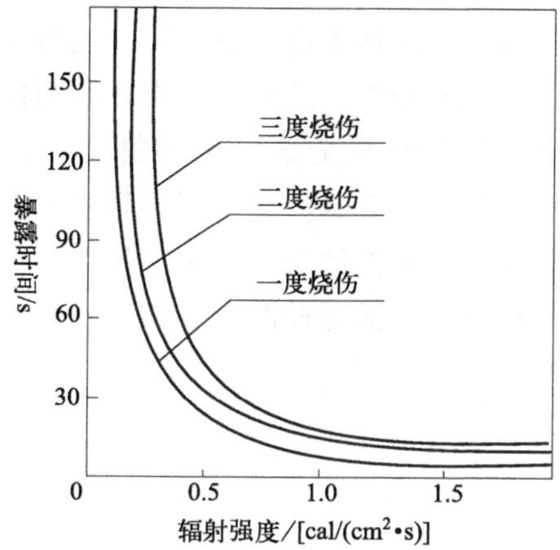

图 6-14　暴露于热辐射中引起的各种皮肤烧伤
（1cal≈4. 184J）

以往研究认为，鼓膜破裂主要取决于超压峰值压力，而不是超压持续时间。赫希积累的数据表明，当冲击波超压达到 34kPa 时，快速上升的冲击波对鼓膜的损伤达 96%，而缓慢上升的冲击波达 65%左右，说明鼓膜对快速上升的冲击波比缓慢上升的冲击波更敏感。因此，鼓膜破裂不仅取决于超压峰值，与超压持续时间也有关系。一般情况下将鼓膜破裂的阈值设为 34kPa，50%鼓膜破裂一般采用的值为 103kPa。

冲击波冲击的次数不同，对人造成伤害的超压值也不同。在多次冲击波作用下，所需的冲击波压力小于单次冲击波作用损伤所需压力。1 次和 5 次长时间持续冲击时冲击波对人产生伤害的压力和百分率关系见表 6-3。

表 6-3　超压阈值

部位	伤害水平	1 次冲击/kPa		5 次冲击/kPa	
		阈值	发生率 50%	阈值	发生率 50%
喉	轻微	41	69	21	34
	中等～严重	69	83	34	55
消化道	轻微	55	83	48	55
	中等～严重	83	124	55	96
肺	轻微	76	110	76	110
	中等～严重		186		145

6.5.3　防护要求

通过冲击波对人体损伤和 TNT 空气中爆炸压力场的分析，为有效防止冲击波对人所造成的伤害，在对人体防护时，应在一定的距离内使冲击波超压和超压作用时间降低到人体安全的临界值以下。对一定爆炸源，介质组合形式和爆炸方式（接触爆炸和封闭式爆炸）共同决定爆炸载荷的超压和作用时间。图6-15为2.5kg某含铝炸药爆轰形成的地面超压曲线。空气冲击波超压随距离的变化是指数递减的关系，实际上空气充当了一种缓冲介质，所以人体损伤防护过程中距离的控制很重要，即人体应尽量远离爆炸源。另外，人体姿势和环境也很重要，在平行于冲击波传播方向时，头部应尽量远离爆炸源，可以大大减小冲击波造成的损伤。

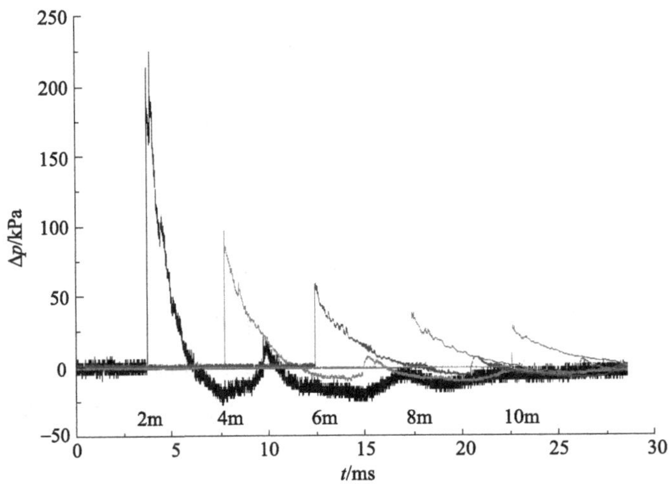

图 6-15 冲击波超压与正压持续时间随距爆心距离的变化关系曲线

爆炸袭击对人的损伤一般是在近距离、小药量的情况下发生的，所以防护也是基于此状况进行的。根据超压对人体损伤规律及相关的杀伤准则，按照标准TNT爆炸压力场的数据计算不同死亡率下的安全距离和药量的关系。将鼓膜损伤的阈值34kPa取为人体安全的冲击波临界值，根据经验公式进行计算，结果见表6-4。

表 6-4 不同药量下的最小安全距离

TNT/kg	1	5	10	20	30
最小安全距离/m	4.77	8.15	10.27	12.94	14.82

以上计算是人体损伤的最保守估算，因为鼓膜损伤的压力最低，同时忽略了正压作用时间的影响。如果考虑冲击波对人杀伤的死亡准则，必须考虑正压作用时间的影响。

对标准TNT点爆炸情况进行分析，超压时间很短，基本都在10ms以内，而在此范围内，超压大小和作用时间与人的死亡率有密切联系。由于同时考虑超压大小和作用时间，所以损伤情况要参照炸药爆炸压力-时间曲线和超压对人体的损伤曲线。计算结果见表 6-5。

表 6-5　不同药量下 1%和 99%死亡率的距离

TNT/kg	1	5	10	20	30
1%死亡率距离/m	0.6	1.6	2.4	3.3	4
99%死亡率距离/m	0.4	0.9	1.4	2.0	2.6

以上数据是自由场中垂直于冲击波传播方向时的数据。但爆炸现场往往是街道、建筑等有坚固墙壁的地方，冲击波的反射效应会大大加强，进行冲击波防护时，应针对具体的情况作具体分析。考虑到冲击波的反射效应，此时在爆炸现场人员应尽量远离墙壁，到空旷的地方躲避，以减少损伤。

6.6　爆炸对房屋的伤害判定准则和防护要求

6.6.1　对房屋破坏的判定准则

6.6.1.1　楼板开洞面积

房屋等典型框架结构的主要承载构件为水平布置的楼板、框架梁和竖向布置的框架柱，非承载构件为填充墙。爆炸冲击波对其破坏特点可归纳为以下 4 个方面：

① 对于钢筋混凝土楼板，爆炸作用下冲击波在其背面发生反射形成稀疏波。当稀疏波应力大于材料的抗拉强度时，会导致构件背面层裂剥离，使其震塌。

② 对于梁、柱等杆状构件，由于其迎爆面积有限，爆炸冲击波邻近构件后会发生绕射现象，作用于表面的冲击载荷较小。另外，此类构件配筋率较大，强度高，因此，多数情况下此类构件仅出现开裂或保护层剥离破坏，构件受损较少。

③ 框架结构中的墙体主要为非承重的砌体墙，延性较低，在爆炸作用下的毁伤程度明显大于楼板。由于其迎爆面积大，抗爆能力弱，很容易发生大范围的墙体破碎和倒塌现象。

④ 框架结构的破坏具有瞬时性，在遭受爆炸破坏作用时，如果当时未发生坍塌，一般就不会发生严重的后续破坏。

在评估框架结构建筑的毁伤程度时，由于只有梁、柱和楼板承重，不关心砌体墙的破损程度。因此，确定楼板的毁伤程度是衡量框架结构毁伤程度的关键指标。而楼板的开洞面积可以作为评估楼板毁伤程度的有效参数。

钢筋混凝土楼板毁伤等级标准见表 6-6。

表 6-6 钢筋混凝土楼板毁伤等级标准

等级划分	毁伤特征
严重毁伤	构件有明显变形，大量钢筋屈服或断裂，开洞面积超过 20%，无法维修，构件丧失承载能力
中等毁伤	构件有明显贯通裂缝，部分保护层剥落，钢筋外露，开洞面积小于 20%，构件无法保证正常承载要求，经紧急维修可继续使用
轻微毁伤	构件有不贯通裂缝，没有明显变形，少量保护层剥落，钢筋外露构件仍满足正常承载要求

6.6.1.2 冲击波

炸药爆炸的最主要特征就是快速放出大量热和气体，高温导致周围气体介质快速膨胀，瞬间产生超高压力，数量级在 GPa 量级。这个过程形成的冲击波迅速到达物体表面造成破坏作用。通过核算不同保护对象所承受的空气冲击波超压值，表征预测其受损程度，提出合适的保护措施，在平面地形的情况下，可由下式计算超压：

$$\Delta p = 14\frac{W}{r^3} + 4.3\frac{W^{\frac{2}{3}}}{r^2} + 1.1\frac{W^{\frac{1}{3}}}{r} \tag{6-105}$$

式中 Δp——空气冲击波超压值，bar；

W——TNT 当量，kg；

r——爆源至保护对象的距离，m。

建筑物破坏程度与超压的关系见表 6-7。

6.6.2 对房屋的防护要求

6.6.2.1 对爆炸冲击波的防护设计

（1）空气冲击波防护设计

在爆炸发生时，是否会形成空气冲击波取决于炸药位置，它们瞬间对结构形成巨大的荷载。空气冲击波在均匀大气中以超声速向四周传播时，既有超压又有负压。这种动压正是工程结构破坏效应的控制参数。这种“强风”伴随着正压，具有无孔不入的特性，会直接进入工程的各种孔口，破坏临空墙以及防护门等孔口防护设备，杀伤室内人员。因此，孔口部是建筑的薄弱环节，孔口部防护是建筑设计的重中之重。

表 6-7 建筑物破坏程度与超压的关系

破坏等级		1	2	3	4	5	6	7
破坏等级名称		基本无破坏	次轻度破坏	轻度破坏	中等破坏	次严重破坏	严重破坏	完全破坏
超压/MPa		<0.02	0.02～0.09	0.09～0.25	0.25～0.40	0.40～0.55	0.55～0.76	>0.76
建筑物破坏程度	玻璃	偶然破坏	少部分破碎呈大块，大部分呈小块	大部分破碎呈小块到粉碎	粉碎	—	—	—
	木门窗	无损坏	窗扇少量破坏	窗扇大量破坏，门扇、窗框破坏	窗扇掉落、内倒，窗框、门扇大量破坏	门、窗扇摧毁，窗框掉落	—	—
	砖外墙	无损坏	无损坏	出现小裂缝，宽度小于5mm，稍有倾斜	出现5～50mm裂缝，明显倾斜，砖垛出现小裂缝	出现大于50mm的大裂缝，严重倾斜，砖垛出现较大裂缝	部分倒塌	大部分或全部倒塌
	木屋盖	无损坏	无损坏	木屋面板变形，偶见折裂	木屋面板、木檩条折裂，木屋架支座松动	木檩条折断，木屋架杆件偶见折断，支座错位	部分倒塌	全部倒塌
	瓦屋面	无损坏	少量移动	大量移动	大量移动到全部掀动	—	—	—
	钢筋混凝土屋盖房	无损坏	无损坏	无损坏	出现小于1mm小裂缝	出现1～2mm裂缝，修复后可继续使用	出现大于2mm的裂缝	承重砖墙全部倒塌，钢筋混凝土承重柱严重破坏
	顶棚	无损坏	抹灰少量掉落	抹灰大量掉落	木龙骨部分破坏，出现下垂缝	塌落	—	—
	内墙	无损坏	板条墙抹灰少量掉落	板条墙抹灰大量掉落	砖内墙出现小裂缝	砖内墙出现大裂缝	砖内墙出现严重裂缝至部分倒塌	砖内墙大部分倒塌
	钢筋混凝土柱	无损坏	无损坏	无损坏	无损坏	无损坏	有倾斜	有较大倾斜

（2）土中压缩波防护设计（防空地下室设计）

爆炸冲击波压缩地表面产生土中压缩波，形成防空地下室结构主体的顶板（有覆土时）、外墙、底板荷载，这些荷载与覆土厚度、结构跨度、土的类别、土的饱和程度等因素有关。防空地下室常见的核武器爆炸、常规武器爆炸的等效静荷载可以按规范查表确定。除此之外需要注意的是，不同部位的临空墙、门框墙荷载差异较大，出于经济性考虑，对这些人防构件宜分别计算配筋。

6.6.2.2 对热辐射的防护设计

爆炸的瞬间形成的高温、高压火球不断向外辐射强烈的光和热，称为热辐射，持续时间约为几秒。爆炸火球内部温度高达 3000K，表面温度也高达 1000K，可引起建筑燃烧，造成城市火灾。对于防空地下室，出入口通道尽可能设置转折（90°拐弯），避免口部的防护门和防爆破活门等防护设施直接受照射。

6.7 爆炸对设备的伤害判定准则和防护要求

6.7.1 对设备的伤害判定准则

爆炸对设备的毁伤程度界定有一定的模糊性，参照退化状态法的毁伤级别确定原则，给出了对设备毁伤等级的界定标准，见表 6-8。

表 6-8 设备毁伤等级界定标准

毁伤等级	含义
轻度毁伤	毁伤较轻，但不及时修复会影响该系统的主要技术性能，需要进行检修或更换少量的零部件，系统整体效能比率降低不到 20%
中度毁伤	主要元素需进行特修和更换的零部件较多，系统整体效能降低比率在 20%～50%
重度毁伤	毁伤严重，修理周期较长，消耗器材较多，系统整体效能降低比率在 50%～80%
报废	无法修复或无修复价值，系统整体效能降低比率在 80%以上

由于实际情况下装备系统复杂，部件种类众多，毁伤特性存在极大的不同，因此进行毁伤程度计算时，必须按照不同的部件类型给出不同的毁伤界定标准。表 6-9 是以破片为主要判断依据的分类标准。

表 6-9 基于破片的各部件损伤界定标准

部件名称	毁伤程度界定标准
电子部件	在判定其被破片侵彻或击穿时（导致印刷板、集成电路短路或断路）即可认定部件报废
电缆线	在判定内部线路被击穿时即可认定部件报废
车体	依据破片穿透车体的面积来判断其受损程度
油箱	依据破片穿透容器后的二次效应判断。如引起燃烧爆炸则判定整车报废；如未引起燃烧爆炸，则利用泄漏量占油箱储量的百分比来判断油箱毁伤程度

续表

部件名称	毁伤程度界定标准
压力容器	破片穿透则判定该部件报废
非压力容器	利用泄漏量占容器储量的百分比来判断毁伤程度
光学仪器	在判定其被破片侵彻或击穿时(导致镜头损坏或光轴偏移)即可认定部件报废

6.7.2 对设备的防护要求

采取的措施有：耐爆炸设计、泄爆、抑爆、预防火焰和爆炸传播。

(1) 耐爆炸设计

设备、防护系统和元件的制造结构应能够承受爆炸冲击而不破裂。对设备、防护系统和元件进行加固，提高其损伤阈值，以改善其对爆炸的抵抗能力。

(2) 泄爆

在高价值设备所在场所设计泄爆通道，使爆炸形成的压力通过该通道可以得到快速释放，以避免对设备造成损伤。同时，可设置足以防止设备、防护系统和元件破坏的开孔，即减少迎爆面面积，以降低爆炸危害。

(3) 抑爆

狭义的抑爆是指利用传感器自动探测爆炸的发生，通过物理化学作用扑灭火焰，抑制爆炸发展的技术。广义的抑爆还包括在容易发生爆炸灾害的场所，特别是气体爆炸、粉尘爆炸、可燃液体蒸气爆炸等情形，施加惰性介质，以减少可燃物中氧气的量，防止可燃爆介质达到爆炸极限，从而实现抑制爆炸发生的技术。

(4) 预防火焰和爆炸传播 (隔爆装置)

在爆源和设备之间设置隔爆装置，爆炸发生时利用隔爆装置阻挡冲击的传播，避免对设备造成损害。

思政小故事

钱七虎院士：为国铸盾者，无私无畏无悔

钱七虎，“八一勋章”获得者。1937年生，中国人民解放军陆军工程大学教授，防护工程专家，中国工程院首届院士，国家最高科学技术奖获得者。钱七虎是我国现代防护工程理论的奠基人、防护工程学科的创立者、防护工程科技创新的引领者，为我国防护工程各个时期的建设发展作出了杰出贡献，为我国铸就坚不可摧的“地下钢铁长城”立下了不朽功勋。

滚滚长江，穿三峡，搅江汉，及至南京，洲岛多布，百舸争流。江面之下，粉细沙层的地质，透水性极强。南京长江隧道就在这样的地质条件下，连接大江南北。钱七虎是这一工程的专家委员会主任。2010 年 5 月 28 日，隧道全线通车运营。作为长江上隧道长度最长、盾构直径最大、工程难度最高的工程之一，南京长江隧道获得鲁班奖、国家科技进步奖等 10 多个奖项。

钱七虎是这一工程的专家委员会主任。2010 年 5 月 28 日，隧道全线通车运营。作为长江上隧道长度最长、盾构直径最大、工程难度最高的工程之一，南京长江隧道获得鲁班奖、国家科技进步奖等 10 多个奖项。被授予“南京长江隧道工程建设一等功臣”的钱七虎，说起建设过程，惊心动魄；提起荣誉，却是轻描淡写。他说：“长江隧道我是专家组组长，做过贡献。南水北调、西气东输、港珠澳大桥，我参与了这些工程，也提过建议，审查过方案。他们设计单位、施工单位都是有经验的，有一些新的问题是我和大家一起解决的。”

南水北调、西气东输、港珠澳大桥……这些工程无一不涉及地下作业，而地下作业的一个重要考量便是防护。钱七虎喜欢用“盾”来解释防护工程：“我们要有‘矛’才能打败敌人，国家的战略是积极防御战略。我们要保护自己军队的安全，保护战略武器，保护我们的‘矛’，这就要靠防护工程了。”

钱七虎院士将其毕生精力奉献给了我国的防护工程事业，即便到了耄耋之年仍然坚信“国家需要我，军队需要我，所以我很忙，而且很愉快”，他的奉献精神值得所有科研工作者学习。

复习思考题

1. 空气冲击波是如何形成的？什么叫超压？

2. 如何计算空气冲击波的冲量？

3. 请写出萨道夫斯基公式，并利用公式计算 1kg TNT（$1.55g/cm^3$）在炸高为 1m 处爆炸后，距离爆心投影 2m 的刚性地面上形成的反射冲击波超压。

4. 描述空气冲击波强弱的参数有哪些？

5. 相同质量和种类的炸药，在水中爆炸形成的冲击波速度和在空气中形成的冲击波速度哪个更大？为什么？

6. 什么叫爆破漏斗？在工程爆破领域有什么现实意义？

7. 什么叫聚能效应？它在生产和生活中有什么应用？

8. 试说明破甲弹、穿甲弹的作用原理。

9. 就空气冲击波对生物的损伤而言，相同强度的冲击波对肺的损伤大，还是对肌肉的损伤大？为什么？

10. 如何对空气冲击波进行防护？

附录

主要符号说明

物理量：

A——炸药的做功能力

A_0——截面积

b_i——该爆轰产物的摩尔系数或第二维里系数

c——比热容；声速

C_+——由 $\frac{\mathrm{d}x}{\mathrm{d}t}=u+c$ 所规定的特征线称为第一簇特征线

C_-——由 $\frac{\mathrm{d}x}{\mathrm{d}t}=u-c$ 所规定的特征线称为第二簇特征线

$\bar{c}_V$——平均定容比热容

D——冲击波波速；爆速

e——比内能

E——内能；感应电动势；单位质量炸药的动能（能量）

E_{T}——热内能

E_{K}——冷内能

h——比焓

H——焓

ΔH_{f}——炸药的生成焓

J_{T}——热流密度

k——爆轰产物绝热指数

k_0——混合炸药爆轰产物总绝热指数与密度有关部分

K——流体的体积弹性模量

L——可燃混合气体的爆炸极限

m——质量

M——分子量；马赫数

n——爆轰产物组分物质的量

N——每克炸药爆炸所生成气体物质的量；爆炸产物组分氮当量系数

p——压力；压强

p_K——冷压强；临界压力

p_N——Von Neumann 峰

p_T——热压强

Q——环境给封闭系统传递的热量；爆热

R——普适气体常数；稀疏波

s——比熵

S——熵；冲击波

T——温度

u——质点速度

U——分子间的相互作用势能

v——比体积

W——功

x——气体组分体积分数

Z——流体的可压缩系数

α——产物分子余容

γ——比热容比；等熵指数；绝热指数；多方气体指数

δ——绝热系数

ε——混合炸药中组分在结晶密度时的体积分数

η——做功效率

τ——剪应力

θ——气流折转角

λ——冲击波正压区长度

μ——黏度或动力黏度

ρ——密度

φ——斜冲击波倾角；炸药特性值

ω——质量分数；势能因子

上角标：

→——右传波

←——左传波

下角标：

0、1、2……——状态点

a——空气

C——碳原子

i——第 i 种组分；瞬时爆轰

CJ——CJ 爆轰状态

s——等熵条件

S——强爆轰
W——弱爆轰
V——等容条件
p——等压条件
T——等温条件
min——下限；最小值
max——上限；最大值

炸药代号：

ADN——二硝酰胺铵
AN——硝酸铵
AP——高氯酸铵
CE——特屈儿，三硝基苯甲硝胺
CL-20——六硝基六氮杂异伍兹烷
DATB——1,3-二氨基-2,4,6-三硝基苯
DINA——吉纳，N-硝基二乙醇胺二硝酸酯
DNA——二硝基苯甲醚
DNP——二硝基苯酚
DNT——二硝基甲苯
DNTF——3,4-二(硝基呋咱基)氧化呋咱
FOX-7——1,1-二氨基-2,2-二硝基乙烯
FOX-12——N-脒基脲二硝酰胺盐
HMX——奥克托今，环四亚甲基四硝胺
LLM-105——1-氧-2,6-二氨基-3,5-二硝基吡嗪
NC——硝化棉，纤维素硝酸酯
NG——硝化甘油，三硝酸甘油酯
NM——硝基甲烷
NQ——硝基胍
NTO——3-硝基-1,2,4-三唑-5-酮
PETN——太安，季戊四醇四硝酸酯
RDX——黑索金，环三亚甲基三硝胺
TATB——三氨基三硝基苯
TKX-50——5,5′-联四唑-1,1′-二氧二羟胺盐
TNAZ——三硝基氮杂环丁烷
TNB——三硝基苯
TNP——苦味酸，二硝基苯酚
TNT——三硝基甲苯

参考文献

[1] 王泽山．火炸药科学技术[M]. 北京:北京理工大学出版社,2002:40-46.

[2] Cook M A. 工业炸药学[M]. 陈正衡,孙姣花译．北京:煤炭工业出版社,1987:1-17.

[3] 黄文尧,颜事龙．炸药化学与制造[M]. 北京:冶金工业出版社,2009:13-14.

[4] 张俊秀,刘光烈．爆炸及其应用技术[M]. 北京:兵器工业出版社,1998:72-141.

[5] 陆明．对全氮阴离子 N_5^- 金属盐的密度和能量水平的思考[J]. 含能材料,2018,26(5):11-14.

[6] 李珏成,靳云鹤,邓沐聪,等．全氮五唑化合物研究进展[J]. 含能材料,2018,26(11):103-110.

[7] 付小龙,樊学忠,李吉祯,等．FOX-7 研究新进展[J]. 科学技术与工程,2014,14(14):112-119.

[8] 马婷婷,苟瑞君,李文军,等．CL-20 的合成及应用[J]. 山西化工,2010,5:30-33,41.

[9] 徐雪涛,丁玉奎,陈思扬,等．含铝混合炸药的研究进展与发展趋势分析[J]. 飞航导弹,2019,411(3):99-103.

[10] 杨志剑,刘晓波,何冠松,等．混合炸药设计研究进展[J]. 含能材料,2017,25(1):2-11.

[11] 欧育湘,孟征,刘进全．高能量密度化合物 CL-20 应用研究进展[J]. 化工进展,2007,26(12):1690-1694.

[12] 童秉纲,孔祥言,邓国华．气体动力学[M]. 北京:高等教育出版社,1990:3-16.

[13] 北京工业学院八系编写组．爆炸及其作用[M]. 北京:国防工业出版社,1979:8-66.

[14] 李维新．一维不定常流与冲击波[M]. 北京:国防工业出版社,2003:255-277.

[15] 肖伟．助燃剂对含铝炸药爆炸特性的影响及其释能规律研究[D]. 南京:南京理工大学,2021.

[16] 朱雨建．迎面扰动作用下爆燃波与爆轰波传播特性的研究[D]. 合肥:中国科学技术大学,2008.

[17] 恽寿榕,赵衡阳．爆炸力学[M]. 北京:国防工业出版社,2005:13-62.

[18] 孟宪昌,张俊秀．爆轰理论基础[M]. 北京:北京理工大学出版社,1988:120-113.

[19] 张国伟,韩勇,苟瑞君．爆炸作用原理[M]. 北京:国防工业出版社,2006:104-122.

[20] 张博,白春华．气相爆轰动力学[M]. 北京:科学出版社,2012:111-113.

[21] 孙承伟,卫玉章,周之奎．应用爆轰物理[M]. 北京:国防工业出版社,2000:91-95.

[22] Radulescu M I,Sharpe G J,Law C K,et al. The hydrodynamic structure of unstable cellular detonations[J]. Journal of Fluid Mechanics,2007,580:31-81.

[23] 杨胜强．粉尘防治理论与技术[M]. 徐州:中国矿业大学出版社,2015:70-71.

[24] 毕明树,李刚．气体和粉尘爆炸防治工程学[M]. 北京:化学工业出版社,2017:87-90.

[25] 赵衡阳．气体和粉尘爆炸原理[M]. 北京:北京理工大学出版社,1996:53-78.

[26] 李诗尧．模拟凝聚炸药爆轰的基于特征理论的高精度中心型拉氏方法[D]. 绵阳:中国工程物理研究院,2019.

[27] 惠君明,陈天云．炸药爆炸理论[M]. 南京:江苏科学技术出版社,1995:1-18.

[28] 黄寅生．炸药理论[M]. 北京:北京理工大学出版社,2016:12-23.

[29] 白春华,梁慧敏,李建平,等．云雾爆轰[M]. 北京:科学出版社,2012:82-88.

[30] 昝文涛．多粉尘气-固两相爆轰和效应的数值模拟[D]. 北京：北京理工大学，2018.
[31] 冯海林．对二甲苯(PX)-可燃气-空气多相体系燃爆特性的实验研究[D]. 南京：南京理工大学，2014.
[32] 苗香溢．可燃气体火灾成灾机制与危险性控制技术研究[D]. 天津：天津理工大学，2008.
[33] 洪滔．两相爆轰的理论和数值研究[D]. 绵阳：中国工程物理研究院，2004.
[34] 黄勇．新型微乳化柴油抛撒和云雾爆炸实验及其抑爆性能评估[D]. 南京：南京理工大学，2016.
[35] 郭学永．云爆战斗部基础技术研究[D]. 南京：南京理工大学，2006.
[36] Campbell C, Woodhead D W. The ignition of gases by an explosion-wave. Part Ⅰ. Carbon monoxide and hydrogen mixtures[J]. Journal of the Chemical Society, 1927: 1572-1578.
[37] Bone W A, Fraser R P, Wheeler W H. A photographic investigation of flame movements in gaseous explosions Ⅶ-The phenomenon of spin in detonation[J]. Philosophical Transactions of the Royal Society of London. Series A, Mathematical and Physical Sciences, 1935, 235(746): 29-68.
[38] Zeldovich Y B. On the theory of the propagation of detonation in gaseous systems[J]. Journal of Experimental and Theoretical Physics, 1940, 10(5): 543-689.
[39] White D R. Turbulent structure of gaseous detonation[J]. The Physics of Fluids, 1961, 4(4): 465-480.
[40] Soloukhin R. Multiheaded structure of gaseous detonation[J]. Combustion and Flame, 1965, 9: 51-58.
[41] Fickett W, Wood W W. Flow calculations for pulsating one-dimensional detonations[J]. The Physics of Fluids, 1966, 9(5): 903-916.
[42] Abouseif G E, Toong T Y. Theory of unstable one-dimensional detonations[J]. Combustion and Flame, 1982, 45: 67-94.
[43] Gamezo V N, Desbordes D, Oran E S. Formation and evolution of two-dimensional cellular detonations[J]. Combustion and Flame, 1999, 116(1-2): 154-165.
[44] Zhang F, Ripley R C, Yoshinaka A, et al. Large-scale spray detonation and related particle jetting instability phenomenon[J]. Shock Waves, 2015, 25(3): 239-254.
[45] GJB 772B—2022 炸药试验方法[S]. 北京：中国兵器工业集团有限公司，2022.
[46] 张立．爆破器材性能与爆炸效应测试[M]. 北京：中国科学技术出版社，2006：77-116.
[47] 郝志坚，王琪，杜世云．炸药理论[M]. 北京：北京理工大学出版社，2015：121-127.
[48] 陈朗．含铝炸药爆轰[M]. 北京：国防工业出版社，2004：18-21.
[49] 李席．新型高能炸药与包覆材料的相容性机理及降感规律研究[D]. 南京：南京理工大学，2017.
[50] 冯伟涛，徐春平，李夏．爆坑尺寸的计算与试验研究[J]. 工程爆破，2020，26(5)：68-72，81.
[51] 任保祥，陶钢，徐利娜，等．黄土土壤中爆炸成坑作用的力学参数分析[J]. 兵器装备工程学报，2016，37(10)：164-168.
[52] 孙艳馥，王欣．爆炸冲击波对人体损伤与防护分析[J]. 火炸药学报，2008，31(4)：50-53.
[53] 张志江，王立群，许正光，等．爆炸物冲击波的人体防护研究[J]. 中国个体防护装备，2009，1：8-11.
[54] 刘一诺，周理，王宁，等．目标等效方法研究[J]. 防护工程，2019，41(5)：25-30.

[55] 霍晶．基于防护设计要求的防空地下室结构设计研究[J]. 住宅与房地产，2020，21：87.
[56] 宋姝蕾．液化可燃气体压力储罐物理爆炸和化学爆炸的叠加后果分析[D]. 成都：西南石油大学，2018.
[57] 王凤英，刘天生．毁伤理论与技术[M]. 北京：北京理工大学出版社，2009.
[58] 孙业斌，惠君明，曹欣茂．军用混合炸药[M]. 北京：兵器工业出版社，1995：499-505.
[59] 殷瑱，闻泉，王雨时，等．北约不敏感弹药标准试验方法[J]. 兵器装备工程学报，2016，37(10)：1-7.
[60] 董海山．钝感弹药的由来及重要意义[J]. 含能材料，2006，14(5)：321-322.
[61] 田勇，李敬明．弹药安全的新发展——安全弹药刍议[J]. 含能材料，2017，25(2)：91-93.
[62] 黄亨建，路中华，刘晓波，等．欧美钝感弹药技术发展现状与趋势[J]. 含能材料，2017，25(8)：618-621.
[63] MIL-STD-2105D Hazard Assessment Tests for Non-nuclear Munitions[S]. USA，2011.
[64] 蒋超，闻泉，王雨时，等．不敏感弹药烤燃试验技术综述[J]. 探测与控制学报，2019，41(2)：1-9.
[65] 谢先启．精细爆破[M]. 武汉：华中科技大学出版社，2010.
[66] 张朝阳，黄静，布汝朋．含能材料的本征结构与性能[M]. 北京：科学出版社，2023.
[67] 张馨跃．DNTF 与单质炸药的不相容机制研究[D]. 南京：南京理工大学，2024.
[68] 焦清介，金兆鑫，徐新春．铸装 TNT/RDX 爆轰过程导电性及反应区厚度实验[J]. 含能材料，2009，17(2)：178-182.
[69] 张霁洋．粘结剂对 HMX 热安全性的影响机理研究[D]. 南京：南京理工大学，2023.